软件开发方法学精选系列

Refactoring to Patterns

［美］Joshua Kerievsky　著

杨光　刘基诚　译

重构与模式

（修订版）

人民邮电出版社

北京

图书在版编目（ＣＩＰ）数据

重构与模式 /（美）科瑞福斯凯（Kerievsky, J.）著
；杨光，刘基诚译. -- 修订本. -- 北京：人民邮电出
版社，2012.11（2023.4重印）
（软件开发方法学精选系列）
书名原文：Refactoring to Patterns
ISBN 978-7-115-29725-9

Ⅰ. ①重… Ⅱ. ①科… ②杨… ③刘… Ⅲ. ①软件开
发—研究 Ⅳ. ①TP311.52

中国版本图书馆CIP数据核字(2012)第242502号

内 容 提 要

本书开创性地深入揭示了重构与模式这两种软件开发关键技术之间的联系，说明了通过重构实现模式改善既有的设计，往往优于在新的设计早期使用模式。本书不仅展示了一种应用模式和重构的创新方法，而且有助于读者透过实战深入理解重构和模式。书中讲述了 27 种重构方式。

本书适于面向对象软件开发人员阅读，也可作为高等学校计算机专业、软件工程专业师生的参考读物。

软件开发方法学精选系列

重构与模式（修订版）

◆ 著　　　[美] Joshua Kerievsky

　 译　　　杨　光　刘基诚

　 责 任 编 辑　杨海玲

◆ 人民邮电出版社出版发行　　北京市丰台区成寿寺路 11 号
　 邮编　100164　 电子邮件　315@ptpress.com.cn
　 网址　https://www.ptpress.com.cn
　 固安县铭成印刷有限公司印刷

◆ 开本：800×1000　1/16
　 印张：20　　　　　　　　　2012 年 11 月第 1 版
　 字数：444 千字　　　　　　 2023 年 4 月河北第 11 次印刷

著作权合同登记号　图字：01-2012-7106 号
ISBN 978-7-115-29725-9

定价：79.00 元
读者服务热线：(010)81055410　 印装质量热线：(010)81055316
反盗版热线：(010)81055315
广告经营许可证：京东市监广字 20170147 号

版 权 声 明

献给 Tracy、Sasha 和 Sophia。

对本书的赞誉

"重构必须付诸实践，才能体现出其真正价值，而非仅仅作为一种抽象的智力练习。模式则记录了具有公认良好属性的程序结构。本书将两者完美地结合起来。如果想真正实践重构，我推荐你阅读本书并活学活用。"

——Kent Beck，软件开发方法学的泰斗，极限编程创始人，模式先驱

"在《设计模式》一书中，我们曾经提到，设计模式是重构的目标。本书终于证实我们所言不虚。除此之外，本书还能够加深读者对设计模式和重构两方面的领悟。"

——Erich Gamma，IBM 公司 Eclipse Java 开发工具
负责人，《设计模式》四作者之一，模式先驱

"现在，软件模式和敏捷开发之间的联系终于被人道破。"

——Ward Cunningham，极限编程创始人，模式先驱，Wiki 发明者

"本书展示了一种应用模式的创新方法，将自上而下地使用设计模式与自下而上地揭示迭代式开发和持续重构结合起来。任何职业软件开发人员都应该使用这种方法，去寻找使用模式改进代码的新的可能。"

——Bobby Woolf，IBM 公司 WebSphere 软件服务部门 IT 咨询专家，*Enterprise Integration Patterns* 和 *The Design Patterns Smalltalk Companion* 作者之一

"Joshua Kerievsky 通过一系列独树一帜的设计级重构，将重构提升到全新的层次。本书向开发人员展示了如何对设计进行改进，从而简化日常工作。本书是重构实践的珍贵参考书。"

——Sven Gorts，重构与敏捷开发布道者，比利时 refactoring.be 网站创始人

"本书是对《设计模式》一书的重构，可能意义还不仅限于此。在此之前，设计模式这一主题一直是作为静态和僵化的过程来阐述的，本书则将其看做是动态和灵活的，使模式的学习变成了一种试验、出错然后改正的人性化过程，从中读者能够理解到，优秀的设计并非一蹴而就——它们都经历了艰难和反思。Kerievsky 还重构了阐述方式本身，使其更加清晰，更容易接受。实际上，他解决了我在写作 *Thinking in Patterns* 一书中遇到的许多组织问题。本书透彻地介绍并结合了测试、重构和设计模式诸多方面，字里行间洋溢着叙述的轻松、良好的技术感觉和难得的真知灼见。"

——Bruce Eckel，Mindview 公司总裁，《Java 编程思想》和《C++编程思想》的作者

"我第一次见到 Joshua，就对他在理解、应用和教授设计模式上表现出来的热情留下了深刻印象。伟大的教师对自己教授的内容和如何与人分享都有这样的热情。我想 Joshua 不愧是一位伟大的教师，一位伟大的开发者，我们都从他的深刻洞察中获益良多。"

——Craig Larman，Valtech 首席科学家，《UML 和模式应用》
和《敏捷迭代开发》的作者

"本书非常重要，不仅由于它为有条不紊地引入合适的模式以改进代码提供了循序渐进的指导，更重要的是，它教授了设计模式之下的原则。本书对于新入门和专家级的设计人员都同样适用。真是一本伟大的书。"

——Kyle Brown，IBM 公司 WebSphere 软件服务部门，*Enterprise Java* ™ *Programming with IBM*® *WebSphere*® *, Second Edition* 作者

"掌握一门手艺不仅仅要获得正确的工具，还需要学会高效地使用工具。本书阐释了如何将工业级的设计工具与艺术家的技巧融于一炉。"

——Russ Rufer，硅谷模式小组

"Joshua 使用模式引导一步步小的重构，从而实现更大的目标，又通过重构将模式引入代码，从而对其做出改进。你将学会如何以渐进方式大大改善既有代码，而不是强制地去适应一个预先设计好的解决方案。随着代码不断改变，你将实现超越，看到更好的设计方案——是的，你将体验到这些。"

——Phil Goodwin，硅谷模式小组

译 者 序

设计模式和重构对我们来说早已不是什么陌生的字眼了。1994 年，GoF 的巨著《设计模式：可复用面向对象软件的基础》初次向世人展示了设计模式的魅力。2002 年，Martin Fowler 的《重构：改善既有代码的设计》则刮起了一阵重构的旋风。记得在《重构》刚刚出版的时候，软件开发界和评论界就赞扬它是一本与《设计模式》具有同等高度的图书。我相信本书的每一位读者都和我一样，早已收藏了这两本书，反复阅读，仔细品味，并从中获益匪浅。

设计模式代表了传统软件开发的思想：好的设计会产生好的软件，因此在实际开发之前，值得花时间去做一个全面而细致的设计。而重构则代表了敏捷软件开发的浪潮：软件并不是在一开始就可以设计得完美无缺的，因此可以先进行实际开发，然后通过对代码不断地进行小幅度的修改来改善其设计。这两种方式看似格格不入，但是它们在本质上都有一个相同的思想——设计很重要，只是两者达到良好设计的方法不同。从设计模式和重构第一天与开发人员见面开始，它们就注定是一对休戚相关的兄弟。现在，本书终于为人们架设了一道连接设计模式与重构的桥梁。

这段时间，我总在想这样一个问题：什么是设计模式？每一类编程语言都具有其自身的特性，就面向对象编程语言来说，其特性就是抽象、封装、继承和多态。同时，使用每一类编程语言开发软件时也都有一些设计准则，这些准则保证了软件的质量，即具有良好的设计。而设计模式则是广大软件开发人员总结出的开发经验和技巧，它们利用编程语言的特性，实现这些设计准则。因此，在有经验的软件设计师眼里，没有设计模式，只有设计准则。现在，本书作者告诉我们：重构是实现设计模式的一种手段，设计模式往往也是重构的目的。从某种意义上说，重构成全了设计模式，而设计模式度量了重构。需要注意的是，所谓"设计模式是重构的目的"，并不是说重构的结果一定是设计模式，有些情况下，重构恰恰是为了避免设计模式的过度使用。这是本书最值得关注的地方。

在准备写这篇译者序的时候，我总是觉得很为难，因为写译者序类似于写读后感，是要道出翻译过程中的特别感受，而我在翻译的过程中并没有什么特别突兀的触动。从本书的第一个重构直到最后一个，一切都显得那么自然；作者给出的每一个建议，每一个告诫，每一次小小的改动，给我的感觉都是水到渠成的。现在想想，其实重构的魅力就在于此，它就是每个软件开发人员自然而然应该做的事情。有句话叫"绚烂之极归于平淡"，用来形容重构，真是再合适不过了。

翻译从来就不是一件轻松的事，加之我完成本书翻译的日子都是在上海炎热的夏天中度过的。每当我汗流浃背地坐在计算机前，斟酌应该如何表达作者原意的时候，我都会从作者迸发的思维和精巧的话语中感受到一种平淡而又无穷的智慧。有趣的是，我接受本书翻译邀请的那天，Martin Fowler 先生正好到上海做演讲，能在这位《重构》作者的演讲堂上接受到一本重构图书的翻译邀请，真是机缘巧合。

最后，我要谢谢我的父母。是他们给了我一个健康的身体，一个良好的生活环境，更重要的是全心全意的支持。没有他们就没有这一切。爸爸妈妈，我爱你们！

Ralph Johnson 序

《设计模式》一书中叙述了使用模式的几种方式。有些人在编写任何代码之前，都要很早地为模式做计划，而有些人在编写了大量代码之后才开始添加模式。第二种使用模式的方式就是重构，因为是要在不增加系统特性或者不改变其外部行为的情况下改变系统的设计。有些人在程序中加入模式，只是因为觉得模式能够使程序更容易修改；更多人这样做，只是为了简化目前的设计。如果代码已经编写，这两种情形都是重构，因为前者是通过重构使修改更容易，后者则是通过重构在修改后进行整理。

虽然模式是在程序中能够看到的东西，但是模式也是一种程序转换。每个模式都可以通过展示模式应用前后程序的变化来进行解释。这是可以将模式看做重构的另一种方式。

遗憾的是，许多读者都忽视了设计模式和重构之间的联系。他们认为模式只是关乎设计，与代码无关。我想可能是设计模式这个名字误导了他们，可是《设计模式》一书中到处都是 C++ 代码，这一点应该也说明了模式与设计和代码都密切相关，而且添加模式通常都需要改变代码。

Joshua Kerievsky 恰恰发现了这种联系。我初次遇到他的时候，他刚刚开始组织纽约市的设计模式学习小组。他介绍了通过"前后变化"——用例子说明模式对某个系统的影响，来学习模式的想法。在他富于感染力的热情号召下，他离开纽约市之前，小组已经发展到 60 多人，每月聚会数次。他开始通过客户现场培训、自己开班和因特网为各个公司教授模式课程，甚至还教其他人如何教授模式。

Joshua 继而还成为一位极限编程实践者和教师。因此，由他来写一本书介绍设计模式与极限编程的核心实践之一——重构之间的联系，可以说是再合适不过了。重构与设计模式绝不是没有关系；相反，它们密切相关。虽然本书中谈到的模式并不都来自我们的《设计模式》一书，但是都遵循书中的风格。本书说明了怎样让模式帮助我们设计，而又不必进行预先设计。

按本书中所教授的方法进行实践吧，这不仅能够提高你做出优秀设计的能力，也能够提高思考优秀设计的能力。

Ralph Johnson，伊利诺伊大学厄巴尼–尚佩恩分校教授，

《设计模式》四作者之一

Martin Fowler 序

几年来，我参与了敏捷方法尤其是极限编程的宣传和推广活动。在此过程中，人们经常会问到，这些方法与我长期对设计模式的兴趣是怎样和平共处的。事实上，我还曾经听人说，在我鼓励人们重构和演进式设计时，实际上是在放弃自己以前关于分析模式和设计模式的作品中所讲述的观点。

这种说法其实并不确切。看看模式社区的那些主要成员，再看看敏捷方法和极限编程社区的主要成员，有很多人活跃在两个社区。事实上，模式和演进式设计从非常早的时期起就有着密切的关系。

Joshua Kerievsky 正处在两个社区交集的核心。我初次遇到他的时候，他已经在纽约市组织了一个成功的模式学习小组。小组成员互相合作，研究不断涌现的设计模式文献。我很快认识到 Joshua 对设计模式的领悟力可以说是首屈一指的，我从倾听他的谈话中获得了许多真知灼见。所以，他后来成为一名极限编程的先锋，对我来说是意料之中的。他在第一次极限编程会议上关于模式和极限编程的论文是我的最爱之一。

正因为如此，如果说有什么人最适合写模式与重构之间联系，那应该非 Joshua 莫属了。这个主题我在《重构》一书中曾经有所涉及，但是并没有深入探讨，因为我想把篇幅集中于基本的重构上。本书极大地扩展了这一主题，非常详细地讨论如何发展出《设计模式》[DP]一书中大多数流行的模式，说明了不需要预先将它们设计到系统中，而是应该随着系统发展而逐步演变出来。

除了通过学习获得的有关这些重构的具体知识以外，本书还讲述了有关模式与重构的一般性知识。许多人都说过，重构是学习模式的一种更佳方式，因为可以在重构的演进步骤中看到问题和解决方案之间的互动。这些重构还进一步证实了一个重要事实：重构其实就是循序渐进地进行较大的修改。

因此我非常高兴能够将本书介绍给大家。我花了很长时间说服 Joshua 写一本书，这些努力最终促成了本书的诞生。我对这一成果非常满意，不知读者以为然否？

Martin Fowler

前　言

本书主旨

本书讲述的是重构（改善既有代码设计的过程）与模式（针对反复出现的问题的经典解决方案）的结合。本书建议，使用模式来改善既有的设计，要优于在新的设计早期使用模式。这对于已经存在几年和几分钟的代码都同样适用。我们通过一系列低层次的设计转换，也就是重构，来应用模式，改进设计。

本书目的

撰写本书是为了帮助读者：

❏ 理解如何结合重构和模式；
❏ 用模式导向的重构（pattern-directed refactoring）改善既有代码的设计；
❏ 找出需要进行模式导向重构的代码段；
❏ 了解为什么使用模式来改善既有的设计要优于在新的设计早期使用模式。

为了实现这些目的，本书包含以下特色：

❏ 一个含有 27 种重构方式的目录；
❏ 示例以实战代码为基础，没有纯示意性的玩具代码；
❏ 模式的描述，包括实际的模式示例；
❏ 一组坏味①（也就是问题），表示需要进行模式导向的重构；
❏ 实现同一模式的不同方式的示例；
❏ 就什么时候应该通过重构实现模式、趋向模式以及去除模式给出建议。

为了帮助个人和小组学习书中的 27 种重构，本书给出了学习顺序的建议。

---

① 本书将 smell 译为坏味，是借用了围棋术语。围棋中说味道不好或者有坏味，通常就是指感觉可能存在潜在的问题。——译者注

读者对象

本书的读者是从事或者有兴趣改善既有代码设计的面向对象程序员。他们中很多人都在使用模式和重构，但是从来没有通过重构来实现模式。还有一些程序员对重构和模式知之甚少，但愿意了解更多相关内容。

本书对新项目开发（从头编写新的系统或者特性）和遗留开发（主要是维护遗留系统）都适用。

所需背景

本书要求读者熟悉紧耦合、松耦合等设计方面的概念，以及继承、多态、封装、组合、接口、抽象类和具体类、抽象方法和静态方法等面向对象方面的概念。

书中示例使用 Java 代码。我发现对于大多数面向对象程序员来说，Java 代码都很容易读懂。我有意识地不使用那些 Java 独有的特性，因此无论你习惯于用 C++、C#、Visual Basic .NET、Python、Ruby、Smalltalk，还是其他面向对象语言编程，都应该能够理解本书中的代码。

本书与 Martin Fowler 的经典著作《重构》[F]息息相关。该书中包含了许多低层次的重构，例如：

- 提炼函数（Extract Method）
- 提炼接口（Extract Interface）
- 提炼超类（Extract Superclass）
- 提炼子类（Extract Subclass）
- 函数上移（Pull Up Method）
- 搬移函数（Move Method）
- 函数改名（Rename Method）

《重构》一书中还有一些更复杂的重构，例如：

- 以委托取代继承（Replace Inheritance with Delegation）
- 以多态取代条件表达式（Replace Conditional with Polymorphism）
- 以子类取代类型码（Replace Type Code with Subclasses）

为理解本书中介绍的模式导向的重构，读者无需了解上面列出的所有重构；相反，可以跟随阐释这些重构的示例代码进行学习。但是，如果要获取阅读本书的最佳效果，我推荐你同时有一本《重构》在手。该书是无价的重构资源，而且对理解本书很有帮助。

我要讨论的模式来自经典图书《设计模式》[DP]，还有 Kent Beck、Bobby Woolf 等作者以及我本人的著作。我和同事们在实际项目中都实践了重构实现、重构趋向和重构去除这些模式。通过学习模式导向的重构，你将理解如何重构实现、重构趋向和重构去除本书中没有提到的模式。

阅读本书不必事先成为这些模式的专家，但是对模式有所了解当然会有帮助。为了帮助读者理解所讨论的模式，本书包含了一些简洁的模式总结、模式的 UML 略图和许多示例实现代码。要更详细地理解模式，我推荐你在学习本书的同时，也结合研读所引用的模式文献。

本书使用 UML 2.0 表示法。如果对 UML 不太熟悉的话，不要担心。我也只是知其大略而已。编写本书时，Fowler 的《UML 精粹》[Fowler, UD] 一书常伴我左右，不时查阅。

如何使用本书

要概略地了解本书中的重构，可以从学习每个重构的总结（参见 5.1 节），以及每个重构中"动机"一节的"优点和缺点"开始。

要更深入地理解重构，应该研究每个重构的各个部分，但"做法"一节除外。"做法"一节比较特殊，其目的是通过建议应该遵循哪些低层次重构，帮助读者实现该重构。理解本书中的重构，并不需要阅读这一节。这一节更可能用作在实际重构时的参考。

本书和《重构》[F] 所讨论的代码坏味（code smell），是识别设计问题和找到有助于解决问题的相关重构的一种有益方式。也可以查看本书和《重构》中的重构列表（按字母顺序排列），找到能够改进设计的重构。

本书记载的是使设计实现、趋向和去除模式的重构。为了帮助你找到着手的方向，3.4 节专门讲述这一主题。本书还有一个表列出了所有模式的名称和可以用于使设计实现、趋向和去除模式的重构。

本书历史

我从 1999 年开始动笔撰写本书。当时，有好几个因素都促使我为模式、重构和极限编程（extreme programming，XP）[Beck, XP]写点什么。首先，我非常吃惊地发现，XP 文献中还没有提及模式。我因此撰写了一篇名为 *Patterns & XP*（模式与 XP）的论文[Kerievsky, PXP]，在该文中我公开地讨论了这一问题，并就如何将软件开发界的这两大主题结合起来提出了一些建议。

其次，我知道 Martin Fowler 在《重构》[F]一书中只写到了几个"通过重构实现模式"，而且他明确表示，希望有人在此方面进一步写作。这看上去是一个很值得努力的目标。

最后，在我和同事教授的设计模式研讨班上，我注意到有些学员需要更多指导，才能决定何时应该在设计中实际地应用模式。知道模式是什么是一回事，而真正理解什么时候如何应用模式，就完全是另一回事了。我认为这些学员需要学习一些实际的案例，在这些案例中，在设计时应用模式能看到实实在在的效果，因此我开始将这种案例汇编成一个提纲。

当我开始撰写本书时，我遵循了 Bruce Eckel[①]的优秀写作传统，将草稿在网上公开，听取人们的意见。网络真是一个好东西。许多人向我发来反馈，有建议，有鼓励，也有感谢。

随着书稿和想法的不断成熟，我开始在许多会议、讲座和 Industrial Logic 公司的"模式与重构"强化研讨班上讲授"通过重构实现模式"的主题。这使我获得了更多的改进建议，而且更多地了解到程序员理解这一主题需要些什么。

渐渐地，我认识到重构是审视模式的最佳方式，而且模式正是一系列低层次重构所能达到的最佳目标。

很幸运，书成稿之后，得到了许多经验丰富的专业人士的审阅，他们提出了很多改进建议。我会在致谢中提供有关他们的更多情况。

站在巨人肩上

1995 年的夏天，我走进书店，第一次见到了《设计模式》[DP]一书，并从此与模式结下不解之缘。我感谢 4 位作者 Erich Gamma、Richard Helm（我还未曾谋面）、Ralph Johnson 和 John Vlissides 编写了如此优秀的技术图书。他们在书中所表现出的睿智，使我大大提高了自己的软件设计水平。

大约在 1996 年，我在一次模式会议上遇到了 Martin Fowler，那时他还没有出名。这就是我们长期友谊的开始。如果 Fowler（以及他的合作者 Kent Beck、William Opdyke、John Brant 和 Don Roberts）没有写经典著作《重构》[F]，我真地怀疑自己是否还能写出这本书。与《设计模式》一样，《重构》完全改变了我从事软件设计的方式。

我能够完成本书，全拜《设计模式》和《重构》的作者们的辛勤劳动所赐。对此我感激不尽。

致谢

我是如此幸运，有一位妻子在我写作本书期间全心全意地支持我。Tracy 是最棒的。我愿与她白头偕老。

我们的两个女儿 Sasha 和 Sophia，都是在我写作本书期间出生的。我要感谢她们在爸爸写作时候表现出的耐心。

在 20 世纪 70 年代，我的父亲 Bruce Kerievsky 将我和哥哥带到工作场所，让我们画那些空调房中的巨大计算机。他还给我们看长长的绿色和白色的计算机清单，上面用巨大的字母写着我们的名字。这些都激励我进入了这个伟大的行业，谢谢父亲！

---

① Bruce Eckel 是《Java 编程思想》和《C++编程思想》的作者，他令人吃惊地将全书电子文件公开，结果却取得了巨大成功。——译者注

感谢家人之后，应该是技术方面的致谢了。

John Brant 对本书居功至伟。他和他的同事 Don Roberts 都位居世界上最渊博的重构专家之列。John 审阅了本书手稿的 4 个版本，提出了很多想法，并鼓励我删去许多比较平淡的内容。他的真知灼见遍及目录中几乎所有重构"做法"部分的字里行间。Don 虽然忙于其他的项目，未能投入更多精力，但是他复查了 John 的反馈意见，非常感谢。我还要感谢两位为本书题跋。

Martin Fowler 在审阅和建议上用力甚勤，包括简化略图和澄清某些技术讨论。他帮助我改正了一些有问题的 UML 图，而且进行了更新以反映 UML 2.0 的变化。我很荣幸 Martin 选中本书作为他主编的签名系列之一，感谢他为本书作序。

Sven Gorts 下载了本书手稿的多个版本，发来数量惊人的经过深思熟虑的意见。他提出了许多有用的想法，使本书的内容、图和代码都有改进。

Somik Raha 在本书内容的提高上帮助很大。他的开源项目 htmlparser，是在他完全掌握模式之前启动的，成了需要"通过重构实现模式"的代码宝库。Somik 和我结对完成了其中的许多重构。由衷地感谢他的支持、鼓励和建议。

Eric Evans，《领域驱动设计》一书的作者，对本书手稿的早期版本提出了建议。我们在写书的过程中，经常在旧金山附近的咖啡厅会面。在那里我们共同写作、交换计算机，并评论对方的书稿。感谢 Eric 的反馈和友谊。

Chris Lopez，硅谷模式小组（SVPG）的成员，对书的内容、图和代码提出了大量极为详细和有用的建议。同时也感谢硅谷模式小组的其他成员。Chris 对本书的细心审阅大大超出了常规。

Russ Rufer、Tracy Bialik 和硅谷模式小组的其他程序员（包括 Ted Young、Phil Goodwin、Alan Harriman、Charlie Toland、Bob Evans、John Brewer、Jeff Miller、David Vydra、David W. Smith、Patrick Manion、John Wu、Debbie Utley、Carol Thistlethwaite、Ken Scott-Hlebek、Summer Misherghi 和 Siqing Zhang）多次开会，审阅本书较早和更成熟的版本。他们提出了大量好的建议，帮助我认识到哪些地方需要澄清、扩充和精简。特别感谢 Russ 为本书安排这么多会议，感谢 Jeff 为本书讨论录音。

Ralph Johnson 和他领导的 UIUC（伊利诺伊大学厄巴纳-尚佩恩分校）的模式阅读小组对本书手稿的早期版本提出了极为有用的反馈。这些反馈是用 MP3 文件记录下来的。我花了大量时间倾听他们讨论的录音，并采纳了许多建议。我尤其要感谢 Ralph、Brian Foote、Joseph Yoder 和 Brian Marick，感谢他们的关心和建议。我还要感谢小组里的其他人，我还不知道他们的名字。感谢 Ralph 为本书作序。

John Vlissides 以各种形式提供了极为有用的反馈，包括对本书草稿第一版的许多详尽的注释。他对我的工作鼓励有加，对此深表谢意。

Erich Gamma 为本书介绍性的内容以及重构提供了一些很棒的建议。

Kent Beck 审阅了本书中的许多重构，而且还提供了内联 Singleton（6.6 节）重构中的旁注。我非常感谢他在意大利 Alghero 召开 XP2002 会议期间与我结对编程，合作创造了 State 模式的重构。

Ward Cunningham 也提供了内联 Singleton（6.6 节）重构的旁注，并对编排介绍性的内容提供了有益而且关键的建议。

Dirk Baumer（Eclipse 开发自动重构的首席程序员）和 Dmitry Lomov（IntelliJ 开发自动重构的首席程序员）都为本书中的许多重构贡献了真知灼见和建议。

Kyle Brown 审阅了手稿较早的版本，提供了许多很好的意见。

Ken Shirriff 和 John Tangney 对本书手稿的很多版本都提供了大量富于想法的反馈。

Ken Thomases 指出了用类替换类型代码（9.1 节）重构中"做法"的较早版本的一个严重错误。

Robert Hirshfeld 帮助阐明了将装饰功能搬移到 Decorator（7.3 节）重构较早版本中的做法。

Ron Jeffries 在 extremeprogramming@yahoogroups.com 上与我长篇大论地争论，帮助我澄清了本书中的一些内容。他还帮助我"重构"了本书介绍性内容中很难处理的一节中的文字。

Dmitri Kerievsky 帮助我润色了前言中的文字。

以下诸位也不断提供了许多有益的反馈：Gunjan Doshi、Jeff Grigg、Kaoru Hosokawa、Don Hinton、Andrew Swan、Erik Meade、Craig Demyanovich、Dave Hoover、Rob Mee 和 Alex Chaffee。

我还要感谢邮件列表 refactoring@yahoogroups.com 上讨论本书中重构的诸位的反馈。

我要感谢 Industrial Logic 公司各种课程、设计模式研讨班和测试与重构研讨班上的学员，他们也对本书中的重构提供了建议。其中许多人帮助我了解到书中哪些地方不够清楚，哪些地方讲得还不够。

我特别感谢编辑 Paul Petralia，还有他的团队（Lisa Iarkowski、Faye Gemmellaro、John Fuller、Kim Arney Mulcahy、Chrysta Meadowbrooke、Rebecca Rider 和 Richard Evans）。当其他出版社也在争取出版本书时，是 Paul 煞费苦心地说服 Addison-Wesley 取得了出版权。对此我由衷地感谢。我阅读 Addison-Wesley 许多知名著作多年，本书能够成为其中一员我备感荣幸。在本书写作过程中，Paul 成了我的朋友。在他不唠唠叨叨地催促我加紧完稿的时候，我们在一起谈孩子、打网球，度过了许多愉快和轻松的时光。谢谢 Paul，有他这样的编辑真是幸运。

目 录

第 1 章 本书的写作缘由 ················· 1
1.1 过度设计 ··························· 1
1.2 模式万灵丹 ······················· 2
1.3 设计不足 ························· 2
1.4 测试驱动开发和持续重构 ········· 3
1.5 重构与模式 ······················· 5
1.6 演进式设计 ······················· 6

第 2 章 重构 ··························· 7
2.1 何谓重构 ························· 7
2.2 重构的动机 ······················· 8
2.3 众目睽睽 ························· 9
2.4 可读性好的代码 ················· 10
2.5 保持清晰 ························· 11
2.6 循序渐进 ························· 11
2.7 设计欠账 ························· 12
2.8 演变出新的架构 ················· 13
2.9 复合重构与测试驱动的重构 ····· 13
2.10 复合重构的优点 ················· 15
2.11 重构工具 ······················· 15

第 3 章 模式 ··························· 17
3.1 何谓模式 ························· 17
3.2 模式痴迷 ························· 18
3.3 实现模式的方式不止一种 ········· 20
3.4 通过重构实现、趋向和去除模式 ··· 22
3.5 模式是否会使代码更加复杂 ····· 24
3.6 模式知识 ························· 25
3.7 使用模式的预先设计 ············· 26

第 4 章 代码坏味 ····················· 28
4.1 重复代码 (Duplicated Code) ····· 30
4.2 过长函数 (Long Method) ········· 30

4.3 条件逻辑太复杂 (Conditional Complexity) ····················· 31
4.4 基本类型偏执 (Primitive Obsession) ····· 32
4.5 不恰当的暴露 (Indecent Exposure) ····· 32
4.6 解决方案蔓延 (Solution Sprawl) ······· 33
4.7 异曲同工的类 (Alternative Classes with Different Interfaces) ·········· 33
4.8 冗赘类 (Lazy Class) ············· 33
4.9 过大的类 (Large Class) ········· 33
4.10 分支语句 (Switch Statement) ··· 34
4.11 组合爆炸 (Combinatorial Explosion) ··· 34
4.12 怪异解决方案 (Oddball Solution) ······· 34

第 5 章 模式导向的重构目录 ········· 36
5.1 重构的格式 ····················· 36
5.2 本目录中引用的项目 ············· 37
5.2.1 XML Builder ············· 38
5.2.2 HTML Parser ············· 38
5.2.3 贷款风险计算程序 ········· 39
5.3 起点 ··························· 39
5.4 学习顺序 ······················· 39

第 6 章 创建 ··························· 41
6.1 用 Creation Method 替换构造函数 ··· 43
6.1.1 动机 ····················· 43
6.1.2 做法 ····················· 45
6.1.3 示例 ····················· 45
6.1.4 变体 ····················· 49
6.2 将创建知识搬移到 Factory ······· 51
6.2.1 动机 ····················· 51
6.2.2 做法 ····················· 54
6.2.3 示例 ····················· 55
6.3 用 Factory 封装类 ············· 60

6.3.1　动机 ··················· 60
6.3.2　做法 ··················· 61
6.3.3　示例 ··················· 62
6.3.4　变体 ··················· 65
6.4　用 Factory Method 引入多态创建 ········ 67
6.4.1　动机 ··················· 67
6.4.2　做法 ··················· 68
6.4.3　示例 ··················· 70
6.5　用 Builder 封装 Composite ········ 74
6.5.1　动机 ··················· 74
6.5.2　做法 ··················· 76
6.5.3　示例 ··················· 77
6.5.4　变体 ··················· 87
6.6　内联 Singleton ··················· 90
6.6.1　动机 ··················· 90
6.6.2　做法 ··················· 92
6.6.3　示例 ··················· 93

第 7 章　简化 ··················· 96
7.1　组合方法 ··················· 97
7.1.1　动机 ··················· 97
7.1.2　做法 ··················· 99
7.1.3　示例 ··················· 99
7.2　用 Strategy 替换条件逻辑 ········ 102
7.2.1　动机 ··················· 102
7.2.2　做法 ··················· 104
7.2.3　示例 ··················· 105
7.3　将装饰功能搬移到 Decorator ········ 115
7.3.1　动机 ··················· 115
7.3.2　做法 ··················· 118
7.3.3　示例 ··················· 119
7.4　用 State 替换状态改变条件语句 ········ 133
7.4.1　动机 ··················· 133
7.4.2　做法 ··················· 134
7.4.3　示例 ··················· 135
7.5　用 Composite 替换隐含树 ········ 143
7.5.1　动机 ··················· 143
7.5.2　做法 ··················· 146
7.5.3　示例 ··················· 147
7.6　用 Command 替换条件调度程序 ········ 155

7.6.1　动机 ··················· 155
7.6.2　做法 ··················· 157
7.6.3　示例 ··················· 158

第 8 章　泛化 ··················· 164
8.1　形成 Template Method ········ 165
8.1.1　动机 ··················· 166
8.1.2　做法 ··················· 167
8.1.3　示例 ··················· 167
8.2　提取 Composite ··················· 172
8.2.1　动机 ··················· 172
8.2.2　做法 ··················· 173
8.2.3　示例 ··················· 174
8.3　用 Composite 替换一/多之分 ········ 180
8.3.1　动机 ··················· 180
8.3.2　做法 ··················· 182
8.3.3　示例 ··················· 183
8.4　用 Observer 替换硬编码的通知 ········ 190
8.4.1　动机 ··················· 190
8.4.2　做法 ··················· 191
8.4.3　示例 ··················· 192
8.5　通过 Adapter 统一接口 ········ 199
8.5.1　动机 ··················· 199
8.5.2　做法 ··················· 200
8.5.3　示例 ··················· 201
8.6　提取 Adapter ··················· 208
8.6.1　动机 ··················· 208
8.6.2　做法 ··················· 210
8.6.3　示例 ··················· 210
8.6.4　变体 ··················· 216
8.7　用 Interpreter 替换隐式语言 ········ 217
8.7.1　动机 ··················· 217
8.7.2　做法 ··················· 219
8.7.3　示例 ··················· 220

第 9 章　保护 ··················· 230
9.1　用类替换类型代码 ··················· 231
9.1.1　动机 ··················· 231
9.1.2　做法 ··················· 233
9.1.3　示例 ··················· 234

9.2　用 Singleton 限制实例化 …………… 240
　　9.2.1　动机 ……………………… 240
　　9.2.2　做法 ……………………… 241
　　9.2.3　示例 ……………………… 241
9.3　引入 Null Object ………………… 244
　　9.3.1　动机 ……………………… 244
　　9.3.2　做法 ……………………… 246
　　9.3.3　示例 ……………………… 247

第 10 章　聚集操作 …………………… 252
10.1　将聚集操作搬移到 Collecting
　　　Parameter ………………… 253
　　10.1.1　动机 …………………… 253
　　10.1.2　做法 …………………… 254
　　10.1.3　示例 …………………… 255
10.2　将聚集操作搬移到 Visitor … 259
　　10.2.1　动机 …………………… 259
　　10.2.2　做法 …………………… 263
　　10.2.3　示例 …………………… 267

第 11 章　实用重构 …………………… 274
11.1　链构造函数 ………………… 275
　　11.1.1　动机 …………………… 275
　　11.1.2　做法 …………………… 276
　　11.1.3　示例 …………………… 276
11.2　统一接口 …………………… 278
　　11.2.1　动机 …………………… 278
　　11.2.2　做法 …………………… 279
　　11.2.3　示例 …………………… 279
11.3　提取参数 …………………… 280
　　11.3.1　动机 …………………… 280
　　11.3.2　做法 …………………… 280
　　11.3.3　示例 …………………… 281

跋 …………………………………… 282

参考文献 …………………………… 283

索引 ………………………………… 286

第 1 章

本书的写作缘由

1

软件模式的伟大之处，就在于它们传达了许多有用的设计思想。所以，在学习了大量模式之后，就理应成为非常优秀的软件设计人员，不是吗？当学习、使用了几十个模式后，我也曾这样认为。模式帮助我开发灵活的框架，帮助我构建坚固、可扩展的软件系统。但是几年后，我却发现自己在模式方面的知识和使用模式的方式总是使我在工作中犯过度设计的错误。

设计技术进一步提高之后，我发现自己使用模式的方式逐渐发生了变化：我开始"通过重构实现模式、趋向模式和去除模式（refactoring to，towards，and away from pattern）"，而不再是在预先（up-front）设计中使用模式，也不再过早地在代码中加入模式。这种使用模式的新方式来自于我对极限编程（XP）设计实践的采用，它帮助我既避免了过度设计，又不至于设计不足。

1.1 过度设计

所谓**过度设计**（over-engineering），是指代码的灵活性和复杂性超出所需。有些程序员之所以这样做，是因为他们相信自己知晓系统未来的需求。他们推断，最好今天就把方案设计得更灵活、更复杂，以适应明天的需求。这听上去很合理，但是别忘了，这需要你未卜先知。

如果预计错误，浪费的将是宝贵的时间和金钱。花费几天甚至几星期对设计方案进行微调，仅仅为了增加过度的灵活性或者不必要的复杂性，这种情况并不罕见，而且这样只会减少用来添加新功能、排除系统缺陷的时间。

如果预期中的需求根本不会成为现实，那么按此编写的代码又将怎样呢？删除是不现实的。删除这些代码并不方便，何况我们还指望着有一天它们能派上用场呢。无论原因如何，随着过度灵活、过分复杂的代码的堆积，你和团队中的其他程序员，尤其是那些新成员，就得在毫无必要的更庞大、更复杂的代码基础上工作了。

为了避免这一问题，人们决定分头负责系统的各个部分。这看似能使工作更容易，但是副作用又产生了。因为每个人都在自己的小天地里工作，很少看看别处的代码是否已经完成了自己需要的功能，最后生成大量重复的代码。

过度设计下的代码会影响生产率，因为当其他人接手一个过度设计的方案时，必须先花上一些时间了解设计中的许多微妙之处，然后才能自如地扩展或者维护它。

过度设计总在不知不觉之中出现，许多架构师和程序员在进行过度设计时甚至自己都不曾意识到。而当公司发现团队的生产率下降时，又很少有人知道是过度设计在作怪。

程序员之所以会过度设计，也许是因为他们不想受不良设计的羁绊。不良的设计可能会深深地融入代码之中，对其进行改进不啻严峻的挑战。我遇到过这种情况，所以使用模式预先进行设计对我的吸引力才会如此之大。

1.2   模式万灵丹

最初学习模式时，它们代表的是我很想精通的一种灵活、精妙甚至非常优雅的面向对象设计方法。完整地学习了无数的模式和模式语言之后，我用它们改进以前开发的系统，用它们构思将要开发的系统。其效果非常可观，我知道，自己的路子走对了。

然而，随着时间的推移，模式的强大使我开始对更简单的代码编写方式视而不见。只要遇到某个可以使用两三种不同方法进行的计算，我就会很快想到实现 Strategy 模式，而事实上，使用简单的条件表达式编程更加容易，也更加快捷，完全足够。

有一次，我对模式的走火入魔可以说是暴露无遗。在结对编程中，我和搭档编写了一个类，它实现了 Java 的 TreeModel 接口，在树型窗口部件（widget）中显示 Spec 对象的图形。代码能够工作，但是树型窗口部件通过调用 Spec 对象的 toString()方法来显示它们，而该方法并不返回需要的 Spec 对象信息。我们不能修改 Spec 的 toString()方法，因为系统的其他部分还要用到这个方法。我们只好慎重思考如何继续。和往常一样，我开始考虑哪个模式能够助我们一臂之力。脑子里浮现出 Decorator 模式。我建议，按照这个模式用一个对象封装 Spec 对象，再重写（override）这个对象的 toString()方法。搭档对这条建议的反应使我大吃一惊："在这里用 Decorator 模式？那不等于大炮打蚊子吗？"他的解决方案是，创建一个名为 NodeDisplay 的很小的类，将 Spec 对象作为其构造函数的参数，它的一个公共方法 toString()包含了 Spec 对象的正确显示信息。NodeDisplay 类编写起来几乎花不了多少时间，因为它的代码不超过 10 行。而我使用 Decorator 模式的解决方案至少需要 50 行代码，需要多次反复委托调用 Spec 对象。

这样的经验使我意识到，再也不能过多地考虑模式了，应该重新把精力放在短小、简单和直截了当的代码上。我走到了一个十字路口：我努力学习模式，想成为更优秀的软件设计师，然而，现在为了真正更上一层楼，我需要放弃对它们的依赖。

1.3   设计不足

设计不足比过度设计要常见得多。所谓**设计不足**（under-engineering），是指所开发的软件设计不良。其产生原因有如下几种：

□ 程序员没有时间，没有抽出时间，或者时间不允许进行重构；
□ 程序员在何为好的软件设计方面知识不足；
□ 程序员被要求在既有系统中快速地添加新功能；
□ 程序员被迫同时进行太多项目。

随着时间的推移，设计不足的软件将变成昂贵、难以维护甚至无法维护的大麻烦。Brian Foote 和 Joseph Yoder 曾经创造了一种名为 Big Ball of Mud（大泥球）的模式语言，他们是这样描述类似软件的。

数据结构的构造非常随意，甚至近乎不存在。任何东西都要与其他东西通信。所有重要的状态数据都可能是全局的。在状态信息被隔开的地方，需要通过错综复杂的后端通道杂乱地传递，以绕开系统的原有结构。

变量名和函数名信息量不足，甚至会起误导作用。函数可能使用大量全局变量以及定义模糊的冗长的参数列表。函数本身冗长、费解，完成多项毫无关联的任务。代码重复很多。控制流很难看清，难以找到来龙去脉。程序员的意图几乎无法理解。代码完全不可读，近乎难于破译的天书。代码中有许多经过多个维护者之手不断修修补补留下的明显印记，这些维护者几乎都没有理解自己的修补会造成怎样的后果。[Foote and Yoder, 661]

虽然你开发的系统也许不会这么恐怖，但是很可能也曾经有过设计不足的时候。我知道自己肯定这样干过。迅速使代码运行起来是压倒一切的要求，而这往往伴随着巨大的压力，使我们无法改进既有代码的设计。有些情况下，我们会有意地不对代码进行改进，因为我们知道（或者自认为知道）软件的生命期不会太长。而另一些时候，是别人迫使我们不对代码进行改进，因为好心的经理会这样说："不出事的地方就不用改了，这样我们公司能够更有竞争力，更可能在市场竞争中取胜。"

长期的设计不足，会使软件开发节奏变成"快、慢、更慢"，可能造成这样的后果：

(1) 系统的 1.0 版很快就交付了，但是代码质量很差；

(2) 系统的 2.0 版也交付了，但质量低劣的代码使我们慢了下来；

(3) 在企图交付未来版本时，随着劣质代码的倍增，开发速度也越来越慢，最后人们对系统、程序员乃至使大家陷于这种境地的整个过程都失去了信心；

(4) 到了 4.0 版时或者之后，我们意识到这样肯定不行，开始考虑推倒重来。

这种事情在我们的行业里司空见惯。它的代价非常高昂，而且会极大地降低企业本应具备的竞争力。幸运的是，我们还有更光明的道路可走。

1.4　测试驱动开发和持续重构

测试驱动开发[Beck, TDD]和持续重构，是极限编程诸多优秀实践中的两个，它们彻底改进了我开发软件的方式。我发现，这两个实践能够帮助我和公司降低过度设计和设计不足的几率，将时间用在按时地构造出高质量、功能丰富的代码上。

通过测试驱动开发（TDD）和持续重构，我们将编程变成一种对话①，从而高效地使可以工作的代码不断演变。

❑ 问：编写一个测试，向系统提问。
❑ 答：编写代码通过这个测试，回答这一提问。
❑ 提炼：通过合并概念、去芜存菁、消除歧义，提炼你的回答。
❑ 反复：提出下一个问题，继续进行对话。

这种编程节奏使我耳目一新。通过使用测试驱动开发，我们再也不用先花大量时间仔细考虑一个设计，就能够应付系统的每个细枝末节了。现在，我可以用几秒钟或者几分钟，先让原始的功能正确地工作起来，然后再重构，使它不断演进，达到必需的复杂程度。

Kent Beck 为测试驱动开发和持续重构创造了一句"咒语"："红、绿、重构"。其中的"红"和"绿"是指在单元测试工具（比如 JUnit）中编写并运行一个测试时所看到的颜色。整个过程是下面这样的。

(1) 红：创建一个测试，表示代码所要完成的任务。在编写的代码能够通过测试之前，测试将失败（显示红色）。

(2) 绿：编写一些权宜代码，先通过测试（显示绿色）。这时，你用不着为难自己，非要给出没有重复、简单和清晰的设计。可以在测试通过、能够心安理得地尝试更好的设计之后，再逐步朝这个目标努力。

(3) 重构：对已经通过测试的代码，改进其设计。

听上去就这么简单，测试驱动开发和持续重构使编程领域面目一新。那些缺乏经验的程序员可能会这样想："什么？为还不存在的代码编写测试？编写的代码通过测试之后，还需要立即进行重构？这不就是那种浪费很大、杂乱无章的软件开发方式吗？"

实际上，事情恰恰相反。测试驱动开发和持续重构提供了一种精益、迭代和训练有素的编程风格，能够最大程度地有张有弛，提高生产率。Martin Fowler 称之为"迅速而又从容不迫"[Beck, TDD]，而 Ward Cunningham 则解释说，这种说法主要指的是持续分析和设计，与测试关系不大。

程序员需要从实践中学习测试驱动开发和持续重构的正确节奏。我认识的一位程序员 Tony Mobley 曾称这种开发风格为一次范型转变，其影响之巨，不亚于结构化程序设计到面向对象程序设计的转变。无论你需要多长时间来适应这种开发风格，一旦习惯之后，你将发现，再用其他任何方式开发成品代码，都会感觉奇怪、不舒服甚至非常业余。许多使用测试驱动开发和持续重构编程的人，都发现这种方式有助于：

---

① 对话这个隐喻出自 Kent Beck，借用了大哲学家苏格拉底的对话教学方式。编写测试代码就好像是向系统提问题，编写系统代码是为了回答问题，这样的对话不断反复，最后生成的就是我们所需要的系统。——译者注

❑ 保持较低的缺陷数量；

❑ 大胆地进行重构；

❑ 得到更简单、更优秀的代码；

❑ 编程时没有压力。

要了解测试驱动开发的细节，请研读 *Test-Driven Development* [Beck, TDD]或者 *Test-Driven Development: A Practical Guide* [Astels]两部著作。要对测试驱动开发有感性认识，可以参见本书的 7.5.3 节和 6.5.2 节。要了解如何持续重构，请研读《重构》[F]一书（尤其是第 1 章）以及本书中的重构内容。

1.5　重构与模式

我观察了自己和同事们在许多项目中重构的对象和方式。在使用《重构》[F]一书中描述的许多重构方法时，我们还发现模式有助于改进设计。很多次我们都是通过重构实现模式，或者通过趋向模式进行重构，小心翼翼地避免产生过分灵活或者过度复杂的方案。

深入研究了应用"模式导向的重构"的动机之后，我发现它和"实现低层次重构"的一般动机是一样的：减少或去除重复的地方，简化复杂之处，使代码更好地表达其意图。

但是，如果只学习某个设计模式的一部分，很容易忽视这种动机。例如，《设计模式》[DP] 中的所有模式都包含一个名为"意图"的部分。《设计模式》的作者们是这样描述意图的："意图是回答下列问题的简单陈述：设计模式是做什么的？它的基本原理和意图是什么？它解决的是什么样的特定设计问题？"[DP, 6]话虽如此，但是许多设计模式的"意图"部分只是在说明模式解决的主要问题。相反，更多的注意力放在了"模式是做什么的"之上。

我们来看两个例子。

Template Method（模板方法）的意图

定义一个操作中算法的骨架，而将一些步骤延迟到子类中。Template Method 使得子类可以在不改变算法结构的情况下，重定义该算法的某些特定步骤。[DP, 325]

State（状态）的意图

允许一个对象在其内部状态改变时改变自己的行为。对象看起来似乎修改了自己的类。[DP, 315]

这些意图描述并没有说明 Template Method 有助于减少或者去掉类层次中各个子类里相似方法中的重复代码，也没有说明 State 模式有助于简化复杂的有条件的状态改变逻辑。如果程序员学习了一个设计模式的所有部分，尤其是"适用性"部分，他们将了解到该模式所要解决的问题是什么。

但是，在设计中使用《设计模式》一书时，许多程序员，包括我自己，都是通过阅读模式的"意图"部分，确定这个模式是否适合当前的情况。这种选择模式的方法的有效性不如将设计问题与模式能够解决的问题进行比对。为什么呢？因为模式之所以存在，就是为了解决问题，所以要了解在某种情况下模式是否真的有所帮助，必须理解它们有助于解决什么问题。

重构方面的文献似乎比模式方面的文献更关注具体的设计问题。开始学习某个重构时，你会在书的第一页看到重构有助于解决何种问题。本书给出的"模式导向的重构"目录直接延续了《重构》一书中所开创的工作，其目的是帮助读者了解模式有助于解决哪些具体的问题。

本书架设了模式和重构之间的桥梁，但是，其实《设计模式》一书的作者们在其皇皇巨著的"结论"一章已经提到了这两者之间的联系：

我们的设计模式记录了许多重构产生的设计结构。……设计模式为你的重构提供了目标。[DP, 354]

Martin Fowler 在《重构》一书的开始也有类似的说明：

模式和重构之间存在着天然联系。模式是你想到达的目的地，而重构则是从其他地方抵达这个目的地的条条道路。[F, 107]

1.6   演进式设计

今天，在对模式——这种"重构产生设计结构"已经非常熟悉之后，我了解到充分理解为什么要"通过重构实现模式或者重构趋向模式"，比理解应用模式的结果或者结果的实现细节更有价值。

如果想成为一名更优秀的软件设计师，了解优秀软件设计的演变过程比学习优秀设计本身更有价值，因为设计的演变过程中隐藏着真正的大智慧。演变所得到的设计结构当然也有帮助，但是不知道设计是怎么发展而来的，在下一个项目中你就很可能错误地应用，或者陷入过度设计的误区。

迄今为止，我们关于软件设计的文献更多地集中在讲授优秀的解决方案上，对这些解决方案的演变过程则重视不够。这种情况需要改变。正如伟大的诗人歌德说过的："那些父辈们传下来的东西，如果你能拥有它，你就能重新得到它们。"重构方面的文献通过揭示优秀设计方案的演化过程，帮助我们更好地重新理解这些方案。

如果想发挥模式的最大效用，也必须这样做：将模式放到重构的背景中领会，而不是仅仅将模式视为与重构无关的可复用的要素。这恐怕就是我编写"模式导向的重构"目录的主要原因。

通过学习不断改进设计，你就能够成为一名更优秀的软件设计师，并且减少工作中过度设计和设计不足的情况。测试驱动开发和持续重构是演进式设计的关键实践。将"模式导向的重构"的概念注入如何重构的知识中，你会发现自己如有神助，能够不断地改进并得到优秀的设计。

第 2 章

重　构

本章中我将就"何谓重构"和"需要怎样做才能善于重构"提出一些看法。本章最好和《重构》一书 [F]中的"重构原则"（Principles in Refactoring）①一起阅读。

2.1　何谓重构

重构就是一种"保持行为的转换"，或者如 Martin Fowler 定义的那样："（重构）是一种对软件内部结构的改善，目的是在不改变软件的可见行为的情况下，使其更易理解，修改成本更低。"[F, 53]

重构过程包括去除重复、简化复杂逻辑和澄清模糊的代码。重构时，需要对代码无情地针砭，以改进其设计。这种改进可能很小，小到只是改变一个变量名；也可能很大，大到合并两个类层次。

要保证重构的安全性，确保所做的修改不会产生任何破坏则必须手工测试或者运行自动测试。如果能够快速地运行自动测试，确保（修改后）代码仍能工作，你就能更大胆地进行重构，更乐于尝试试验性的设计。

循序渐进地进行重构有助于防止增加缺陷。大多数重构过程都需花费一些时间。有些大型重构可能需要持续数天、数周甚至数月，才能完成转换。但是即便这样的大型重构也是循序渐进地实现的。

重构最好是持续而不是分阶段地进行。只要看到代码需要改善，就改善它。但是，如果你的经理要求你完成某项功能，以备明天进行演示之用，那么当然应该先完成这项功能，以后再进行重构。持续重构能够很好地满足业务需求，但是重构实践必须和谐地适应业务上的轻重缓急。

---

① 即该书的第 2 章。——译者注

2.2 重构的动机

虽然我们对代码进行重构的原因很多，但是以下这些动机是最具普遍性的。

使新代码的增加更容易

在系统中增加新功能时，可以选择快速编写出这个功能，而不考虑它是否能很好地适应原有设计，也可以选择对原有设计进行修改，从而能够容易和从容地接纳新功能。如果选择前者，就会导致所谓的设计欠账（参见 2.7 节），迟早还是要通过重构来偿还；如果选择后者，则需先分析为了更好地接纳新功能，需进行哪些修改，然后再进行必要的修改。这两种选择无所谓好坏。如果时间紧张，可能应该先快速地添加新功能，以后再进行重构；如果时间充裕，或者你认为在编写新功能之前先为它做好准备更快，那么就尽管在增加新功能之前进行重构。

改善既有代码的设计

通过持续改善代码的设计，代码将越来越容易处理。这与通常所见情况——重构很少，大量精力都花在快速而短视地增加新功能上，形成鲜明的对比。持续重构包括不断地嗅探代码的坏味（参见第 4 章），一旦发现坏味就立即（或者很快）去除。如果能够养成持续重构的"卫生"习惯，你将发现，代码的扩展和维护更加容易，从而更加享受工作。

对代码理解更透彻

有时，我们读代码时会对它的功能和机理毫无头绪。就算现在有人能够站在旁边进行解说，以后别人再来阅读这段代码时，还是会一头雾水。对这种代码是否该加一些注释呢？非也。如果代码本身不清晰，就说明存在坏味，需要通过重构清除，而不是用注释来掩饰。

在重构这种代码时，如果有完全理解代码的人在场是最好不过了。如果无法到场，看看他能否通过电子邮件、即时通信或者电话进行解释。如果这也不行，那就先重构你能够理解的部分。最终，随着重构的进行，这段代码会越来越容易理解。

提高编程的趣味性

我经常反躬自问是什么促使自己重构代码。当然，我会说重构能够拨冗删繁，能够简化或者澄清代码。可真正促使我进行重构的是什么呢？情绪。我之所以经常重构，只是要使编写的代码不那么讨厌！

我曾经参与了一个存在很多重大设计欠账的项目。尤其是其中有一个职责过多的巨类。因为我们的工作很大程度就是在修改这个巨类，所以每次签入（check in）代码（这是经常的事情，因为我们采用了持续集成），都不得不处理涉及这个巨类的复杂合并。结果，每个人都不得不花更多的时间集成代码。这真让人讨厌！因此我和另一位程序员花了 3 个星期，将这个巨类拆分为多个小类。这是一项艰苦的工作，但是不得不做。大功告成之后，代码的集成时间大大缩短，整个团队的编程体验也大大改善。

2

2.3　众目睽睽

当《独立宣言》还在起草时，本杰明·富兰克林坐在托马斯·杰弗逊的身边，把杰弗逊关于"我们认为这些真理是神圣的，毋庸置疑"的措词修改为现在非常著名的句子"我们认为这些真理是不言而喻的"。根据传记作家 Walter Isaacson 的说法，杰弗逊对富兰克林的改动暴怒不已。富兰克林意识到朋友的情绪很激动，所以给他讲述了另一位朋友约翰·汤普森（John Thompson）的故事。

约翰·汤普森刚刚开始从事制帽业，想为自己的公司设计一个标记。他设计出如下图所示的标记：

John Thompson，帽商，
制作和销售帽子，现金支付

在启用新标记前，约翰决定给几个朋友看看，听听他们的意见。第一个朋友觉得"帽商"这个词有些重复，没有必要，因为后面的话"制作……帽子"，已经说明了约翰是一个帽商。于是"帽商"这个词被删除了。第二个朋友认为，"制作"一词可以不要，因为顾客不会关心到底是谁制作了帽子。于是"制作"一词也被删去。第三个朋友说，他认为"现金支付"毫无用处，因为不会有顾客赊账买帽子，一般人们都会用现金来买。所以这些词也被删去。

11

现在标记变成了："John Thompson 销售帽子。"

"销售帽子！"他的另一个朋友说，"哎呀，没人认为你会给他发帽子的。这个词有什么用处呢？"于是"销售"被删去了。这时"帽子"这个词显然也没什么用处了，因为标记里已经有了帽子的图形。所以标记最终被简化成：

John Thompson

在 *Simple and Direct* 一书中，Jacques Barzun 阐释到，所有优秀的著述，都是不断修改而成的[Barzun, 227]。他指出，修改意味着重新审视。John Thompson 的标记在他的朋友们不断修改之下，去除了重复的文字，简化了语言，澄清了意图。富兰克林之所以要修改杰弗逊的句子，是因为他看到有更简明、更佳的方式来表达杰弗逊的意图。某个人的工作如果能经过多个人进行修改，将得到显著的改进。

这对代码而言亦然。要得到最佳的重构结果，需要多人的帮助。这正是极限编程建议采用结对编程和代码集体所有这两种实践的原因之一[Beck, XP]。

2.4　可读性好的代码

我常常遇到一些给我留下深刻印象的代码，以至于我会在数月乃至数年中不断地向人们讲述。我研究 Ward Cunningham[①]所写的一段代码时，就碰到这种情况。也许有读者尚不知道 Ward 是何许人也，但是应该知道他诸多杰出的创新。Ward 创造了 CRC（Class-Responsibility-Collaboration，类-职责-协作）卡、Wiki Web（维基网站，一种简单快速的可读写网站）、极限编程和 FIT 测试框架。

我所研究的代码来自某个重构研讨班上使用的虚构的工资系统。作为这个研讨班的教师之一，我需要在教学之前先对代码研究一番。我先浏览了测试代码。研究的第一个测试方法是根据日期检查工资额。立即映入眼帘的是日期。代码是这样写的：

```
november(20, 2005)
```

这行代码调用了以下方法：

```
public void Date november(int day, int year)
```

我既惊又喜。即使是在测试代码中，Ward 也尽心竭力地编写了可读性极佳的方法。如果他不这么费心写出如此简单、容易理解的代码，完全可以写成这样：

```
java.util.Calendar c = java.util.Calendar.getInstance();
c.set(2005, java.util.Calendar.NOVEMBER, 20);
c.getTime();
```

虽然上面的代码也能产生同样的日期，但是它无法完全像 Ward 的 november() 方法那样做到以下两点：

❑ 读起来像自然语言；
❑ 将重要代码与分散注意力的代码分离开来。

我再来讲一个与此大相径庭的故事。有一个名叫 w44() 的方法。我是在为一家大型华尔街银行开发的贷款风险估算程序（一堆 Turbo Pascal 大杂烩代码）中发现这个 w44() 方法的。当时，我刚刚开始自己的职业程序员生涯，最初的三个星期都花在研究这个代码沼泽上。终于，我弄明白这里的“44”是逗号的 ASCII 码，而“w”则代表“with”。所以这位程序员的 w44() 是指其例程返回的是一个数字，格式化为一个带[②]逗号的字符串。这可真够直观的！我怀疑这位程序员如果不是确实想不出其他好名字，就肯定是想让别人无法接手，以保住自己的铁饭碗。

Martin Fowler 说得好：

任何傻瓜都会编写计算机能理解的代码。好的程序员能够编写人能够理解的代码。[F, 15]

---

① Ward Cunningham 曾与 Kent Beck 共事多年。除了上述贡献之外，他还是将模式思想引入软件开发的先驱之一。

——译者注

② 即 with。——译者注

2.5 保持清晰

保持代码清晰类似于保持房间整洁。一旦你的房间变得乱七八糟，就更难清理了。变得越乱，就越不想清理。

假定你对房间进行了大扫除。接下来该怎么办呢？如果想保持房间整洁，就不能把东西（比如那些臭袜子）扔在地板上，或者让书、杂志、眼镜和玩具堆在桌面上。必须保持卫生。

你经历过这些吗？我经历过。如果几个星期之内都能保持房间整洁，那么保持卫生就开始成为一种习惯，以后就不会再为应该把臭袜子扔在地板上还是收到洗衣篮里进行思想斗争了。我的习惯会驱使着我将袜子收进洗衣篮。

糟糕的是，新习惯往往有让步于旧习惯的危险。比如，哪天你累得已经顾不上收拾地板上的衣服，然后又有几本书被一个蹒跚学步的孩子从书架上碰到桌上。在你意识到之前，你的房间又归于一片狼藉。

要保持代码清晰，必须持续地去除重复，简化和澄清代码。决不能容忍代码中的脏乱，决不能倒退到坏习惯中去。清晰的代码能产生更好的设计，而更好的设计将使开发过程更加迅速，从而会使客户和程序员皆大欢喜。请保持代码的清晰吧！

2.6 循序渐进

从前，有一位年轻而又聪明的程序员参加了我教授的一个测试和重构强化培训班。这个培训班中的每个人都要参与编程练习，重构一些本书和《重构》[F]一书中所叙述的几乎所有坏味（参见第 4 章）的代码。在练习过程中，结对的程序员们必须发现一个坏味，找到去除这个坏味的重构办法，然后在班上其他人注视下，接上投影仪编程演示这个重构。

正午前大约 5 min 时，培训班进行了将近一小时的重构。因为午餐已经送到教室，我询问是否有人有一个比较小的重构，能够在午餐休息之前完成。这时那位年轻的程序员举起手，说他想到一个小的重构。他并没有说到具体的坏味或者相关的重构，而是描述了代码中的一个很大的问题，并且解释了他的解决设想。另外的几个学员提出疑问，说这样的问题不可能在 5 min 内解决。但是，年轻的程序员还是坚持自己能够完成这项任务，于是我们同意让他和结对搭档试一试。

如果要重构复杂的代码，5 min 很快就会过去。

年轻的程序员和他的搭档发现，在搬移和修改了一些代码之后，许多单元测试都无法通过。在单元测试工具中，失败的单元测试显示为一个大大的红条，被投影仪投射到大屏幕上时，看上去更是又大又红。两位程序员全力修改失败的单元测试时，大家陆续离座，到旁边的桌子边吃午餐。15 min 后，我也开始午餐休息了。在排队拿午餐时，我仍然注视着大屏幕上的编程进展。

20 min 过去了，大大的红条仍然没有变绿（表示所有测试都已经通过）。这时，那位年轻程序员和他的搭档也起身来拿午餐。然后迅速返回计算机旁。我们许多人都看到，他们一只手拿着午餐，而另一只手在继续重构。时间继续流逝。

到 12 时 50 分的时候（从他们开始重构算起已经过去了 55 min），大红条终于变绿了。重构大功告成。等培训班的学员再次集中时，我问大家哪里出了问题。年轻的程序员给出了答案：他没有循序渐进。他原以为将几个重构组合成一个大的步骤应该更快，但事实恰恰相反。每一个大步骤都会导致许多单元测试失败，这需要用大量时间去修改，就更别提有部分修改在以后的步骤中还要取消了。

我们许多人都有类似的经历——跨越的步子太大，然后奋战几分钟、几小时甚至几个日夜，以重得绿条。我对重构的理解愈深，就愈倾向于采取小而安全的步骤。事实上，绿条就像一个陀螺仪，能够使我不偏离航线。如果红条显示的时间太长——超过几分钟，我就知道自己采取的步骤不够小。然后我会返工，重新开始。我几乎总是发现，采取更小、更安全的步骤比采取更大的步骤更能快速达到目标。

2.7 设计欠账

假设你去请求经理允许你花一些时间持续重构代码以"改善其设计"，你觉得他会有何反应呢？可能是斩钉截铁的"不行"，或者是一场爆笑，或者是一副严厉的面孔。应付没完没了的功能请求和缺陷报告就已经够难的了！谁还有时间来改进设计？别不食人间烟火了！

使用重构的技术语言和大多数管理人员交流，效果都不好。相反，使用 Ward Cunningham 的设计欠账隐喻[F, 66]则要有效得多。所谓设计欠账，是指无法一直做如下 3 件事情：

❑ 去除重复；
❑ 简化代码；
❑ 澄清代码的意图。

很少有代码能够完全避免设计欠账。很奇怪，人类无法一次写就完美的代码。我们会自然地累积设计欠账。所以问题就变成："应该什么时候偿还这笔设计欠账？"

由于忽视了或者有意地"没有坏就不修改"，许多程序员和开发团队很少花时间偿还设计欠账。结果，他们开发出来的程序就成了大泥球（Big Ball of Mud）[Foote and Yoder]。用金融术语来说，如果不偿还债务，就会产生滞纳金。如果不偿还滞纳金，滞纳金就会越积越多。未偿还的金额越大，滞纳金和要付的钱就越多。这可是按复利计算的，而且随着时间推移，还清这些欠账就变成不可实现的梦。设计欠账也是如此。

使用欠账这样的金融隐喻来讨论技术问题，已被证明是与管理层沟通的有效方式。在谈起设计欠账时，我经常拿出一张信用卡，给经理们看。我问他们："你们会连续多少个月不付清欠账呢？"虽然有人并不是每月都还清欠账，但是几乎所有人都不会让欠账累积太长时间。这样的讨论很容易使经理们认识到，一直持续地还清设计欠账实乃明智之举。

一旦管理层了解到持续重构的重要性，软件公司构建软件的方式就会完全改变。由此，从公司高层到经理到程序员，所有人都达成共识：进展太快对所有人都没有好处。现在，程序员进行重构就会得到管理层的批准。这样日积月累，许多小的、健康的重构行为将使系统的扩展和维护变得越来越容易。这时候，包括软件的开发者、管理人员和用户，每个人都能从中获益。

2.8　演变出新的架构

从前，一个公司有一个很老的系统，存在各种司空见惯的问题：设计糟糕，稳定性差，难以维护。公司决定，不推倒重来开发新系统，而是重构原系统的架构。

重构计划是这样的：公共代码应该从新的框架层中得到，应用程序通过这个框架层获得公共服务。这种分离使框架程序员能够逐渐地改进低层框架代码，而且对应用程序影响很小。

公司决定成立框架小组。各应用程序小组将使用框架小组提供的公共服务。

虽然这个计划听起来合情合理，但是实际上却非常冒险。如果框架小组的成员没有贴近应用程序的需求，他们很可能开发出错误的代码；如果应用程序小组的成员无法得到所需的服务，他们就可能绕过框架以达到期限要求，或者被拖慢下来，只是为了等待所需服务被开发出来。绕过框架实际上就回到老架构下了，而等待框架代码显然也是一种下策。

演进式设计提供了更好的方式。它建议：

❑ 成立一个小组；
❑ 用应用需求驱动框架；
❑ 通过重构，持续改进应用程序和框架。

只成立一个小组，框架和应用程序就不会配合失序了。用实际应用需求驱动框架，所开发的将都是有价值的框架代码。持续重构对整个过程至关重要，因为它能够使框架和应用程序两部分离开。

最终，公司决定采用这种演进式方案，并聘请讲师来培训和指导开发小组。尽管最初大家对没有专门从事框架开发的小组心存疑虑，但是最后的结果令人信服：架构持续改善，高质量的应用程序不断交付完成，而且演变出一个精益且通用的框架。

重构是其中不可缺少的因素。正是重构，使小组能够高效且有效地演变出一个全新的架构。

2.9　复合重构与测试驱动的重构

复合重构（composite refactoring）就是由多个低层次重构组成的高层次重构。低层次重构所完成的许多工作都涉及代码的搬移。例如，提炼函数[F]重构需要将代码搬移到一个新函数中，

[17] 函数上移[F]重构需要将方法从子类搬移到超类，提炼类[F]重构需要将代码搬移到新类中，而搬移函数[F]重构需要将函数从一个类搬移到另一个类。

本书中讲述的几乎所有重构都是复合重构。我们从一段待修改的代码着手，然后渐进地应用各种低层次重构，直至完成所需的修改。在应用各个低层次重构之间，需要运行测试确保修改后的代码仍能如愿运行。因此，测试也是复合重构不可分割的一部分。如果不运行测试，你很难充满自信地应用低层次重构。

测试在重构中还扮演着一个完全不同的角色：它可以用来重新编写、代替老代码。**测试驱动的重构**（test-driven refactoring）包括应用测试驱动开发得到替换代码，然后将老代码替换为新代码（同时保留并重新运行老代码的测试）。

与测试驱动的重构相比，复合重构的使用率要高得多，因为大量重构工作只是改变原有代码的位置。当这样无法改善设计时，采用测试驱动的重构能够帮助我们安全而且有效地得到更佳的设计。

替换算法[F]重构是最适合使用测试驱动重构方式来实现重构的绝佳例子。它实际上是彻底地将原有算法替换为另一个更简单、更清晰的算法。你应该怎样得到新算法呢？通过将老算法转换为新算法是不行的，因为新算法的逻辑与之完全不同。可以先编写好新算法，用它替换老算法，然后看测试能否通过。如果测试无法通过，你很可能要花上很长时间进行调试。编写算法的更好方式是使用测试驱动开发。这种方式能够产生简单的代码，而且还能产生测试，从而使你或者其他人能够在此后充满自信地应用各种低层次重构或者复合重构。

用 Builder 封装 Composite（6.5 节）重构是测试驱动的重构的另一个例子。这种重构的目的是通过简化构建过程使客户代码能够更容易地构建 Composite。设计中使用 Builder 提供构建 Composite 的简化方式。如果设计与原有设计差距很大，就可能无法使用多个低层次重构或者复合重构得到新的设计。同样，使用测试驱动开发能够更加有效地重新实现、替换老代码。

用 Composite 替换隐含树（7.5 节）重构既是一个复合重构又是一个测试驱动重构。选择如[18] 何实现这个重构，取决于所遇到的代码的性质。一般说来，如果该代码很难实现提炼类[F]重构，那么测试驱动重构方式可能更容易。用 Composite 替换隐含树重构中有一个使用测试驱动重构的例子。

将装饰功能搬移 Decorator（7.3 节）重构不是测试驱动的重构；但是，这个重构的示例却说明了如何用测试驱动的重构将框架外的行为搬移到框架内。这个示例所涉及的是搬移代码，因此似乎用复合重构实现应该更方便。但事实上，修改要涉及更新许多类，最终还是用测试驱动开发进行设计转换更容易。

在实际重构中，可能大多数时间都在使用低层次重构和复合重构。只需要记住，通过测试驱动的重构完成的"重新实现和替换"技术，也是重构的一种有用方式即可。在设计一种新的算法或者机制时这种方式最有效，而且这种方式比应用低层次重构或者复合重构更容易。

2.10　复合重构的优点

本书中的复合重构都针对特定的模式，有如下优点。

描述了重构顺序的完整计划

复合重构做法描述了以特定方式改进设计所能应用的低层次重构顺序。你需要这种顺序吗？如果已经了解低层次重构，你肯定能够以自认为合适的顺序应用它们。

但是，可以证明，其中的重构顺序在改善设计方面比你自己的重构顺序更安全、更有效而且更高效。我曾经通过一系列低层次重构重构出 State [DP] 模式。后来，我学到一种更好、更安全的顺序。然后，又有人对这个顺序提出了很好的改进意见。到这个顺序的第 5 版时，我知道自己得到了重构出 State 模式的一种极佳方式，它同我自己最初的方式相比已经大相径庭。

能够提示不明显的设计方向

复合重构引导你从源头走到目的地。由于源头的差异，这个目的地可能很明显，也可能不太明显。这很大程度上取决于你对模式的熟悉程度，每个模式都定义一个目的地以及各种影响因素，这些因素提示你需要趋向或者到达那个目的地。本书中的复合重构通过描述各种实际情形（这些情形下应该重构趋向、实现或者去除模式），使这些不明显的设计方向更加清晰。

促进对实现模式的深入思考

因为实现模式没有一定之规（参见 3.3 节），所以思考模式的各种实现方案是大有裨益的，这对于能够解决各种不同设计问题的模式尤其必要。例如，本书中包含了实现 Composite [DP] 模式的三种重构方式，还有实现 Visitor [DP]模式的 3 种重构方式。如何重构实现这些及其他模式，将根据所面对的原始问题的不同而迥异。正因为认识到这点，本书中的重构顺序在如何最终实现模式上多种多样。

2.11　重构工具

重构工具的先驱们，比如 William Opdyke、Ralph Johnson、John Brant 和 Don Roberts 曾经预言：当遇到需要重构的代码时，能够直接让工具为我们执行重构。在 20 世纪 90 年代中期，John Brant 和 Don Roberts 为 Smalltalk 语言开发了这样的工具。从此，软件开发世界就面貌一新了。

1999 年，《重构》[F]一书出版时，Martin Fowler 曾向工具厂商发出挑战，要求他们为主流语言（比如 Java）开发出自动重构工具。挑战得到厂商的回应，不久以后，全世界的众多程序员都能够在自己的集成开发环境（IDE）中执行自动重构①。随着时间的推移，即使是程序设计

---

① 目前，主流的 Java IDE，如 Eclipse、JBuilder、IntelliJ、NetBeans 等都已经支持或者部分支持自动重构，Visual Studio 2005 也开始支持 C#重构，其他第三方插件也如雨后春笋般不断涌现。——译者注

编辑器[①]的铁杆使用者，也开始转向 IDE，这很大程度要归因于其对自动重构的支持。

随着重构工具不断实现提炼函数[F]、提炼类[F]和函数上移[F]这样的低层次重构，通过执行一系列自动重构，从而实现设计转换变得更加容易。这对于"模式导向的重构"的意义非常重大，因为这些重构的做法正是由多个低层次重构组成的。当工具厂商使大多数低层次重构都自动化时，他们将自动支持本书中的重构。

用自动重构来实现、趋向或者去除模式，与使用工具生成模式代码是截然不同的。我发现，一般而言，模式代码的生成工具所提供的是饮鸩止渴之道，很容易使代码过度设计。而且，它们所生成的代码不包含任何测试，这进一步限制了进行必要和应该的重构。相比之下，通过重构能够发现小的改善设计的措施，而且能够安全地实现、趋向或者去除模式。

因为重构执行的是保持行为的转换，你可能会认为在执行自动重构后无需运行测试代码。你错了，大多数情况都是需要的。也许你对自己的自动重构工具执行某些重构能够百分之百放心，但是对另外的重构却不行。许多自动重构会提示你进行选择，一旦选择错误，就会很容易导致测试代码不再正确运行（也就是说，所执行的自动重构添加或者删除了某些行为）。一般而言，在重构后运行所有测试，确保代码仍如你所愿，是非常必要的。

如果没有测试，又怎么能信任自动重构工具能够保持代码的行为，且不会引入不需要的行为呢？也许许多自动重构值得信任，但是，另一些自动重构可能还没有达到产品级质量，稳定性和可信度都比较差。一般而言，如果代码的测试覆盖不够，重构其实不会获得太好的效果，除非工具的智能程度有实质性的提高。

自动重构的进展对重构的做法中所应遵循的步骤会产生影响。例如，最近有一个对提炼函数[F]重构的自动化就非常智能，以至于你从一个函数中提取出一堆代码，而另一个函数中也有同样的代码块时，两段代码会被一个对新提炼出的函数的调用所代替。这种功能会改变实现重构中做法的方式，因为许多步骤都自动化了。

重构工具的未来会怎样呢？我希望能够看到对更多低层次重构的自动化支持，能够出现工具为那些重构有助于改进特定代码段提出建议，能够出现同时应用几个重构时用来查看设计的工具。

---

① 指 vi 之类的独立编辑器。——译者注

第 3 章　模　　式

本章将讨论何谓模式，模式痴迷是什么意思，"理解模式有多种方式实现"的重要性，通过重构实现、趋向和去除模式需考虑的各种因素，模式是否会使代码更加复杂，具备"模式知识"意味着什么，以及何时需要使用模式进行预先设计。

3.1　何谓模式

Christopher Alexander 是一位建筑师、教授和社会批评家，他的两部杰作——*A Timeless Way of Building* [Alexander, TWB]和 *A Pattern Language* [Alexander, PL]，引发了软件模式运动。20 世纪80 年代晚期，许多拥有多年经验的软件专业人士开始研究 Alexander 的著作，并通过模式和模式组成的称为**模式语言**的精巧知识网络分享知识。此后众多有关（面向对象设计与分析、领域设计、过程和组织性设计、用户界面设计等领域中的）设计模式和模式语言的富有价值的图书与论文不断涌现。

众多模式作者经常争论：如何定义模式许多歧见都源于争论者如何看待 Alexander 的观点，是接近还是远而拒之。因为我偏向 Alexander 的观点，所以这里直接引用他的原话。

每个模式都是一个由 3 部分组成的规则，它表达的是某一环境、一个问题以及解决问题的方案之间的关系。

作为世界中的元素，每一个模式都是这三者之间的关系：某一环境、此环境中反复出现的某个因素系统以及使这些因素能够自我协调的某种空间配置。

作为语言的元素，模式就是一条指令，表明如何反复使用这个空间配置来解决给定的因素系统，只要这个空间配置在该环境中适用。

简而言之，模式是存在于世界中的事物，同时也是告诉我们如何创造这个事物，以及何时必须创造它的规则。它既是过程，又是事物；既描述了有活力的事物，又描述了产生事物的过程。

[Alexander, TWB, 247][1]

软件行业对模式的看法受各种模式目录（比如《设计模式》[DP]一书中和 Martin Fowler 的 *Patterns of Enterprise Application Architectures* [Fowler, PEAA]一书中的目录）的影响可谓深矣。实际上，这些目录包含的并不是孤立的模式，作者通常都会讨论如果一个模式不能很好地满足需要，可以考虑其他哪些模式。近年来，我们还发现仿效 Alexander 模式语言的著作也如雨后春笋般不断涌现，包括 *Extreme Programming Explained* [Beck, XP]、《领域驱动设计》[Evans]和 *Checks: A Pattern Language of Information Integrity* [Cunningham]等。

3.2　模式痴迷

Contributing to Eclipse [Gamma and Beck]一书的封底上，对 Erich Gamma 的简介中这样写到：“Erich Gamma 作为经典著作《设计模式》一书的作者之一，与我们分享了他在软件设计的秩序与美上感受到的乐趣。”如果你曾经构思或者遇到过通过使用模式得到的优秀设计，就能够体会其中深意。

同时，如果你曾经构思或者遇到过密布模式但是设计糟糕的代码（因为它不需要模式的灵活或者精巧），你就会懂得模式的可畏。

模式的滥用通常是由对模式的痴迷而造成的。所谓**模式痴迷**，就是指某人对模式过于痴迷，以至于无法不在代码中使用模式。陷入模式痴迷的程序员可能会费尽心力地在系统中使用模式，仅仅为了得到实现模式的体验，或者也许是想因为编写出的确优秀并且复杂的代码而赢得名声。

程序员 Jason Tiscioni 曾经在 SlashDot 网站上发表了一篇文章，用如下版本的 Hello World 程序入木三分地对模式痴迷代码讽刺了一番。

---

[1]　*"Each pattern is a three-part rule, which expresses a relation between a certain context, a problem, and a solution.*

　　As an element in the world, each pattern is a relationship between a certain context, a certain system of forces which occurs repeatedly in that context, and a certain spatial configuration which allows these forces to resolve themselves.

　　As an element of language, a pattern is an instruction, which shows how this spatial configuration can be used, over and over again, to resolve the given system of forces, wherever the context makes it relevant.

　　The pattern is, in short, at the same time a thing, which happens in the world, and the rule which tells us how to create that thing, and when we must create it. It is both a process and a thing; both a description of a thing which is alive, and a description of the process which will generate that thing."

　　Alexander 的这个定义堪称经典，但比较晦涩，这里给出原文，以便于读者领会。其中不太好理解的关键词有：forces，指各种因素（作用力，包括外力和内力），因素之间的冲突构成了问题（因素系统）；resolve，指协调各种因素之间的冲突和矛盾；spatial configuration，空间配置，指建筑学上的解决方案。Alexander 对模式活力的强调，其实是一个值得深刻探讨的大课题，但似乎目前软件行业中的重视程度还很不够。——译者注

```
interface MessageStrategy {
   public void sendMessage();
}

abstract class AbstractStrategyFactory {
   public abstract MessageStrategy createStrategy(MessageBody mb);
}

class MessageBody {
   Object payload;
   public Object getPayload() {
      return payload;
   }
   public void configure(Object obj) {
      payload = obj;
   }
   public void send(MessageStrategy ms) {
      ms.sendMessage();
   }
}

class DefaultFactory extends AbstractStrategyFactory {
   private DefaultFactory() {
   }
   static DefaultFactory instance;
   public static AbstractStrategyFactory getInstance() {
      if (instance == null)
         instance = new DefaultFactory();
      return instance;
   }

   public MessageStrategy createStrategy(final MessageBody mb) {
      return new MessageStrategy() {
         MessageBody body = mb;
         public void sendMessage() {
            Object obj = body.getPayload();
            System.out.println(obj);
         }
      };
   }
}

public class HelloWorld {
   public static void main(String[] args) {
      MessageBody mb = new MessageBody();
      mb.configure("Hello World!");
      AbstractStrategyFactory asf = DefaultFactory.getInstance();
      MessageStrategy strategy = asf.createStrategy(mb);
      mb.send(strategy);
   }
}
```

24

3

你曾经见到过类似于 Jason 的 Hello World 程序这样的代码吗？我不仅见过，而且已经见过太多次。

25 模式痴迷症并不仅限于程序员新手，中级和高级程序员也很容易染上，尤其是在阅读了精妙的模式图书或者文章之后。例如，我曾在参与开发的一个系统中发现了一个 Closure（闭包）模式的实现。从中可以推测出项目中的一个程序员一定刚刚通过 Wiki 网站学会了 Closure 模式。

在研究这个 Closure 实现时，我根本找不到使用这个模式的正当理由。这里的 Closure 模式完全没必要。于是，我重构去除了这段代码的 Closure 模式，替换以更简单的代码。重构完成后，我问小组中的程序员，他们是否觉得新的代码比含 Closure 的代码要简单。他们都称是。最后，代码的原作者也承认，重构后代码要更简单。

在学习模式的道路上，避免模式痴迷也许是不可能的。事实上，我们大多数人都是通过犯错误来学习的。我自己也不止一次地犯过模式痴迷的错误。

真正的模式之乐，来自睿智地使用模式。重构使我们的注意力集中在去除重复、简化代码和使代码清晰表达意图上，从而帮助我们明智地使用模式。当模式通过重构演进到系统之中时，模式过度设计的机会将很小。对重构的了解越深入，你就越有可能体会到模式之乐。

3.3　实现模式的方式不止一种

每个模式都描述了在我们的环境中会反复出现的问题，并进而叙述对这个问题的解决方案的要素。通过这种方式，能够反复应用解决方案，但是具体方式又不尽相同。[Alexander, PL, x]

经典著作《设计模式》[DP] 中的每个模式都含有一个结构图。例如 Factory Method（工厂方法）模式的结构图如下所示：

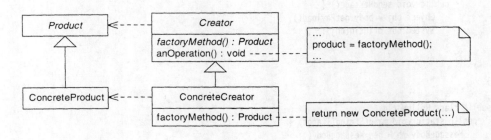

26 这个图声明 Creator 类和 Product 类是抽象类，而 ConcreteCreator 类和 ConcreteProduct 类是具体类。这是实现 Factory Method 模式的唯一方法吗？决非如此！

事实上，《设计模式》的作者们在"实现"一节中花费了很大精力解释实现每个模式的不同方式。如果读过该书 Factory Method 模式的"实现"一节，你会发现实现 Factory Method 有许多方式。例如，下图给出了另一种方式：

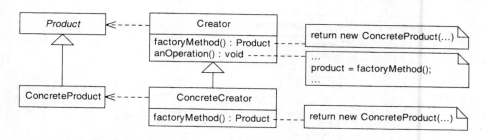

这种情况下，Product 类是抽象类，其他所有的类都是具体类。而且 Creator 类实现了自己的 factoryMethod()，ConcreteCreator 又重定义了这个方法。

实现 Factory Method 模式还有更多其他方式。这里又是一种：

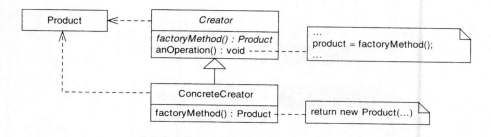

这种情况下，Product 类是具体类而且没有子类。Creator 类是抽象类，定义了一个 Factory Method 的抽象版本，ConcreteCreator 实现了它，以返回一个 Product 实例。

这里的中心思想是什么呢？实现一个模式有许多种方式。

不幸的是，当程序员查看《设计模式》一书中每个模式所配的唯一结构图时，他们经常匆匆下结论，认为结构图就是这个模式的实现方式。如果他们只读至关重要的"实现"小节，了解得还多一些。但是，大部分程序员都是拿起一本《设计模式》，盯着结构图看上一阵，然后就开始编程。其结果，就是代码完全对应结构图，而不是最匹配当前需求的模式实现。

在《设计模式》出版几年之后，该书的作者之一 John Vlissides，这样写道：

模式的结构图仅是一个例子而已，并不是规范，对于这一点，似乎怎么强调都不过分。结构图只是描绘了我们最经常见到的实现。因此它可能与自己的实现有很多的相同点，但是两者之间的区别也是不可避免，实际上也是乐于见到的。最低限度，也应该将参与者的名字改为适合具体领域吧。当实现面临的权衡要素发生变化时，实现就可能开始与结构图差异很大。[Vlissides]

本书中，你将发现模式的实现与《设计模式》中的结构图看上去非常不同。例如 Composite 模式的结构图如下：

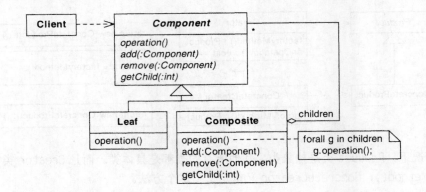

而 Composite 模式的一个具体实现如下：

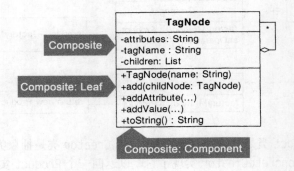

28

可以看到，Composite 的这个实现与 Composite 的结构图无相似之处。这是一个最精简的 Composite 实现，是通过只编写必要的部分而得到的。

模式实现中采取最精简的形式也是演进设计实践的一部分。在许多情况下，非基于模式的实现可能需要演进为包含模式的实现。这时，可以重构设计，以简化模式实现。在本书中将始终使用这种方法。

3.4 通过重构实现、趋向和去除模式

优秀的设计人员能够在许多方面进行重构，其目的始终是得到更好的设计。虽然我应用的许多重构不涉及模式（也就是说，它们是很小很简单的转换，例如提炼函数[F]、函数改名[F]、搬移函数[F]和函数上移[F]等），但是只要重构涉及模式，我会通过重构实现、趋向甚至去除模式。

模式导向的重构所采取的方向经常受到模式本质的影响。例如，组合方法（7.1节）重构是以 Kent Beck 的 Composed Method [Beck, SBPP]模式为基础的重构。当我像往常一样，应用组合方法重构时，我会重构实现 Composed Method，而不是趋向它。重构趋向 Composed Method 不足

以改进方法。必须通过重构完全实现这个模式，才能得到真正的改进。

对于 Template Method [DP]模式也是如此。人们通常应用形成 Template Method（8.1 节）重构去除子类中的重复代码。你不可能寄希望于重构趋向 Template Method 去除重复。实现与不实现 Template Method 只能选择其一，而且如果不实现 Template Method，就无法去除子类中的重复代码。

同时，无论是趋向还是完全实现模式，本书中的许多重构能够提供令人满意的设计改进。将装饰功能搬移到 Decorator（7.3 节）重构就是一个好例子。这个重构的做法中较早的一个步骤建议你使用用多态替换条件式[F] 重构。使用后者后，你能够确定设计改进是否已经足够好。如果进一步采取措施更好的话，做法建议使用以委托取代继承[F]重构。如果这样所做的设计改进已经足够，可以在此停止改进。或者，如果应用做法中的所有步骤会更好一些，可以彻底重构实现Decorator。

类似地，如果你怀疑需要使用用 Command 替换条件调度程序（7.6 节）重构，则无论是否重构实现 Command 模式，采取趋向 Command [DP]实现的步骤能够改进设计。

在重构实现或者趋向一个模式后，必须评估设计是否确实得到了改善。如果没有，最好返回或者向另一个方向重构，比如重构去除模式或者重构实现另一个模式。内联 Singleton（6.6 节）重构将从设计中去除 Singleton [DP]模式。而用 Builder 封装 Composite（6.5 节）重构将客户代码改为与 Builder [DP]而不是 Composite 交互。将聚集操作搬移到 Visitor（10.2 节）重构用一个 Visitor [DP] 解决方案替代笨拙且可能充斥重复的 Iterator [DP] 代码。

通过应用本书中的重构，可以重构实现、趋向或者去除模式。只要记住目的是获得更好的设计，而不是实现模式即可。表 3-1 列出了在应用本书中基于模式的重构[①]时，我经常采用的方向。

表　3-1

模　　式	重构实现	重构趋向	重构去除
Adapter	提取 Adapter（8.6 节），通过 Adapter 统一接口（8.5 节）	通过 Adapter 统一接口（8.5 节）	
Builder	用 Builder 封装 Composite（6.5 节）		
Collecting Parameter	将聚集操作搬移到 Collecting Parameter（10.1 节）		
Command	用 Command 替换条件调度程序（7.6 节）	用 Command 替换条件调度程序（7.6 节）	
Composed Method	组合方法（7.1 节）		
Composite	用 Composite 替换一/多之分（8.3 节），提取 Composite（8.2 节），用 Composite 替换隐含树（7.5 节）		用 Builder 封装 Composite（6.5 节）

---

① 本书中，"基于模式的重构"、"模式导向的重构"、"通过重构实现、趋向和去除模式"以及"通过重构实现模式"大致上都是同义词，请读者留意。——译者注

（续）

模　式	重构实现	重构趋向	重构去除
Creation Method	用 Creation Method 替换构造函数（6.1 节）		
Decorator	将装饰功能搬移到 Decorator（7.3 节）	将装饰功能搬移到 Decorator（7.3 节）	
Factory	将创建知识移到 Factory（6.2 节），用 Factory 封装类（6.3 节）		
Factory Method	用 Factory Method 引入多态创建（6.4 节）		
Interpreter	用 Interpreter 替换隐式语言（8.7 节）		
Iterator			将聚集操作搬移到 Visitor（10.2 节）
Null Object	引入 Null Object（9.3 节）		
Observer	用 Observer 替换硬编码的通知（8.4 节）	用 Observer 替换硬编码的通知（8.4 节）	
Singleton	用 Singleton 限制实例化（9.2 节）		内联 Singleton（6.6 节）
State	用 State 替换状态改变条件语句（7.4 节）	用 State 替换状态改变条件语句（7.4 节）	
Strategy	用 Strategy 替换条件逻辑（7.2 节）	用 Strategy 替换条件逻辑（7.2 节）	
Template Method	形成 Template Method（8.1 节）		
Visitor	将聚集操作搬移到 Visitor（10.2 节）	将聚集操作搬移到 Visitor（10.2 节）	

3.5　模式是否会使代码更加复杂

我曾参与的某开发小组中既包括懂得模式的程序员，也包括一些不了解模式的程序员。其中 Bobby 非常精通模式，且有 10 年编程经验，而 John 对模式知之甚少，有 4 年编程经验。

一天，John 在查看 Bobby 完成的一个比较大的重构时，他叫起来：“现在的代码太复杂了！我更喜欢原来的代码！”

Bobby 重构的是与验证数据输入屏幕有关的大量的条件逻辑。重构的结果是实现了 Composite 模式。Bobby 将许多段验证逻辑转换成多个单独的验证对象，这些对象共享同一接口。对于给定的数据输入屏幕，将相应的多个验证对象组合成一个 Composite 验证对象。在运行时，将查询数据输入屏幕的 Composite 验证对象，以确认验证规则通过与否。

当 John 对 Bobby 的重构表示不满时，我碰巧与他结对编程。我想了解 John 到底为何不满，于是我问了他一些问题。我很快明白，John 不熟悉 Composite 模式。这说明了一切。

当我提出要教他 Composite 模式时，John 表示很愿意学习。当我觉得他已经掌握了这个模式后，我们回过头来再看 Bobby 重构的代码。我现在问他，是否对这个重构有了不同的感觉。他有些勉强地同意，代码没有他原来认为的那么复杂，但是他仍然表示重构后的代码并没有比原先的代码更好。

在我看来，Bobby 的重构相对原先的代码有很大的改进。Bobby 删除了与数据输入屏幕相关的类中大段的条件逻辑和重复代码。他还极大地简化了确定验证规则通过与否的方式。

我对 Composite 模式的熟悉和游刃有余影响了我对 Bobby 所做重构的看法。与 John 不同，我认为重构后的代码比原代码更加简单，更加清晰。

通常而言，实现模式应该有助于去除重复代码、简化逻辑、说明意图和提高灵活性。但是，这件事说明，人们对模式的熟悉程度对于他们如何看待基于模式的重构将起决定性作用。我更希望开发小组去学习模式，而不要因为小组认为模式太过复杂而不使用模式。另一方面，有些模式的实现的确会使代码过分复杂；如果出现这种情况，返回或者进一步重构就非常必要。

3.6　模式知识

如果你不懂模式，就很难演进出优秀的设计。模式凝聚了前人的智慧。重用这种智慧是极为有益的。

莫扎特的传记作者 Maynard Solomon 曾经谈到，莫扎特并没有创造任何新的音乐形式——他仅是组合了已有的音乐形式，就创作出惊世骇俗的伟大作品[Solomon]。模式就像一种新的音乐形式，你能够使用和组合它们以产生优秀的软件设计。

关于 Builder 模式的知识曾经在我参与开发的一个系统的演进中起到关键性作用。这个系统需要运行在两个截然不同的环境中。如果没有在设计的较早期就使用 Builder 模式演进它的话，我难以想象我们的设计最终会变成什么样。

JUnit 是支持测试驱动开发和单元测试的杰出的测试框架，其中包含各种模式。它的作者，Kent Beck 和 Erich Gamma，并没试图尽己所能地将各种模式塞进 JUnit 中。他们只是不断地演进框架，在设计中重用模式凝聚的智慧。因为 JUnit 是开源工具，所以我得以观察它从 1.0 版本到最新版本的演进过程。通过研究各个版本，并且与 Kent 和 Erich 就他们的工作进行交谈，我可以说，在此过程中他们重构实现和趋向了许多模式。他们的模式知识在重构工作中绝对给了他们很大帮助。

正如本书开始提到的，仅仅具备模式知识还不足以演进出优秀的软件。你必须还懂得明智地使用模式，这正是本书的主题。无论如何，如果不研究模式，你就是主动地将许多重要且优美的设计思想拒于千里之外。

我推荐的获取模式知识的方式，是选择几本优秀的模式图书来学习，然后在学习小组中每星期学习一个模式。Pools of Insight（智慧之海）[Kerievsky, PI] 是我撰写的一种模式语言，描述了如何建立长期坚持的模式学习小组。

我于 1995 年创建的学习小组——纽约城设计模式学习小组，至今仍然非常活跃。硅谷模式小组是另一个长期坚持的模式学习小组。它的一部分成员是如此的乐在其中，为了更方便参加讨论会，甚至把自己的家搬到离小组聚会地点更近的地方。

这些学习小组的成员们非常热切地希望成为更加优秀的软件设计人员。每周聚会并讨论重要的设计思想是实现这一目标的绝佳途径。

你也许觉得现在有太多模式图书需要学习。无需担心。让我们听听 Jerry Weinberg 的建议吧。我曾经问他，面对不断出版的如此众多的图书，如何才能保持与时俱进。他说："很容易——我只读好书。"

3.7　使用模式的预先设计

33

1996 年春天，一个著名的音乐与电视制作公司想为自己创建 Java 版本的网站。公司的经理们知道他们所希望的网站外观以及它怎样运作，但是缺乏构建这个网站的 Java 技术。因此他们开始寻找开发伙伴。

他们找到我的公司 Industrial Logic。在第一次会谈中，他们向我展示了用户界面设计。我还了解到，该公司希望将来网站行为改变时，无需再让程序员进行任何微小的改动。经理们询问我：该怎样为网站编程才能满足这些需求。

在接下来的几个星期，我与同事一起研究这个网站的设计。我们都是 6 个月前由我创建的设计模式学习小组成员。我们新获得的有关模式的知识，在这一设计工作中居功至伟。对于网站的每个需求，我们都会考虑哪些模式会对我们有所帮助。

很快，我们发现，Command [DP] 模式应该在设计中扮演中心角色。网站应该这样编写：让一些 Command 对象控制所有行为；如果点击屏幕上的某个地方，会执行一个或者多个 Command 对象；我们还创造了一个简单的 Interpreter [DP]，使客户能够随心所欲地配置自己的网站，运行所需的任何 Command 对象，这样他们就能够修改网站的行为，而无需再求助于我们。

我们花了几天时间将设计写成文档。然后同音乐与电视制作公司的人举行了第二次大型会议。这次会议开得非常顺利，他们要求我们在下一次会议上详细阐述设计的技术细节。

又是数星期过去了，期间我们开了两次会。到了盛夏，我们还没有为网站编写任何代码，我们有的只是不断变厚的设计文档。最后，到了中秋的某天，我们得知自己获得了这个网站开发项目的合同。

此后的几个月里，我们紧紧依据既定设计开发这个网站。在编程过程中发现，在许多地方，通过重构实现 Composite [DP]、Iterator [DP] 和 Null Object [Woolf]模式，能够改善设计。有关为何和怎样重构实现 Null Object 模式的示例，请参见 9.3 节中的讨论。

到了 12 月中旬，大约超过预定交付日期一个月，我们完成了开发工作。网站上线了。皆大欢喜。

在思考重构和模式的作用时，我经常想到这段经历。如果我们有机会再开发一次，通过演进得到设计而不是采用大规模的预先设计（big design up-front，BDUF），是否会更好呢？如果我们只通过重构实现或者趋向模式，而不在设计早期使用模式，是否会更加成功呢？

回答是否定的。如果我们不先构思出设计，然后详细地向客户阐述清楚的话，我们根本得不到这个项目的合同。大规模的预先设计在这种情形下是至关重要的，而且使用的 Command 模式和 Interpreter 模式的预先设计对我们的成功是决定性的。

大规模预先设计的典型问题在于，它经常会浪费时间。为需求提出设计之后，有些需求会改变、被删去或者延迟到项目后期。也许需求并没有变化，但是已把太多时间花在了提出超出所需的复杂或者精巧的设计上。

在这个例子中，我们没有遇到大规模预先设计的此类问题。我们项目不大，而且需求非常稳定。在程序开发工作中，我们使用了预先设计的各个方面。代码正好满足客户需求，没有过分复杂或者精巧。

但是，交付网站还是推迟了一个月，是因为 IE 中的许多缺陷。我们在项目的中期测试网站的 Mac 版本，很快就发现 Mac 上的 Netscape 浏览器有许多严重的缺陷，需要编程解决。而且，IE 和 Netscape 之间数不胜数的差异使我们花费大量时间修改代码。

虽然交付推迟了一个月并不是太严重的问题，我们仍然感到了一些压力。如果更早开始编程，在赢得合同之前，也许会更早地遇到浏览器缺陷的问题。但是，显然不可能在客户确认付钱之前就开始编程。

自 1996 年后，我们很少采用使用模式的预先设计。在一个又一个项目中我采用的方式已经变成了演进系统，只要必要就重构实现、趋向和去除模式。Command 模式仍然是一个大例外。1996 年后，在两三个系统的设计中我很早就使用了这个模式，因为它很容易实现，而且显然系统需要该模式所提供的行为。

本章中谈到这个故事，是因为我相信它有助于说明何时应该不采用本书中讲述的设计理念。虽然一般不提倡使用模式的预先设计，但是我知道它在设计人员的工具箱中应该占有一席之地。我很少而且非常审慎地采用使用模式的预先设计，建议你也这样做。

第 4 章

代码坏味

4

当你学会用挑剔的眼光审视自己所写的文字时，会发现将一段文字反复读上五六遍，每次都会找到新的问题。[Barzun, 229]

重构，也就是对既有代码设计的改善，要求你首先知道什么样的代码需要改善。重构目录可以帮助你获得这样的知识，但是你的情况可能与目录中所看到的不同。所以，了解常见的设计问题非常必要，这样你才能在自己的代码中识别出这些问题。

最常见的设计问题都出自这样的代码：

❑ 重复；
❑ 不清晰；
❑ 复杂。

这些大原则当然对发现代码中何处需要改进有帮助。但是，许多程序员会感到这个列表太过含糊；他们不知道如何认出外表上不相同的代码重复，他们也没有把握说出什么样的代码表达意图不算清晰，他们更不知道如何辨别简单代码与复杂代码。

在《重构》[F]一书的第 3 章"代码的坏味道"中，Martin Fowler 和 Kent Beck 为辨别设计问题给出了更多指导。他们将设计问题与坏味联系起来，而且解释了哪种重构或者重构的组合最适于去除这些坏味。

Fowler 和 Beck 的代码坏味针对的是出现在各种地方的问题：方法中、类中、类层次中、包（名字空间、模块）中和整个系统中。他们为坏味起的名字，例如依恋情结（Feature Envy）、基本类型偏执（Primitive Obsession）和夸夸其谈未来性（Speculative Generality），为程序员提供了丰富多彩的词汇，使用这些词汇能够更加快捷地探讨设计问题。

我决定探询 Fowler 和 Beck 的 22 种代码坏味中的哪些能够用本书中讲述的重构解决。这将是很有益的事情。在完成这一任务的过程中，我还发现 5 种新的代码坏味，它们能够提示需要进行模式导向的重构。本书中的重构将处理 12 种代码坏味。

表 4-1 列出了这 12 种坏味，以及去除这些坏味应该考虑的重构。最好通过相关的重构去除这些坏味。本章中各小节将依次讨论这 12 种坏味，并为何时使用不同的重构提供指导。

表 4-1

坏 味*	重 构
重复代码（Duplicated Code）（4.1 节）[F]	形成 Template Method（8.1 节） 用 Factory Method 引入多态创建（6.4 节） 链构造函数（11.1 节） 用 Composite 替换一/多之分（8.3 节） 提取 Composite（8.2 节） 通过 Adapter 统一接口（8.5 节） 引入 Null Object（9.3 节）
过长函数（Long Method）（4.2 节）[F]	组合方法（7.1 节） 将聚集操作搬移到 Collecting Parameter（10.1 节） 用 Command 替换条件调度程序（7.6 节） 将聚集操作搬移到 Visitor（10.2 节） 用 Strategy 替换条件逻辑（7.2 节）
条件逻辑太复杂（Conditional Complexity）（4.3 节）	用 Strategy 替换条件逻辑（7.2 节） 将装饰功能搬移到 Decorator（7.3 节） 用 State 替换状态改变条件语句（7.4 节） 引入 Null Object（9.3 节）
基本类型偏执（Primitive Obsession）（4.4 节）[F]	用类替换类型代码（9.1 节） 用 State 替换状态改变条件语句（7.4 节） 用 Strategy 替换条件逻辑（7.2 节） 用 Composite 替换隐含树（7.5 节） 用 Interpreter 替换隐式语言（8.7 节） 将装饰功能搬移到 Decorator（7.3 节） 用 Builder 封装 Composite（6.5 节）
不恰当的暴露（Indecent Exposure）（4.5 节）	用 Factory 封装类（6.3 节）
解决方案蔓延（Solution Sprawl）（4.6 节）	将创建知识搬移到 Factory（6.2 节）
异曲同工的类（Alternative Classes with Different Interfaces）（4.7 节）[F]	通过 Adapter 统一接口（8.5 节）
冗赘类（Lazy Class）（4.8 节）[F]	内联 Singleton（6.6 节）
过大的类（Large Class）（4.9 节）[F]	用 Command 替换条件调度程序（7.6 节） 用 State 替换状态改变条件语句（7.4 节） 用 Interpreter 替换隐式语言（8.7 节）
分支语句（Switch Statement）（4.10 节）[F]	用 Command 替换条件调度程序（7.6 节） 将聚集操作搬移到 Visitor（10.2 节）
组合爆炸（Combinatorial Explosion）（4.11 节）	用 Interpreter 替换隐式语言（8.7 节）
怪异解决方案（Oddball Solution）（4.12 节）	通过 Adapter 统一接口（8.5 节）

* 表中的章节号表示本书中详细讨论坏味的位置，[F]代表 Fowler 和 Beck 所著的《重构》一书中的第 3 章。

4.1　重复代码（Duplicated Code）

重复代码是软件中最司空见惯、最刺鼻的坏味。它可能很明显，也可能微妙难寻。完全相同的代码中当然存在明显的重复，而微妙的重复会出现在表面不同但是本质相同的结构或处理步骤中。

我们经常可以通过应用形成 Template Method（8.1 节）重构，去除类层次中不同子类里存在的明显和/或微妙的重复。如果不同子类中的方法除了对象创建不足之外其他实现方式都类似，可以应用用 Factory Method 引入多态创建（6.4 节）重构，为使用 Template Method 去除更多重复做好准备。

如果类的构造方法①包含重复代码，通常可以通过应用链构造函数（11.1 节）重构去除这种重复。

如果有单独的代码处理一个对象或者一组对象，也许可以通过应用用 Composite 替换一/多之分（8.3 节）重构去除重复。

如果类层次的多个子类都实现了自己的 Composite，而且实现可能完全相同，这时可以使用提取 Composite（8.2 节）重构。

39

如果对象处理方式的区别仅在于它们的接口不同，应用通过 Adapter 统一接口（8.5 节）重构能够为去除重复的处理逻辑做好准备。

如果有条件逻辑用于处理空对象，而且相同的空逻辑在整个系统中都是重复的，那么可以应用引入 Null Object（9.3 节），消除重复并简化系统。

4.2　过长函数（Long Method）

Fowler 和 Beck [F]②在对这种坏味的描述中，解释了函数短胜于长的几个充分理由。主要的理由是逻辑的共享。两个很长的函数很可能包含重复代码。如果将这些函数分解为多个小函数，就能发现通常有很多方式能够使它们共享逻辑。

Fowler 和 Beck 还说明，小的函数可以帮助理解代码。如果对一段代码的意图不太理解，可以将它提炼为小的、命名准确的函数，这样再理解原来的代码将更容易。包含大量小函数的系统更容易扩展和维护，因为它们更容易理解，重复更少。

函数到底多小才合适呢？我觉得应该在 10 行代码以内，大多数函数的代码应该只有 1~5 行。如果系统的大多数函数都比较小，那么可以有少数函数稍大一些，只要它们比较容易理解，而且不包含重复代码。

---

① 本书中 method 译为"方法"，而在《重构》一书中则译为"函数"。——编者注
② 指《重构》一书的第 3 章。但关于小函数优点的理由的阐述应该参考该书中对间接层优点的解释。——译者注

有些程序员不愿意编写小的函数，因为他们害怕对许多小函数的一连串调用会带来性能开销。这是非常不明智的选择，原因如下：首先，优秀的设计人员都不会对代码进行不成熟的优化[①]；其次，将许多小的函数调用串起来，所增加的性能开销一般微乎其微——这一点可以使用性能分析程序验证；最后，即使碰巧因此遇到性能问题，还可以通过重构来改进性能，无需放弃小方法原则。

我只要遇到长函数，马上就有应用组合方法（7.1 节）重构将它分解为一个 Composed Method [Beck, SBPP]的冲动。这项工作通常包含提炼函数[F]的应用。如果正在转换为 Composed Method 的代码要将某个信息累加到一个公共变量中，可以考虑应用将聚集操作搬移到 Collecting Parameter（10.1 节）重构。

如果函数很长，是因为它包含了一个用来分派和处理请求的大 switch 语句，可以使用用 Command 替换条件调度程序（7.6 节）重构将其缩短。

如果使用 switch 语句从接口不同的许多类收集数据，可以通过应用将聚集操作搬移到 Visitor（10.2 节）重构缩短函数的长度。

如果函数很长，是因为它包含算法的许多版本和运行时用来选择版本的条件逻辑，那么可以应用用 Strategy 替换条件逻辑（7.2 节）重构缩短函数的长度。

4.3　条件逻辑太复杂（Conditional Complexity）

如果条件逻辑很容易理解，而且只包含几行代码，那么其本身是无辜的。不幸的是，它很少能够这样善始善终。例如，实现几个新功能后，条件逻辑就突然变得复杂而又开销高昂。《重构》[F] 一书中和本目录中的几个重构正是用来解决这一问题的。

如果条件逻辑控制的是应该执行一种计算操作几个变形中的某一个，则可以考虑应用用 Strategy 替换条件逻辑（7.2 节）重构。

如果条件逻辑控制的是应该执行类的核心行为之外某个特殊行为的若干段中的某一段，则可以使用将装饰功能搬移到 Decorator（7.3 节）重构。

如果控制对象状态转换的条件表达式比较复杂，可以考虑通过应用用 State 替换状态改变条件语句（7.4 节）重构简化逻辑。

处理空操作情形经常需要创建条件逻辑。如果在整个系统中有重复的相同的空条件逻辑，则可以使用引入 Null Object（9.3 节）重构进行清理。

---

① 关于这一点，可以参读 Herb Sutter 和 Andrei Alexandrescu 合著的、由本书一位译者翻译的《C++编程规范》第 8 条 "不要进行不成熟的优化"。——译者注

4.4　基本类型偏执（Primitive Obsession）

基本类型，包括整数、字符串、双整型、数组和其他低层次的语言要素，都具有一般性，因为许多人都要使用它们。但是，类可能需要是非常特定的，因为创建它们往往就是要用于特定的目的。许多情况下，类在建模各种事物方面能够提供比基本类型更简单且更自然的方式。而且，创建一个类之后，经常会发现系统中的其他代码也应该属于这个类。

Fowler 和 Beck [F] 解释了基本类型偏执在代码过于依赖基本类型时会自我暴露出来的原因。这通常出现在没有看到如何用更高层的抽象澄清或者简化代码的时候。Fowler 的重构中有许多解决这一问题的最常用方案。本书将以此为基础，提出更多解决方案。

如果基本类型值控制着类中的逻辑，而基本类型并不是类型安全的（也就是说，客户代码可以赋予它不安全或者不正确的值），应该考虑应用用类替换类型代码（9.1 节）重构。这将得到类型安全而且能够扩展新行为的代码（这是使用基本类型所无法做到的）。

如果控制对象的状态转换的是使用基本类型值的复杂条件逻辑，那么可以使用用 State 替换状态改变条件语句（7.4 节）重构。其效果是用许多类表示每个状态和简化的状态转换逻辑。

如果控制算法运行的是非常复杂的条件逻辑，而且该逻辑还使用基本类型值，可以考虑应用用 Strategy 替换条件逻辑（7.2 节）重构。

如果隐式创建了使用基本类型表示的树结构，比如字符串，代码将非常难用、易错而且充满重复。应用用 Composite 替换隐含树（7.5 节）重构将减少这些问题。

如果类有许多方法支持多个基本类型值的组合，那么就可能存在隐式语言。这种情况下，考虑应用用 Interpreter 替换隐式语言（8.7 节）重构。

如果类中有基本类型值只是为提供类的核心职责的装饰，可以使用将装饰功能搬移到 Decorator（7.3 节）重构。

最后，即使有类，但是它过于原始，对客户代码的用处不大。比如，很难使用的 Composite [DP]实现。可以通过应用用 Builder 封装 Composite（6.5 节）重构简化客户构建 Composite 的工作。

4.5　不恰当的暴露（Indecent Exposure）①

这种坏味说明缺乏 David Parnas 著名的术语"信息隐藏"[Parnas]所代表的属性。在客户代码不应该看到的方法或者类，却对客户公开可见时，就会出现这种坏味。这种代码的暴露意味着客户了解到不太重要或者只有间接重要性的代码。这会增加代码的复杂程度。

用 Factory 封装类（6.3 节）重构可以去除这种坏味。并不是所有对客户代码有用的类都需要

---

① Indecent Exposure 英文原意为"露阴癖"。——译者注

设为公开的（即有公开构造函数）。有些类应该只通过公共接口引用。如果将类的构造函数设为非公开的，并使用 Factory 对象生成实例，就可以做到这一点。

4.6 解决方案蔓延 (Solution Sprawl)

如果许多类中都有用来完成某些职责的代码和/或数据，我们就说存在解决方案蔓延坏味。这种坏味通常是由于在系统中快速添加特性，却没有花费足够时间来简化和改进设计以适应新特性而造成的。

解决方案蔓延是 Fowler 和 Beck [F] 书中所描述的霰弹式修改坏味的孪生兄弟，两者毫无二致。在添加或者更新系统特性，并需要对许多不同的代码段进行修改时，就需要警惕是否存在这种坏味。解决方案蔓延和霰弹式修改本质上其实是一个问题，只不过发现方法不同而已。前者通过观察发觉，后者需要在实践中察觉。

将创建知识搬移到 Factory（6.2 节）重构可以解决对象创建职责蔓延的问题。

4.7 异曲同工的类 (Alternative Classes with Different Interfaces)

这个 Fowler 和 Beck [F] 书中讲到的编程坏味，是指两个相似类却有不同接口的时候。如果发现两个类很相似，通常可以将它们重构为共享一个公共的接口。

但是，有些时候不能直接修改类的接口，因为对代码没有控制权限。比较典型的例子是使用第三方库的时候。这种情况下，可以应用通过 Adapter 统一接口（8.5 节）重构为两个类生成一个公共接口。

4.8 冗赘类 (Lazy Class)

在描述这种坏味时，Fowler 和 Beck 这样写道："类如果功能有限，缺乏存在价值，就应该删除。"[F, 83]。经常能够遇到缺乏存在价值的 Singleton [DP]。事实上，Singleton 可能使你的设计过分依赖全局数据，致使代价过高。内联 Singleton（6.6 节）重构给出了删除 Singleton 的一种快速而优雅的过程。

4.9 过大的类 (Large Class)

Fowler 和 Beck [F] 提到，存在太多的实例变量，往往说明类的职责太多。一般而言，过大的类通常包含过多的职责。提炼类[F]和提炼子类[F]重构是用来处理这种坏味的主要重构，有助于将职责搬移到其他类中。本书中模式导向的重构都将使用这种重构为类减肥。

用 Command 替换条件调度程序（7.6 节）重构将行为提取到 Command [DP]类中，这样能够极大地减小响应不同请求而执行各种行为的类的体积。

用 State 替换状态改变条件语句（7.4 节）重构能够将充满状态转换代码的大类缩减为小类，将职责委托给一族 State [DP] 类。

用 Interpreter 替换隐式语言（8.7 节）重构能够通过将大量模仿某种语言的代码转换为小的 Interpreter [DP]，从而将类大而化小。

4.10 分支语句（Switch Statement）

switch 语句（或者 `if...elseif...elseif...`结构的等效语句）本身并没有问题。只有在使用这种语句会使设计过度地复杂或者僵硬时，它们才会成为问题。这时，最好将分支语句去除，重构为更基于对象或者多态的解决方案。

用 Command 替换条件调度程序（7.6 节）重构描述了如何将大的分支语句分解为一组 Command [DP] 对象，每个 Command 对象都可以不使用条件逻辑进行查找和调用。

将聚集操作搬移到 Visitor（10.2 节）重构描述了这样一个例子，其中用分支语句保存来自具有不同接口的实例的数据。通过将这段代码重构为使用 Visitor [DP]，就不需要使用条件逻辑，而且设计也变得更加灵活。

44

4.11 组合爆炸（Combinatorial Explosion）

这种坏味其实是一种不那么明显的重复。当有许多段代码使用不同种类或数量的数据或对象做同样的事情时，就会出现这种坏味。

例如，假设你的类中有许多方法执行查询。每个方法都使用特定的条件和数据执行查询。需要支持的特殊查询越多，必须创建的查询方法也就越多。很快，用来处理各种查询方式的方法就会大爆炸。此外，你还使用隐式的查询语言。应用用 Interpreter 替换隐式语言（8.7 节）重构，可以删除所有这些方法，同时去除组合爆炸坏味。

4.12 怪异解决方案（Oddball Solution）

在系统中应该始终用一种方式解决一种问题，如果在同一系统中使用不同方式解决同一问题，就称之为怪异或者不一致的解决方案。这种坏味的出现往往说明存在不易察觉的重复代码。

要去除这种重复，首先应该确定应该采用哪一种解决方案。在某些情况下，使用率最低的方案可能是优先方案，如果它确实优于大多数时候使用的方案。在确定优先方案后，通常可以应用替换算法[F]重构得到贯穿系统始终的一致方案。给定一致方案后，就可以将解决方案的所有实例都搬移到一处，从而去除重复。

怪异解决方案坏味往往出现在这种情况下：有一种优先方式与一组类通信，而由于类的接口不同，无法以一致的方式与它们通信。在此情况下，考虑应用通过 Adapter 统一接口（8.5 节）重构，生成一个公共接口，用它来一致地与所有类通信。然后，通常会发现有很多方式能够删除重复的处理逻辑。

45
~
46

第 5 章

模式导向的重构目录

本章将讲述本书中重构的统一格式，这些重构中所引用的项目，重构的成熟程度，以及本书重构目录的推荐学习顺序。

5.1　重构的格式

本书中所有重构的格式基本上遵循 Martin Fowler 在《重构》[F] 一书中所用的格式，我进行了少量的改进。几乎所有重构都包括如下几部分。

- ❑ **名称**：名称对于形成重构语汇来说非常重要。本书中的重构既指《重构》一书中的许多重构，也包括本书中讲述的重构。

- ❑ **概要**：本书中的所有重构都描述一种设计转换。每个转换我都将使用文字和图形两种方式来描述。我称概要中的图形部分为简图（sketch），因为它使用 UML 来说明设计转换的本质。简图使用了各种 UML 图，包括类图、对象图、协作图和序列图。简图很少给出类中的所有方法或者字段，因为它会分散读者了解转换本质的注意力。大多数简图都含有一些灰色的方框，其中包含重构中重要参与者的名称。例如，下面这个图就显示了应用将装饰功能搬移到 Decorator（7.3 节）重构"之后"的简图。

在灰色方框中列出的参与者"Decorator: ConcreteDecorator"和"Decorator: Concrete-Component"都源自《设计模式》[DP] 一书中 Decorator 模式的"参与者"一节。有些情况下，灰色方框中列出的参与者源自重构的"做法"一节中的类或者方法的名称。

❑ **动机**：这一节叙述使用该重构的原因。还可能包括对模式概述性的高层描述。如果需要了解的细节，最好参考详细叙述具体模式的专门图书。

在动机一节的最后是一个方框，列出与该重构相关的优点与缺点。加号（+）表示优点，而减号（−）表示缺点。下面的例子出自重构用 State 替换状态改变条件语句（7.4 节）。

优点与缺点
+ 减少或者删除改变状态的条件逻辑。
+ 简化复杂的状态改变逻辑。
+ 提供状态改变逻辑的鸟瞰视图。
− 在状态转换逻辑本身很清晰的时候，会使设计复杂化。

❑ **做法**：这一节按步骤列出了实现该重构的指导。有些做法章节还包括引言，说明在开始重构前需要做好哪些准备。所有做法章节都包含做编号的步骤，因此可以很容易地将这些步骤与示例章节中的步骤对应起来。

可以看出，做法一节引用了《重构》[F]一书中的许多重构。要想完全理解本书中的做法章节，我建议读者阅读本书时参阅《重构》一书。

我还建议读者不要将做法一节的内容视为颠扑不破的真理。它们最多不过是提供一种从一个设计转换到另一个设计的安全方式。如果你的情况要求用另一种方式，请不要犹豫，勇于尝试。还要记住，通常可以部分地遵循做法一节中的步骤，如果设计已经得到足够的改善，那就到此为止。只有在确实能够改善设计的情况下，才实现做法一节中的所有步骤。

❑ **示例**：这一节中，我们深入探讨如何使用该重构转换设计。示例一节中的每一步骤都做了编号，而且与该重构中做法一节中的编号步骤对应。

我沿袭 Martin Fowler 的风格，使用粗体代码（就像 `like this`）突出显示在每个重构步骤中对代码所做的修改。与 Martin Fowler 一样，我还使用删除线（就像 ~~like this~~）表示删除了代码。

❑ **变体**：本书中的一些重构还含有一节阐述该重构的变体。当然，这一节不能毫无遗漏——重构的变体实在太多了，无法完全叙述。但是，已包含所有重要的变体。

5.2　本目录中引用的项目

本书中的示例部分来自真实项目，另一部分是受我所开发的真实项目启发而来。我之所以使用实战代码而不是纯演示代码（toy code），是因为在重构真实代码时，我们的重构决策要受到代码的各种因素的限制。而对于纯演示代码，情况不会如此。而且，纯演示代码一般缺乏这种限制因素，或者只有部分因素，似乎也无法像真实代码那样能够提供丰富的教学体验。

实战代码比纯演示代码理解起来当然要付出更多努力。我已删去大多数无关紧要的细节，尽量使本书中的实战代码更容易理解。但是，去除实战代码中的所有毛边是不可能的，而且这样做，从真实重构所能学到的东西就会减少。

各示例小节中使用的代码来自许多不同的项目。有些项目只引用一次，而另一些项目则在不同重构中引用多次。接下来的小节中，我们简要地叙述一下许多重构中都引用到的项目。

5.2.1　XML Builder

我开发的许多信息系统都要生成 XML，几乎所有这些系统使用的 XML 都非常基本：起始和结束标签，含有值和属性。使用基本的 XML 时，通常没有必要通过复杂的第三方库（即使是免费的）来创建 XML。可以很容易地自己编写代码创建恰合所需的 XML。我发现自己的代码创建的 XML 总是比第三方工具创建的要简单，第三方工具必须提供创建或者操作 XML 的复杂方式。

多年来，我编写过用许多方式创建 XML 的代码。本书中提到了 XMLBuilder、DOMBuilder、TagBuilder 和 TagNode。TagBuilder 是我最喜欢的 XML 创建程序，它是从我开发的其他 XML 创建程序演化出来的。

以下重构中包含与创建 XML 有关的示例代码：

❏ 用 Composite 替换隐含树（7.5 节）
❏ 用 Factory Method 引入多态创建（6.4 节）
❏ 用 Builder 封装 Composite（6.5 节）
❏ 将聚集操作搬移到 Collecting Parameter（10.1 节）
❏ 通过 Adapter 统一接口（8.5 节）

5.2.2　HTML Parser

HTML Parser 是一个开源程序库，可以用在程序中使其很容易地解析 HTML。它是 SourceForge 上最受欢迎的 HTML 解析器，全世界很多人都在使用它。这个项目是由 Somik Raha 发起的，在开发过程中他和项目的其他成员肯定已经编写了许多测试代码。但是当我加入这个项目时，发现有些代码需要改进设计。因此，我开始重构，通常是在与 Somik 结对编程进行。在这项工作中，产生了许多有趣的重构，包括许多实现模式的重构。

以下重构中包含来自 HTML 解析器的示例代码：

❏ 将装饰功能搬移到 Decorator（7.3 节）
❏ 将创建知识搬移到 Factory（6.2 节）

❑ 提取 Composite（8.2 节）
❑ 将聚集操作搬移到 Visitor（10.2 节）

5.2.3　贷款风险计算程序

我在编程生涯的头 8 年效力于华尔街的一家银行，开发各种贷款风险计算程序，估算贷款风险、市场风险和全球风险。你大概不会想到，那时候我还整天西装革履的呢。我最早编写的一些面向对象程序是用 Turbo Pascal 和 C++编写的。虽然本书中无法将这些系统的代码演示给大家，但是可以演示一些受其启发编写的代码。对于一些比较敏感的计算，我对代码进行了修改，使用任何金融教科书中都能找到的计算公式。

以下重构中包含与贷款风险计算程序相关的示例代码：

❑ 链构造方法（11.1 节）
❑ 用 Creation Method 替换构造函数（6.1 节）
❑ 用 Strategy 替换条件逻辑（7.2 节）

5

5.3　起点

在《重构》一书的 5.3 节中，Martin Fowler 这样写道：

运用重构的时候，请记住：它们仅仅是一个起点。毋庸置疑，你一定可以找出个中缺陷。我之所以选择现在发表它们，因为我相信，尽管它们还不完美，但的确有用。我相信它们能给你一个起点，然后你可以不断提高自己的重构能力。这正是它们带给我的。[F, 107]

本书中的重构亦然。它们也只是一个起点。随着当前工具和面向对象语言的不断发展，进行重构的方式也越来越多。

最好将本书中的重构作为一种要因地制宜的指导原则。这可能意味着应该跳过重构做法中的某些步骤，也可能意味着以另一种方式进行重构。毕竟最终有意义的，不在于所遵循的步骤，而在于是否改善了代码的设计。如果本书能够为你改善代码提供有益的思路，那将是我的荣幸。

这个目录并没有囊括我可以包含进来的所有模式导向的重构。撰写了 27 个重构后，出版日期已经邻近。但是，我希望其他作者能够帮助我扩充这个目录，记载更多对程序员有益的模式导向的重构。

51

5.4　学习顺序

要完整学习本目录中的重构，需要研究每个重构的示例代码。因为有些重构引用同一个项目，你会发现，如果使用表 5-1 所列出的学习顺序，理解这些重构会更加容易。

表 5-1

序　号	重　构
1	用 Creation Method 替换构造函数（6.1 节） 链构造函数（11.1 节）
2	用 Factory 封装类（6.3 节）
3	用 Factory Method 引入多态创建（6.4 节）
4	用 Strategy 替换条件逻辑（7.2 节）
5	形成 Template Method（8.1 节）
6	组合方法（7.1 节）
7	用 Composite 替换隐含树（7.5 节）
8	用 Builder 封装 Composite（6.5 节）
9	将聚集操作搬移到 Collecting Parameter（10.1 节）
10	提取 Composite（8.2 节） 用 Composite 替换一/多之分（8.3 节）
11	用 Command 替换条件调度程序（7.6 节）
12	提取 Adapter（8.6 节） 通过 Adapter 统一接口（8.5 节）
13	用类替换类型代码（9.1 节）
14	用 State 替换状态改变条件语句（7.4 节）
15	引入 Null Object（9.3 节）
16	内联 Singleton（6.6 节） 用 Singleton 限制实例化（9.2 节）
17	用 Observer 替换硬编码的通知（8.4 节）
18	将装饰功能搬移到 Decorator（7.3 节） 统一接口（11.2 节） 提取参数（11.3 节）
19	将创建知识搬移到 Factory（6.2 节）
20	将聚集操作搬移到 Visitor（10.2 节）
21	用 Interpreter 替换隐式语言（8.7 节）

52
53
～
54

第 6 章

创　建

6

　　虽然所有面向对象系统都要创建对象或者对象结构，但是实现创建的代码并不总是能够免于重复，总是能够保持简单、直观，或者与客户代码松散耦合。本章中的 6 个重构所针对的是各种创建代码中的设计问题，从构造函数到过于复杂的构造逻辑，再到没有必要的 Singleton[DP] 模式。虽然这些重构并不能够解决可能遇到的所有创建方面的设计问题，但是它们能够解决其中最常见的问题。

　　如果类中有太多构造函数，客户要弄清应该调用其中哪一个就会非常困难。解决方案之一是应用提炼类[F]或者提炼子类[F]这样的重构，减少构造函数的数量。如果这种解决方案不可行，或者用处不大，可以通过用 Creation Method 替换构造函数（6.1 节）重构来澄清构造函数的意图。

　　什么是 Creation Method 呢？简单地讲，就是创建并返回对象实例的一个静态或者非静态的方法。我决定为本书定义 Creation Method 模式，将它与 Factory Method[DP] 模式区别开来。Factory Method 对于多态的创建是非常有用的。与 Creation Method 不同，Factory Method 可能不是静态的，而且必须使用至少两个类来实现，通常是一个超类和一个子类。如果类层次中有多个类都类似地实现了一个方法，只是对象的创建步骤不同，那么就可能要首先通过用 Factory Method 引入多态创建（6.4 节）重构来删除重复代码。

　　所谓 Factory 类就是实现一个或者多个 Creation Method 的类。如果对象创建过程中使用的数据和（或）代码在许多类中都存在，就会发现经常要在许多地方更新代码，这是解决方案蔓延（4.6节）坏味的明确标志。应用将创建知识搬移到 Factory（6.2 节）重构可以通过把创建代码和数据合并为一个 Factory 来减少创建代码的蔓延。

　　用 Factory 封装类（6.3 节）是另一个与 Factory 模式有关的很有用的重构。使用这个重构最常见的两种动机是：确保客户代码通过一个公共接口与多个类的实例进行通信；减少客户代码对类的了解，同时通过 Factory 使类的实例可被客户代码访问。

　　要想简化对象结构的构造，没有哪个模式比 Builder[DP] 模式更为合适了。用 Builder 封装 Composite（6.5 节）重构说明了如何用 Builder 模式提供构造 Composite[DP] 模式的更简单而且不易出错的方式。

　　本章中最后一个重构是内联 Singleton（6.6 节）。编写这个重构很有意思，因为我经常遇到没有必要存在的 Singleton 模式。这个重构说明了如何从代码中删除 Singleton 模式，还提供了来自 Ward Cunningham、Kent Beck 和 Martin Fowler 等人关于 Singleton 模式的建议。

6.1 用 Creation Method 替换构造函数

类中有多个构造函数，因此很难决定在开发期间调用哪一个。

用能够说明意图的返回对象实例的 Creation Method 替换构造函数。

Loan
+Loan(commitment, riskRating, maturity)
+Loan(commitment, riskRating, maturity, expiry)
+Loan(commitment, outstanding, riskRating, maturity, expiry)
+Loan(capitalStrategy, commitment, riskRating, maturity, expiry)
+Loan(capitalStrategy, commitment, outstanding, riskRating, maturity, expiry)

Loan
-Loan(capitalStrategy, commitment, outstanding, riskRating, maturity, expiry)
+createTermLoan(commitment, riskRating, maturity) : Loan
+createTermLoan(capitalStrategy, commitment, outstanding, riskRating, maturity) : Loan
+createRevolver(commitment, outstanding, riskRating, expiry) : Loan
+createRevolver(capitalStrategy, commitment, outstanding, riskRating, expiry) : Loan
+createRCTL(commitment, outstanding, riskRating, maturity, expiry) : Loan
+createRCTL(capitalStrategy, commitment, outstanding, riskRating, maturity, expiry) : Loan

6.1.1 动机

有些编程语言允许任意命名构造函数，无论类的名字如何。而另一些编程语言，比如 Java 和 C++，不允许这样，每个构造函数的名字必须与它所属的类相同。如果只有一个比较简单的构造函数，这可能不是什么问题。但是，如果有许多构造函数，程序员就不得不研究需要传入什么参数，琢磨这些构造函数的代码，以选择应该调用哪个构造函数。这又会有什么问题呢？问题太多了。

构造函数本身无法有效和高效地表达意图。拥有的构造函数越多，程序员就越容易选择错误的构造函数。对要调用的构造函数进行选择会减慢开发速度，而且如果需要代码在多个构造函数中调用一个，它就往往不能充分表达所构造的对象的性质。

如果需要在类中添加一个新的构造函数，其签名与某个已有的构造函数相同，你的霉运就来了。因为名字必须相同，否则新的构造函数是无法添加的——因为同一个类中不可能有两个签名相同的构造函数，尽管它们可能创建的是不同的对象。

许多构造函数不再使用但是仍然留在代码中，这非常常见，尤其在成熟的系统中。为什么这些已经死掉的构造函数还要存在呢？大多数情况是因为程序员并不知道这些构造函数已经没有调用者了。也许他们没有检查调用者（可能因为这需要使用非常复杂的搜索表达式），也许他们使用的开发环境没有自动突出显示无调用代码的功能。无论原因如何，死构造函数只会使类膨胀，使类变得不必要地复杂。

Creation Method 有助于解决这些问题。所谓 Creation Method，就是类中的一个静态或者非静态的负责实例化类的新实例的方法。Creation Method 没有命名限制，所以可以取一些能够清晰表达所创建的对象性质的名字（比如 createTermLoan() 或者 createRevolver()）。这种命名上的灵活性意味着两个名字不同的 Creation Method 可以接受数量和类型相同的参数。对于缺乏现代开发环境的程序员来说，寻找死 Creation Method 代码通常比寻找死构造函数代码要容易，因为搜索特殊名字方法的表达式，比搜索一组构造函数中的一个，要好写得多。

用 Creation Method 替换构造函数重构的缺点在于，它可能引入非标准的创建方式。如果大多数类都使用 new 实例化对象，而有些却使用一个 Creation Method，那么程序员就必须了解每个类的创建是怎样完成的。但是，这种非标准的创建技术应该比类有过多构造函数的问题轻微得多。

发现了一个类有许多构造函数之后，最好在应用本重构之前，先考虑应用提炼类[F]或者提炼子类[F]重构。如果要重构的类只是完成的操作太多（也就是说职责过多），那么提炼类是很好的选择。如果类的实例只使用一小部分类的实例变量，那么提炼子类就是很好的选择。

Creation Method 与 Factory Method

行内人是怎么称呼创建对象的方法的呢？许多程序员会回答 "Factory Method"，这个名字来源于《设计模式》[DP]一书中的一个创建型模式。但是，所有创建对象的方法真的都是 Factory Method 吗？由于这个术语的定义宽泛（创建对象的方法），回答似乎理所应当是肯定的。但是，从 1995 年四位作者撰写 Factory Method 模式时的方式来看，很显然，并不是所有创建对象的方法都能提供真正的 Factory Method 所应该提供的那种松散耦合（请参见 6.4 节）。

为了在讨论与对象创建有关的设计或者重构时更加清晰，这里使用术语 Creation Method 来指代创建类的实例的静态或者非静态方法。这意味着所有 Factory Method 都是 Creation Method，但是反之则不尽然。这还意味着可以用 Creation Method 这个术语来代替《重构》[F]一书中 Martin Fowler 所用的"工厂函数"一词，以及 *Effective Java* [Bloch]一书中 Joshua Bloch 所用的"静态工厂函数"一词。

优点与缺点

+ 比构造函数能够更好地表达所创建的实例的种类。
+ 避免了构造函数的局限，比如两个构造函数的参数数目和类型不能相同。
+ 更容易发现无用的创建代码。
- 创建方式是非标准的：有些类用 new 实例化，而有些类用 Creation Method 实例化。

6.1.2　做法

在开始重构之前，需要找出全包含构造函数（catch-all constructor），这是一个功能完整的构造函数，其他构造函数可以向它委托任务。如果没有全包含构造函数，可以通过应用链构造函数（11.1 节）重构创建一个。

(1) 找出通过调用类的构造函数来创建实例的那个客户代码。对构造函数调用应用提炼函数[F]重构，生成一个公共、静态的函数。这个新函数就是一个 Creation Method。然后，应用搬移函数[F]重构将 Creation Method 搬移到包含所选构造函数的类中。

✓ 编译并测试通过。

(2) 找出调用所选构造函数来创建实例（与 Creation Method 实例化的相同）的所有代码，将它们更新为调用 Creation Method。

✓ 编译并测试通过。

(3) 如果所选构造函数链接到另一个构造函数，应该让 Creation Method 调用被链接的构造函数而不是所选构造函数。这可以通过内联构造函数实现，这种重构与将方法内联化[F]重构类似。

✓ 编译并测试通过。

(4) 对类中每个要转为构建方法的构造函数重复步骤(1)~(3)。

(5) 如果类中的某个构造函数在类外无调用，将它改为非公共的。

✓ 编译。

6.1.3　示例

本示例的灵感来自银行业的一个贷款风险估算程序，编写、扩展和维护这个估算程序花了我数年时间。Loan 类有许多的构造函数，如下面的代码所示。

```
public class Loan...
    public Loan(double commitment, int riskRating, Date maturity) {
        this(commitment, 0.00, riskRating, maturity, null);
    }

    public Loan(double commitment, int riskRating, Date maturity, Date expiry) {
        this(commitment, 0.00, riskRating, maturity, expiry);
    }
public Loan(double commitment, double outstanding,
            int riskRating, Date maturity, Date expiry) {
    this(null, commitment, outstanding, riskRating, maturity, expiry);
}

public Loan(CapitalStrategy capitalStrategy, double commitment,
            int riskRating, Date maturity, Date expiry) {
    this(capitalStrategy, commitment, 0.00, riskRating, maturity, expiry);
```

```
        }

        public Loan(CapitalStrategy capitalStrategy, double commitment,
                    double outstanding, int riskRating,
                    Date maturity, Date expiry) {
            this.commitment = commitment;
            this.outstanding = outstanding;
            this.riskRating = riskRating;
            this.maturity = maturity;
            this.expiry = expiry;
            this.capitalStrategy = capitalStrategy;

            if (capitalStrategy == null) {
                if (expiry == null)
                    this.capitalStrategy = new CapitalStrategyTermLoan();
                else if (maturity == null)
                    this.capitalStrategy = new CapitalStrategyRevolver();
                else
                    this.capitalStrategy = new CapitalStrategyRCTL();
            }
        }
```

Loan 可以用来表示 7 种贷款方式。这里只讨论其中的 3 种。所谓定期贷款（term loan），是指在到期日必须偿还的借款。而循环贷款（revolver）类似于信用卡，是一种标明"循环信用"的贷款形式，具有贷款额度（spending limit）和有效期（expiry date）。循环信用定期贷款（revolving credit term loan，RCTL）是一种满期后可以转换为定期贷款的循环贷款。

因为这个估算器要支持 7 种贷款，读者可能会想，为什么不将 Loan 设计成一个抽象超类，用子类表示各种贷款呢？毕竟，这样能够大大减少 Loan 及其子类所需构造函数的数量。但是这样做并不理想，原因有如下两个。

(1) 区分不同种类贷款的并不是它们的字段，而是计算资金（capital）、收益（income）和期限（duration）等数值的方式。我们可不想仅仅为了要支持计算定期贷款资金的 3 种方式就创建 Loan 的 3 个不同子类。很容易做到的是，只支持一个 Loan 类，为定期贷款设 3 个不同的 Strategy 类（请参见 7.2 节中的例子）。

61

(2) 使用 Loan 实例的应用需要在不同种类的贷款之间进行转换。这种转换如果只需要修改一个 Loan 实例的几个字段，要比在 Loan 的不同子类的实例之间转换容易得多。

从前面给出的 Loan 源代码可以看出，其中有 5 个构造函数，最后一个是全包含构造函数（参见 11.1 节）。如果没有专业知识，很难弄清楚哪个构造函数用来创建定期贷款，哪个用来创建循环贷款，而哪个又用来创建 RCTL。

巧合的是，我知道 RCTL 需要有一个有效期和一个到期日（maturity date），因此我知道要创建 RCTL 贷款，必须调用一个需要传入两种日期的构造函数。可是，你知道这一点吗？你觉得下一个阅读这段代码的程序员会知道这一点吗？

在 Loan 构造函数中还有什么隐含的知识吗？还多着呢。如果调用第一个构造函数，它有 3

个参数，所创建的是定期贷款。但是如果需要循环贷款，需要调用参数中有两种日期的构造函数，然后给到期日参数传入 null。代码的所有用户都会知道这一点吗？我很怀疑。或者，他们会在与难缠的缺陷搏斗中学习？

我们来看怎样应用用 Creation Method 替换构造函数这一重构。

(1) 首先，找到调用 Loan 的一个构造函数的客户代码。下面是一个测试示例中出现的满足条件的客户代码：

```
public class CapitalCalculationTests...
    public void testTermLoanNoPayments() {
        ...
        Loan termLoan = new Loan(commitment, riskRating, maturity);
        ...
    }
```

这里，调用上述 Loan 构造函数得到了定期贷款。对这一调用应用提炼函数[F]重构，得到了一个公共、静态的方法，名为 createTermLoan：

```
public class CapitalCalculationTests...
    public void testTermLoanNoPayments() {
        ...
        Loan termLoan = createTermLoan(commitment, riskRating, maturity);
        ...
    }

    public static Loan createTermLoan(double commitment, int riskRating, Date maturity) {
        return new Loan(commitment, riskRating, maturity);
    }
```

接下来，我对 Creation Method createTermLoan 应用搬移函数[F]重构，将它搬移到 Loan 中。这样就完成了如下修改：

```
public class Loan...
    public static Loan createTermLoan(double commitment, int riskRating, Date maturity) {
        return new Loan(commitment, riskRating, maturity);
    }

public class CapitalCalculationTest...
    public void testTermLoanNoPayments() {
        ...
        Loan termLoan = Loan.createTermLoan(commitment, riskRating, maturity);
        ...
    }
```

编译并测试，确保一切运行正常。

(2) 接下来，找到调用 createTermLoan 所调用的构造函数的所有代码，将它们更新为调用 createTermLoan。例如：

```
public class CapitalCalculationTest...
    public void testTermLoanOnePayment() {
```

```
        ...
        Loan termLoan = new Loan(commitment, riskRating, maturity);
        Loan termLoan = Loan.createTermLoan(commitment, riskRating, maturity);
        ...
    }
```

同样，编译并测试，确保一切运行正常。

(3) createTermLoan 方法现在是该构造函数的唯一调用者。这个构造函数还链接到了另一个构造函数，可以应用将方法内联化[F]重构（这里实际上就是"内联构造函数"）删除链接。修改如下：

```
public class Loan...
    public Loan(double commitment, int riskRating, Date maturity) {
        this(commitment, 0.00, riskRating, maturity, null);
    }

    public static Loan createTermLoan(double commitment, int riskRating, Date maturity) {
        return new Loan(commitment, 0.00, riskRating, maturity, null);
    }
```

编译并测试，确保修改后运行正常。

(4) 现在重复步骤(1)~(3)，为 Loan 生成其他 Creation Method。例如，有代码调用 Loan 的全包含构造函数：

```
public class CapitalCalculationTest...
    public void testTermLoanWithRiskAdjustedCapitalStrategy() {
        ...
        Loan termLoan = new Loan(riskAdjustedCapitalStrategy, commitment,
                            outstanding, riskRating, maturity, null);
        ...
    }
```

请注意，传给构造函数的最后一个参数是一个 null 值。向构造函数传入 null 值是一种不良的做法。它会降低代码的可读性。这往往出现在程序员找不到所需的准确构造函数，转而创建了另一个更通用的构造函数。

还是按照步骤(1)和步骤(2)对这段代码进行重构，使其使用 Creation Method。通过步骤(1)得到了 Loan 的另一个 createTermLoan 方法：

```
public class CapitalCalculationTest...
    public void testTermLoanWithRiskAdjustedCapitalStrategy() {
        ...
        Loan termLoan = Loan.createTermLoan(riskAdjustedCapitalStrategy, commitment,
                            outstanding, riskRating, maturity, null);
        ...
    }

public class Loan...
    public static Loan createTermLoan(double commitment, int riskRating, Date maturity) {
        return new Loan(commitment, 0.00, riskRating, maturity, null);
    }
```

```
public static Loan createTermLoan(CapitalStrategy riskAdjustedCapitalStrategy,
    double commitment, double outstanding, int riskRating, Date maturity) {
    return new Loan(riskAdjustedCapitalStrategy, commitment,
        outstanding, riskRating, maturity, null);
}
```

为什么选择重载 createTermLoan(...)而不是生成一个有唯一名字的 Creation Method，比如 createTermLoanWithStrategy(...)呢？因为我觉得存在参数 CapitalStrategy 足以说明 createTermLoan(...)两个重载版本的区别。

接下来是重构的第(2)步。因为新的 createTermLoan(...)调用 Loan 的全包含构造函数，必须找到调用全包含构造函数来实例化 createTermLoan(...)所生成的同一种 Loan 的其他客户代码。这个工作需要非常细致，因为全包含构造函数的一些调用代码生成的是 Loan 的循环贷款或者 RCTL 实例。只应该更新生成 Loan 的定期贷款的客户代码。

第(3)步不需要做任何工作，因为全包含构造函数不会链接到任何其他构造函数。继续执行步骤(4)，需要重复步骤(1)~步骤(3)。完成后，就得到了如下的 Creation Method：

Loan
-Loan(capitalStrategy, commitment, outstanding, riskRating, maturity, expiry)
+createTermLoan(commitment, riskRating, maturity) : Loan
+createTermLoan(capitalStrategy, commitment, outstanding, riskRating, maturity) : Loan
+createRevolver(commitment, outstanding, riskRating, expiry) : Loan
+createRevolver(capitalStrategy, commitment, outstanding, riskRating, expiry) : Loan
+createRCTL(commitment, outstanding, riskRating, maturity, expiry) : Loan
+createRCTL(capitalStrategy, commitment, outstanding, riskRating, maturity, expiry) : Loan

(5) 最后一步是改变剩下的唯一一个公共构造函数的可见性，它恰好是 Loan 的全包含构造函数。因为它没有子类，现在也没有外部调用者，因此可以将它设为私有的：

```
public class Loan...
    private Loan(CapitalStrategy capitalStrategy, double commitment,
            double outstanding, int riskRating,
            Date maturity, Date expiry)...
```

编译并测试，确保一切运行正常。重构大功告成了。

现在，如何获得各种不同的 Loan 实例已经非常清楚了。去除了模棱两可的地方，隐含的知识也明确了。接下来还需要做什么呢？因为 Creation Method 的参数很多，可以应用引入参数对象[F]重构。

6.1.4 变体

1. 参数化Creation Method（Parameterized Creation Method）

在考虑实现用 Creation Method 替换构造函数重构时，可能要先在脑子里琢磨一下是否需要

50 多个 Creation Method 来负责类支持的所有对象的配置。编写 50 个方法可不是闹着玩的,你很可能因此决定放弃应用这个重构。记住,应付这种情况还有其他办法。首先,不需要为每个对象的配置都设一个 Creation Method:可以为那些最常用的配置编写 Creation Method,再留一些公共构造函数来处理其他的配置。考虑使用参数减少 Creation Method 也是可行的。

2. 提取Factory(Extract Factory)

类中创建太多方法会使其主要职责混淆不清吗?这是一个仁者见仁的问题。有些人发现当对象创建开始成为一个类公共接口的主要部分时,这个类就不再能够突出地表达自己的主要意图了。如果你面对的类有 Creation Method,而且 Creation Method 分散了类的主要职责,那么就应该将相关的 Creation Method 重构为一个 Factory,如下所示:

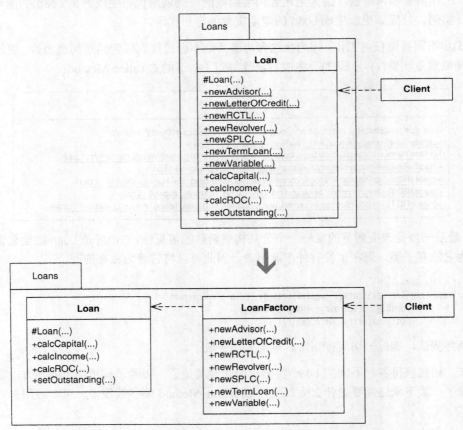

值得注意的是,LoanFactory 并不是 Abstract Factory[DP]模式。Abstract Factory 可以在运行时替换——可以定义多个不同的 Abstract Factory 类,每个类都知道如何返回一组实例,为系统或者客户提供某个 Abstract Factory 实例即可。Factory 不应该太复杂。它们经常是用不属于任何类层次的单个类实现的。

6.2 将创建知识搬移到 Factory

用来实例化一个类的数据和代码在多个类中到处都是。

将有关创建的知识搬移到一个 Factory 类中。

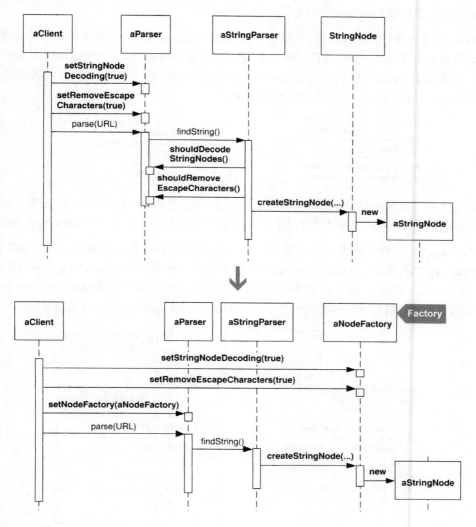

6.2.1 动机

当创建一个对象的知识散布在多个类中，说明出现了**创建蔓延**问题：将创建的职责放在了不应该承担对象创建任务的类中。创建蔓延是解决方案蔓延（4.6 节）坏味的一种，往往是由于之前的设计问题所引起的。例如，客户代码需要根据一些选项配置一个对象，但是无法访问对象的创建代码。如果客户代码不方便访问对象的创建代码，比如因为创建代码处于远离客户的系统层，客户代码该怎么配置对象呢？

一般的回答是使用蛮力。客户代码将配置选项传递给一个对象，后者将选项再传给另一个对象，后者继续传递，直至创建代码通过更多对象获得配置该对象所需的信息。虽然这也能奏效，但是创建代码和数据就散布得到处都是了。

Factory 模式正适用于这种场合。它使用一个类封装创建逻辑和客户代码的实例化/配置选项。客户代码可以告诉 Factory 实例如何实例化/配置一个对象，然后用同一个 Factory 实例在运行时执行实例化/配置。例如，创建 StringNode 实例的 NodeFactory，客户代码可以将其配置为用一个装饰器 DecodingStringNode 修饰所创建的实例：

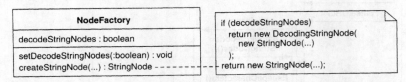

Factory 不需要用具体类专门实现。可以使用一个接口定义 Factory，然后让现有的类实现这个接口。这种方式在需要系统的其他区域专门通过其 Factory 接口与现有类的一个实例通信时非常有用。

如果 Factory 中的创建逻辑过于复杂，可能由于支持了太多创建选项，就应该将其改为 Abstract Factory [DP]模式。完成后，客户代码可以配置系统使用某个 ConcreteFactory（即 Abstract Factory 的一个具体实现），或者让系统使用默认的 ConcreteFactory。上面的 NodeFactory 当然还没有复杂到真正值得进行这种修改的地步。下图所示为修改而成的 Abstract Factory。

69

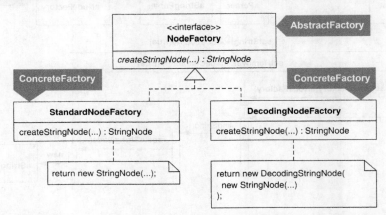

何谓 Factory

Factory 一词是业内滥用最厉害和最不精确的术语之一。有些人使用“Factory 模式”一词指代 Factory Method [DP]模式，有些人使用这个术语表示 Abstract Factory[DP]模式，有些人使用这个术语表示这两个模式，而有些人则使用这个词表示任何创建对象的代码。

我们对"Factory"一词缺乏公认的定义，这使我们对于什么情形下设计能够很好地应用 Factory 的理解大受限制。因此我在此给出自己的定义，这个定义比较宽泛但是很明确：实现一个或多个 Creation Method 的类就称为 Factory。

无论 Creation Method 是静态还是非静态，无论 Creation Method 的返回类型是接口、抽象类还是具体类，无论实现 Creation Method 的类是否也实现了非创建职责，这一定义都适用。

Factory Method [DP]模式是一种返回基类或者接口类型的非静态方法，在类层次中实现以支持多态创建（请参见 6.4 节）。Factory Method 必须由一个类及其一个或者多个子类定义和实现。类及其子类都可以作为 Factory。但是，我们不将 Factory Method 称为 Factory。

Abstract Factory 是"无需指定具体类而创建一系列相关或相互依赖对象的接口"[DP, 87]。Abstract Factory 被设计为可以在运行时替换，因此，系统可以配置为使用 Abstract Factory 的一个特定的具体实现。每个 Abstract Factory 都是 Factory，但是并非每个 Factory 都是 Abstract Factory。是 Factory 而非 Abstract Factory 的类，在需要支持创建几组相关或相互依赖的对象时，需要修改成 Abstract Factory。

下图中使用粗线表示创建对象的方法，说明了 Factory Method、Factory 和 Abstract Factory 结构之间的区别。

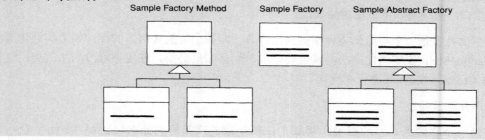

我曾经见过许多系统中过度使用了 Factory 模式。例如，如果系统中的所有对象都是使用一个 Factory 而不是直接实例化（比如 new StringNode(...)）创建的，这个系统就可能过多使用了 Factory 模式。当人们总是将客户代码与需要就实例化哪个类或者如何实例化做出选择的代码解耦合时，往往会过度使用这个模式。例如，如下的 createQuery()方法需要在两个查询类中选择一个进行实例化：

```
public class Query...
    public void createQuery() throws QueryException...
        if (usingSDVersion52()) {
            query = new QuerySD52();
            ...
        } else {
            query = new QuerySD51();
            ...
        }
```

为了消除以上代码的条件逻辑，有人可能将其重构为使用一个 QueryFactory：

```
public class Query...
    public void createQuery() throws QueryException...
        query = queryFactory.createQuery();
        ...
```

QueryFactory 现在封装了应该实例化哪个具体查询类的逻辑。可是，QueryFactory 是否对代码的设计有所改进呢？它肯定无助于创建蔓延的解决，如果它只是将 Query 类与实例化两个具体查询之一的代码解耦合，显然理由不够充分。这说明了一点，最好不实现 Factory，除非它确实改进了代码的设计，或者使你能够以直接实例化做不到的方式创建/配置对象。

优点与缺点
＋　合并创建逻辑和实例化/配置选项。
＋　将客户代码与创建逻辑解耦。
－　如果可以直接实例化，会使设计复杂化。

6.2.2　做法

以下做法假设 Factory 将实现一个类，而不是类要实现的接口。如果需要用来被具体类实现的 Factory 接口，必须对以下做法稍做修改。

(1) 实例化类就是一个与其他类合作实例化产品（即某个类的实例）的类。如果实例化类没有使用 Creation Method 实例化产品，就需要修改，而且如果必要，还应该修改产品的类，这样就可以通过 Creation Method 进行实例化。

✓ 编译并测试通过。

(2) 创建一个将成为工厂的新类，根据工厂所创建的产品给它命名（比如 NodeFactory、LoanFactory）。

✓ 编译。

(3) 应用搬移函数[F]重构将 Creation Method 搬移到工厂类中。如果 Creation Method 是静态的，可以在搬移到工厂类之后将其改为非静态的。

✓ 编译。

(4) 将实例化类更新为实例化工厂对象，并调用工厂对象获取类的实例。

✓ 编译并测试，确保实例化类仍然运转正常。

对任何因为第(3)步中的修改而不再能够编译的实例化类重复这一步骤。

(5) 在实例化中仍然使用其他类的数据和方法。将可用的任何东西搬移到工厂类中，这样它就能够尽可能多地处理创建工作。这可能需要搬移实例化工厂的位置和实例化类。

✓ 编译并测试通过。

6.2.3　示例

本示例来自 HTML 解析器项目。正如将装饰功能搬移到 Decorator（7.3 节）重构中所叙述的，用户能够指示解析器以不同方式处理字符串的解析操作。如果用户不想所解析的字符串中包含编码字符，比如&amp（表示&）或者&lt（表示左尖括号<），可以调用解析器的 setStringNodeDecoding (shouldDecode: boolean)方法，该方法返回的是解码选项打开或者关闭的字符串。本节开始时给出的简图说明了实际上是由解析器的 StringParser 创建了 StringNode 对象，创建时，它会根据 Parser 中解码字段的值配置对象是解码还是不解码。

虽然这样的代码能够奏效，但是有关 StringNode 创建的知识现在散布在 Parser，StringParser 和 StringNode 等多个类中。当在 Parser 中增加新的字符串解析选项时，这一问题将更加突出。每个新选项都会要求创建新的 Parser 字段以及相应的获取方法和设置方法，StringParser 和 StringNode 中也需要增加处理新选项的代码。下图中黑体显示的代码说明了在增加一个转义字符删除选项（比如\n 或\r）时，对各个类需要做的一些修改。

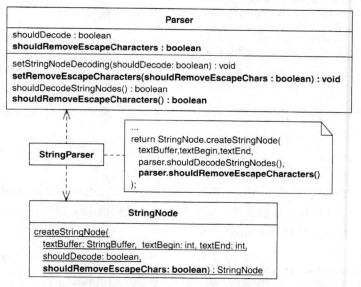

Parser 中为支持 StringNode 的不同解析选项所增加的字段、获取方法和设置方法都不属于 Parser 类本身。为什么呢？因为 Parser 要负责启动解析过程，但是并不控制应该如何解析 StringNode（只表示多个 Node 和 Tag 类型中的一个）。而且，StringNode 类也没有充分的理由了解有关解码或者转义字符删除选项的所有信息，而这是使用 Decorator 模式建模的（请参见 7.3 节中的例子）。

根据前面的定义，可以说 StringNode 已经是一个 Factory 了，因为它实现了一个 Creation

Method。问题在于，StringNode 对于合并实例化/配置 StringNode 中用到的所有知识没有任何帮助，而且没有达到我们实际上对它的期望，因为保持 StringNode 短小而且简单会更好。新的 Factory 类能够更好地合并实例化/配置，因此，我打算重构一个。为了简明起见，以下的代码只包含一个解析选项——解码节点选项，省略了转义字符删除选项。

(1) StringParser 实例化 StringNode 对象。在将创建知识搬移到 Factory 重构中，第一步是使 StringParser 使用一个 Creation Method 执行 StringNode 对象的实例化。这已经做到了，如下面的代码所示。

```
public class StringParser...
  public Node find(...) {
    ...
    return StringNode.createStringNode(
      textBuffer, textBegin, textEnd,
      parser.shouldDecodeNodes()
    );
  }

public class StringNode...
  public static Node createStringNode(
    StringBuffer textBuffer, int textBegin, int textEnd, boolean shouldDecode) {
    if (shouldDecode)
      return new DecodingStringNode(
        new StringNode(textBuffer, textBegin, textEnd)
      );
    return new StringNode(textBuffer, textBegin, textEnd);
  }
```

(2) 现在创建一个新类，作为 StringNode 对象的工厂。因为 StringNode 是 Node 类型，我将这个类命名为 NodeFactory：

```
public class NodeFactory {
}
```

(3) 接下来，应用搬移函数[F]重构，将 StringNode 的 Creation Method 搬移到 NodeFactory。我决定将所搬移的方法声明为非静态的，因为不想客户代码静态地局限于一个 Factory 实现。我还决定删除 StringNode 中的 Creation Method：

```
public class NodeFactory {
  public static Node createStringNode(
    StringBuffer textBuffer, int textBegin, int textEnd, boolean shouldDecode) {
    if (shouldDecode)
      return new DecodingStringNode(
        new StringNode(textBuffer, textBegin, textEnd));
    return new StringNode(textBuffer, textBegin, textEnd);
  }
}

public class StringNode...
```

```
public static Node createStringNode(...
}
```

这一步之后，StringParser 和其他调用 StringNode 的 Creation Method 的客户代码都将无法编译。接下来让我们解决这一问题。

75

(4) 现在修改 StringParser 实例化 NodeFactory，并调用它创建一个 StringNode：

```
public class StringParser...
  public Node find(...) {
  ...
  NodeFactory nodeFactory = new NodeFactory();
  return nodeFactory.createStringNode(
    textBuffer, textBegin, textEnd, parser.shouldDecodeNodes()
  );
}
```

对因为第(3)步中的修改而无法编译的其他客户代码，执行类似的修改。

(5) 现在到了有意思的步骤了：通过将相应的创建代码从其他类搬移到 NodeFactory，消除或者减少创建蔓延。本例中其他类就是 Parser，StringParser 在 StringNode 创建期间调用它给 NodeFactory 传递一个实参：

```
public class StringParser...
  public Node find(...) {
    ...
    NodeFactory nodeFactory = new NodeFactory();
    return nodeFactory.createStringNode(
      textBuffer, textBegin, textEnd, parser.shouldDecodeNodes()
    );
  }
```

将以下的 Parser 代码搬移到 NodeFactory：

```
public class Parser...
  private boolean shouldDecodeNodes = false;

  public void setNodeDecoding(boolean shouldDecodeNodes) {
    this.shouldDecodeNodes = shouldDecodeNodes;
  }

  public boolean shouldDecodeNodes() {
    return shouldDecodeNodes;
  }
```

但是，不能直接将这些代码搬移到 NodeFactory，因为其客户代码就是解析器的客户代码，它们需要调用 setNodeDecoding(...)这样的 Parser 方法，以配置解析器进行特定的解析。同时，NodeFactory 对于解析器的客户代码是不可见的：它由 StringParser 实例化，后者本身对于解析器的客户代码就是不可见的。所以，得出结论，NodeFactory 实例必须能够被 Parser 的客户代码和 StringParser 访问。为此，需要采取以下的步骤。

76

(a) 首先对最终要与 NodeFactory 合并的 Parser 代码应用提炼类[F]重构。从而得到如下

StringNodeParsingOption 类的创建代码:

```
public class StringNodeParsingOption {
  private boolean decodeStringNodes;

  public boolean shouldDecodeStringNodes() {
    return decodeStringNodes;
  }

  public void setDecodeStringNodes(boolean decodeStringNodes) {
    this.decodeStringNodes = decodeStringNodes;
  }
}
```

这个新类用 StringNodeParsingOption 字段及其获取方法和设置方法代替了 shouldDecode-Nodes 字段、获取方法和设置方法:

```
public class Parser....
  private StringNodeParsingOption stringNodeParsingOption =
    new StringNodeParsingOption();

  private boolean shouldDecodeNodes = false;

  public void setNodeDecoding(boolean shouldDecodeNodes) {
    this.shouldDecodeNodes = shouldDecodeNodes;
  }

  public boolean shouldDecodeNodes() {
    return shouldDecodeNodes;
  }

  public StringNodeParsingOption getStringNodeParsingOption() {
    return stringNodeParsingOption;
  }

  public void setStringNodeParsingOption(StringNodeParsingOption option) {
    stringNodeParsingOption = option;
  }
```

Parser 客户代码现在可以通过实例化和配置 StringNodeParsingOption 实例,并将其传递给解析器,打开 StringNode 解码选项了:

```
class DecodingNodeTest...
  public void testDecodeAmpersand() {
    ...
    StringNodeParsingOption decodeNodes =
      new StringNodeParsingOption();
    decodeNodes.setDecodeStringNodes(true);
    parser.setStringNodeParsingOption(decodeNodes);
    parser.setNodeDecoding(true);
    ...
  }
```

StringParser 现在可以通过新的类获得 StringNode 解码选项的状态:

```
public class StringParser...
  ...
  public Node find(...) {
    NodeFactory nodeFactory = new NodeFactory();
    return nodeFactory.createStringNode(
      textBuffer,
      textBegin,
      textEnd,
      parser.getStringNodeParsingOption().shouldDecodeStringNodes()
    );
  }
```

(b) 现在应用将类内联化[F]重构将 NodeFactory 与 StringNodeParsingOption 合并。这将使 StringParser 发生如下变化：

```
public class StringParser...
  public Node find(...) {
    ...
    return parser.getStringNodeParsingOption().createStringNode(
      textBuffer, textBegin, textEnd,
      parser.getStringNodeParsingOption().shouldDecodeStringNodes()
    );
  }
```

并使 StringNodeParsingOption 发生如下变化：

```
public class StringNodeParsingOption...
  private boolean decodeStringNodes;
  public Node createStringNode(
    StringBuffer textBuffer, int textBegin, int textEnd, boolean shouldDecode) {
    if (decodeStringNodes)
    return new DecodingStringNode(
      new StringNode(textBuffer, textBegin, textEnd));
    return new StringNode(textBuffer, textBegin, textEnd);
  }
}
```

(c) 最后的步骤是将类 StringNodeParsingOption 改名为 NodeFactory，并类似地对 Parser 中的 NodeFactory 字段、获取方法和设置方法改名：

```
public class StringNodeParsingOption NodeFactory...

public class Parser...
  private NodeFactory nodeFactory = new NodeFactory();

  public NodeFactory getNodeFactory() {
    return nodeFactory;
  }

  public void setNodeFactory(NodeFactory nodeFactory) {
    this.nodeFactory = nodeFactory;
  }
```

这样就完成了。NodeFactory 将处理与 StringNode 对象实例化和配置相关的工作，从而帮助驯服了创建蔓延这一难题。

6.3 用 Factory 封装类

直接实例化处在同一包结构中、实现同一接口的多个类。

把类的构造函数声明为非公共的，并通过 Factory 来创建它们的实例。

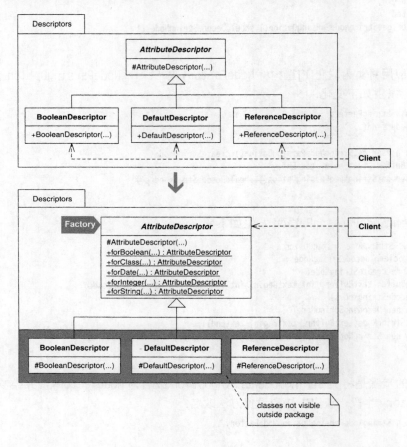

80

6.3.1 动机

只要客户代码需要确切知道一些类的存在，直接实例化这些类的能力对它来说就是有用的。但是，如果客户代码不需要这样的知识呢？如果这些类都处在同一个包结构中、都实现同一个接口，而且它们不太会发生改变呢？在这种情况下，通过一个 Factory 就可以把这些处在同一包结构中的类与包结构之外的客户代码隔离起来，只需要赋予这个 Factory 创建和返回实现了同一结构的类的实例的能力即可。

这样做有很多的好处。首先，通过确保客户代码使用类的通用接口与类交互，它提供了一种严格执行"面向接口编程，而不是面向实现"（program to an interface, not an implementation）[DP]

这一格言的方法。其次，通过隐藏那些不需要被包结构外部公共可见的类，它减少了一个包结构的"概念重量"（conceptual weight）[Bloch]。再次，通过 Factory 类中意图导向的 Creation Method，它简化了不同种类实例的创建。

这个重构的一个主要问题涉及一个依赖循环：无论何时，只要创建了一个新的子类或者为一个子类添加/修改了构造函数，都必须在 Factory 中添加一个新的 Creation Method。如果这种情况并不经常发生，这还不算是个问题。但如果这种情况的确经常出现，可能就会希望避免这种重构或者干脆不使用 Factory 而让客户代码直接去创建它们想要的子类。你也可能会考虑一种折中的办法，为最常使用的子类创建 Factory，同时并不完全封装所有的子类，这样客户代码就可以自己创建它们需要的类。

那些把代码发布成二进制代码而不是源代码的程序员可能也会希望避免这种重构，因为二进制代码不运行客户修改已封装的类或者 Factory 的 Creation Method。

这一重构会产生既是 Factory 又是实现类的类（例如，同时实现了 Creation Method 和非 Creation Method 的类）。有些人认为这种混合是可以接受的，有些人则不然。如果发现这样的混合类模糊了类自身的主要职责，请考虑使用提炼 Factory（6.1 节）重构。

本小节最开始给出的简图展示了一段实现对象与关系型数据库映射的代码。在应用本重构之前，程序员（包括我自己）有时候会实例化错误的子类，或实例化了正确的子类却使用了不正确的参数（例如，调用了参数为 Java 基本类型 int 的构造函数，而真正应该调用的是参数为 Java 类 Integer 的构造函数）。通过对子类知识的封装，并为创建各种命名良好的子类的实例提供了统一的接口，本重构减少了可能出错的机会。

优点与缺点
+ 通过意图导向的 Creation Method 简化了不同种类实例的创建。
+ 通过隐藏不需要公开的类减少了包结构的"概念重量"[Bloch]。
+ 帮助严格执行"面向接口编程，而不是面向实现"这一格言。
− 当需要创建新种类的实例时，必须新建/更新 Creation Method。
− 当客户只能获得 Factory 的二进制代码而无法获得源代码时，对 Factory 的制定将受到限制。

6.3.2 做法

总体来说，如果类共享一个通用的公共接口、共享相同的超类，并且处在同一个包结构中，那么将会需要应用这一重构。

(1) 找到调用类的构造函数来创建实例的一段客户代码。对构造函数调用应用提炼函数[F]重构，生成一个公共、静态的方法。这个新方法就是一个 Creation Method。然后应用搬移函数[F]

将 Creation Method 搬移到包含所选构造函数的类的超类中。

　✔　编译并测试通过。

(2) 找出调用所选构造函数来创建相同实例的所有代码，将它们更新为调用 Creation Method。

　✔　编译并测试通过。

(3) 对可能使用类的构造函数创建的所有类型的实例重复步骤(1)和步骤(2)。

(4) 把类的构造函数声明为非公共。

　✔　编译。

(5) 对所有需要封装的类重复步骤(1)~步骤(4)。

6.3.3　示例

下面的示例基于一段实现对象–关系数据库映射的代码，它用来从关系型数据库中读取对象，以及把对象写入关系型数据库。

(1) 我们先从名为 descriptors 的包中的一个很小的类层次开始。这些类帮助我们把数据库中的属性映射到对象的实例变量中：

```
package descriptors;

public abstract class AttributeDescriptor...
    protected AttributeDescriptor(...)

public class BooleanDescriptor extends AttributeDescriptor...
    public BooleanDescriptor(...) {
        super(...);
    }

public class DefaultDescriptor extends AttributeDescriptor...
    public DefaultDescriptor(...) {
        super(...);

    }

public class ReferenceDescriptor extends AttributeDescriptor...
    public ReferenceDescriptor(...) {
        super(...);
    }
```

抽象类 AttributeDescriptor 的构造函数是受保护的，其 3 个子类的构造函数是公共的。我们只在代码中展示了 AttributeDescriptor 类的 3 个子类，实际代码中子类的数量大概有 10 个。

我们把重点放在 DefaultDescriptor 子类上。首先，要搞清楚 DefaultDescriptor 类的构造函数能创建什么样的实例。为了确定这一点，让我们来看看一些客户代码：

```
protected List createAttributeDescriptors() {
    List result = new ArrayList();
    result.add(new DefaultDescriptor("remoteId", getClass(), Integer.TYPE));
    result.add(new DefaultDescriptor("createdDate", getClass(), Date.class));
    result.add(new DefaultDescriptor("lastChangedDate", getClass(), Date.class));
    result.add(new ReferenceDescriptor("createdBy", getClass(), User.class,
        RemoteUser.class));
    result.add(new ReferenceDescriptor("lastChangedBy", getClass(), User.class,
        RemoteUser.class));
    result.add(new DefaultDescriptor("optimisticLockVersion", getClass(), Integer.TYPE));
    return result;
}
```

可以看出 DefaultDescriptor 类被用来表示对 Integer 和 Date 类型的映射。虽然它也可能负责创建其他类型的实例,但我们最好一次只考虑一种实例。我们先编写用来创建映射到 Integer 类型的属性描述符的 Creation Method。先应用提炼函数[F]重构来产生一个称为 forInteger(...) 的公共的、静态的 Creation Method。

```
protected List createAttributeDescriptors()...
    List result = new ArrayList();
    result.add(forInteger("remoteId", getClass(), Integer.TYPE));
    ...

public static DefaultDescriptor forInteger(...) {
    return new DefaultDescriptor(...);
}
```

因为 forInteger(...) 永远都创建映射 Integer 的 AttributeDescriptor 类的对象, 所以不需要传入 Integer.TYPE 参数:

```
protected List createAttributeDescriptors()...
    List result = new ArrayList();
    result.add(forInteger("remoteId", getClass(), Integer.TYPE));
    ...

public static DefaultDescriptor forInteger(...) {
    return new DefaultDescriptor(..., Integer.TYPE);
}
```

把 forInteger(...) 的返回值从 DefaultDescriptor 类型修改为 AttributeDescriptor 类型,因为我们希望客户代码可以通过 AttributeDescriptor 的接口与所有 AttributeDescriptor 的子类交互。

```
public static AttributeDescriptor DefaultDescriptor forInteger(...)...
```

通过应用搬移函数[F]将 forInteger(...) 移入类 AttributeDescriptor 中:

```
public abstract class AttributeDescriptor {
    public static AttributeDescriptor forInteger(...) {
        return new DefaultDescriptor(...);
    }
}
```

现在, 客户代码看起来是这样的:

```
protected List createAttributeDescriptors()...
    List result = new ArrayList();
    result.add(AttributeDescriptor.forInteger(...));
    ...
```

编译并测试通过，以保证一切工作正常。

(2) 接着，找出所有其他调用 DefaultDescriptor 类构造函数创建映射到 Integer 的 Attri-buteDescriptor 对象的代码，并把它们更新为对新编写的 Creation Method 的调用：

```
protected List createAttributeDescriptors() {
    List result = new ArrayList();
    result.add(AttributeDescriptor.forInteger("remoteId", getClass()));
    ...
    result.add(AttributeDescriptor.forInteger("optimisticLockVersion", getClass()));
    return result;
}
```

编译并测试通过。一切运行正常。

(3) 现在，重复步骤(1)和步骤(2)，对 DefaultDescriptor 类构造函数能创建的其他类型的实例编写 Creation Method。

```
public abstract class AttributeDescriptor {
    public static AttributeDescriptor forInteger(...) {
        return new DefaultDescriptor(...);
    }

    public static AttributeDescriptor forDate(...) {
        return new DefaultDescriptor(...);
    }

    public static AttributeDescriptor forString(...) {
        return new DefaultDescriptor(...);
    }
}
```

(4) 现在，我们把 DefaultDescriptor 类的构造函数声明为 protected：

```
public class DefaultDescriptor extends AttributeDescriptor {
    protected DefaultDescriptor(...) {
        super(...);
    }
}
```

编译，一切都按计划进行。

(5) 对 AttributeDescriptor 类的其他子类重复应用步骤(1)~步骤(4)。这些都做好之后，新代码：

- 通过超类 AttributeDescriptor 访问其子类；
- 确保客户代码通过 AttributeDescriptor 类的接口获得其子类的对象；
- 防止客户代码直接实例化 AttributeDescriptor 类的子类；
- 告诉其他程序员 AttributeDescriptor 类的子类并不打算公开。客户代码通过统一接口与子类的实例交互。

6.3.4　变体

封装内部类（Encapsulating Inner Classes）

Java 的 `java.util.Collections` 类包含了一个很值得注意的实例，展示了用 Creation Method 封装类是怎么一回事。该类的作者，Joshua Bloch，需要提供给程序员一种使 collection、list、set 和 map 不可修改或同步的方法。他选择 Proxy[DP]模式的保护形式来实现这一行为。然而，他并没有创建公共的 `java.util` 的代理类并寄期望于程序员自己来保护它们自己的 collection；而是把 `Collections` 类的代理定义为了非公共的内部类，并为 `Collections` 类编写了一系列的 Creation Method，程序员可以使用这些 Creation Method 来获取他们需要的代理。后面的简图展示了 `Collections` 类中定义的几个内部类和 Creation Method。

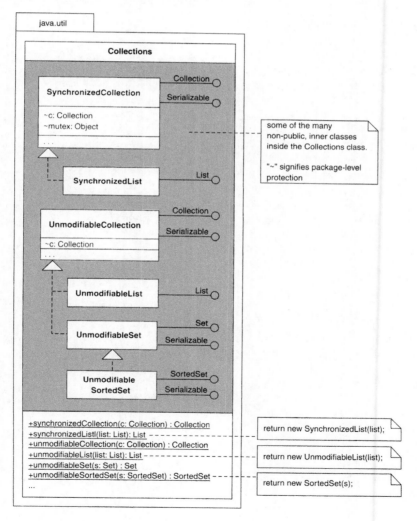

需要注意的是，java.util.Collections 类甚至包含了一个小的内部类层次，层次中的所有类都是非公共的。每个内部类都有一个相关的方法来接收一个 collection，保护它，并使用一个通用定义的接口类型（比如 List 或 Set）返回被保护的实例。这一解决方案在提供了必需功能的同时，减少了程序员需要了解的类的数量。另外，java.util.Collections 类也是 Factory 的一个实例。

6.4 用 Factory Method 引入多态创建

一个层次中的类都相似地实现一个方法，只是对象创建的步骤不同。

创建调用 Factory Method 来处理实例化的方法的唯一超类版本。

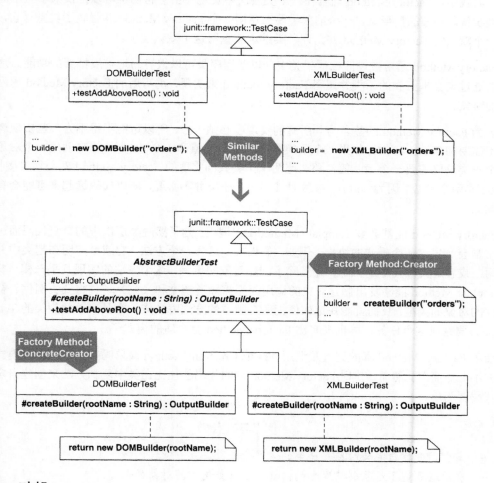

6.4.1 动机

为了形成一个 Creation Method（请参见 6.1 节），类必须实现一个静态或非静态的方法来初始化并返回一个对象。另一方面，如果想形成一个 Factory Method[DP]模式，需要如下事物。

❑ 用来标识 Factory Method 实现者可能实例化并返回的类集合的类型（由接口、抽象类或类定义）。

❑ 实现这一类型的类集合。

❑ 实现 Factory Method 的类，它们在本地决定实例化、初始化并返回哪些类。

虽然这看上去是很离谱的要求，但是 Factory Method 是面向对象编程中最常用的模式，因为它们提供了多态创建对象的方法。

在实践中，Factory Method 通常在一个类层次中实现，虽然它们也可以由仅共享一个通用接口的类实现。通常的情形是，一个抽象类要么声明一个 Factory Method 并强制子类重写它，要么实现一个默认的 Factory Method 并允许子类继承或重写这个默认实现。

Factory Method 通常被设计在框架类中，以便程序员可以很容易地扩展框架的功能。这种扩展一般通过定义框架类的子类并重写 Factory Method 来实现，重写后的 Factory Method 返回一个特定的对象。

因为 Factory Method 的签名与其所有的实现者必须一致，所以可能不得不为一些实现者传入其并不需要的参数。例如，如果一个子类需要一个 int 值和一个 double 值来创建一个对象，而另一个子类仅仅需要一个 int 值，那么这两个子类共同实现的 Factory Method 就必须要接收 int 和 double 两个参数。因为 double 参数对其中一个子类并不必要，所以代码读起来可能会有点儿让人糊涂。

Factory Method 经常会被 Template Method[DP]调用。为了摆脱类层次中的重复代码而进行的重构常常会产生这两个模式的协作。例如，假设找到这样一个方法，它或者声明在超类中并被子类重写，或者定义在几个子类中，并且除了创建对象的步骤，这个方法的实现几乎一模一样。倘若 Template Method 能够发出创建对象的调用而无需知道超类和（或）子类将要实例化、初始化和返回的对象的类型，我们就能知道如何把所有版本的方法替换成一个具有单独超类的 Template Method。要完成这个任务，再也没有比 Factory Method 更合适的模式了。

使用 Factory Method 真的比直接调用 new 或 Creation Method 简单吗？当然，这个模式实现起来并不会更简单。然而，使用 Factory Method 后的代码往往比在类中复制方法来创建自定义对象的代码要简单。

优点与缺点
＋ 减少因创建自定义对象而产生的重复代码。
＋ 有效地表达了对象创建发生的位置，以及如何重写对象的创建。
＋ 强制 Factory Method 使用的类必须实现统一的类型。
－ 可能会向 Factory Method 的一些实现者传递不必要的参数。

6.4.2 做法

该重构主要用在如下两种情况下：

❑ 当兄弟子类实现了除对象创建步骤外都很相似的方法时；

❑ 当超类和子类实现了除对象创建步骤外都很相似的方法时。

本小节中给出的做法用来处理兄弟子类的情况，可以很容易地把它调整为处理超类和子类的情况。为了描述简单起见，这里我们把类层次中除了对象创建步骤外都很相似的方法称为相似方法。

(1) 在包含相似方法的子类中修改这一方法，以便通过调用实例化方法来完成自定义对象的创建。通常情况下，在创建代码上应用提炼函数[F]重构或把创建代码改为对已经存在的实例化方法的调用可以完成这一步。

为实例化方法起一个通用的名字（如，createBuilder，newProduct），因为这个名字会被兄弟子类的相似方法使用。确保实例化方法的返回值类型是兄弟子类中相似方法创建的对象的通用类型。

✔ 编译并通过测试。

(2) 对所有兄弟子类中的相似方法重复步骤(1)。这会在每个兄弟子类中都生成一个实例化方法，而且这些实例化方法的签名应该是一致的。

✔ 编译并通过测试。

(3) 接着，修改兄弟子类的超类。如果不能修改这个超类或者不希望修改它，应用提炼超类[F]重构来产生一个继承兄弟子类原超类的新超类，并使兄弟子类继承这个新超类。

兄弟子类的超类的作为参与者的名字是 Factory Method：Creator[DP]。

✔ 编译并通过测试。

(4) 在相似方法上应用形成 Template Method[F]重构。这将会引出对函数上移[F]重构的应用。应用这一重构时，请考虑下面的建议，它出自函数上移[F]重构的做法中的注解：

如果你在使用强类型语言，并且打算上移的方法调用了另一个子类中包含但超类中不包含的方法，请为超类声明一个抽象方法。[F, 323]

实例化方法就是这种需要声明在超类中抽象方法中的一个。现在，实现这一抽象方法的每个子类就都成了 Factory Method：ConcreteCreator[DP]。

✔ 编译并通过测试。

(5) 如果兄弟子类中存在其他的、能够从调用之前产生的工厂方法中获益的相似方法，重复步骤(1)~步骤(4)。

(6) 如果大多数 ConcreteCreator 中的工厂方法都包含相同的实例化代码，上移这些代码，把超类中声明的抽象方法改成具体的工厂方法，并使它执行默认（即大多数情况）的实例化行为。

✔ 编译并通过测试。

6.4.3 示例

在一个项目中,我曾经用测试驱动开发的方法编写过一个 XMLBuilder——一个能帮助客户很容易地生成 XML 的 Builder[DP]。后来,我发现还需要创建一个 DOMBuilder,一个与 XMLBuilder 相似的类,只是内部通过创建 DOM(文档对象模型)生成 XML 并允许客户访问这个 DOM。

为了创建这个 DOMBuilder,我使用了创建 XMLBuilder 时编写的测试类。只需要对每个测试类做一个修改:用 DOMBuilder 的实例替换 XMLBuilder:

```
public class DOMBuilderTest extends TestCase...
  private OutputBuilder builder;
  public void testAddAboveRoot() {
  String invalidResult =
  "<orders>" +
    "<order>" +
    "</order>" +
  "</orders>" +
  "<customer>" +
  "</customer>";
  builder = new DOMBuilder("orders");  // used to be new XMLBuilder("orders")
  builder.addBelow("order");
  try {
    builder.addAbove("customer");
    fail("expecting java.lang.RuntimeException");
  } catch (RuntimeException ignored) {}
}
```

DOMBuilder 的一个关键的设计目标是使它与 XMLBuilder 共享同一个类型:OutputBuilder,如下图所示:

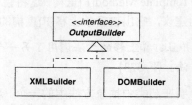

写好 DOMBuilder 后,在 XMLBuilderTest 类和 DOMBuilderTest 类中有 9 个方法是基本一样的。此外,DOMBuilderTest 类还有它自己的测试方法,用来测试对 DOM 的访问和 DOM 的内容。测试代码的重复令我很不舒服,因为一旦修改了 XMLBuilderTest 类,哪怕只修改一点点,我都要在相关的 DOMBuilderTest 类中做同样的修改。看来是重构到 Factory Method 的时候了。下面是我如何进行这一重构的。

(1) 首先找到的相似方法是测试方法,testAddAboveRoot()。我把它的实例化逻辑提取到一个单独的实例化方法中,如下:

```
public class DOMBuilderTest extends TestCase...
  private OutputBuilder createBuilder(String rootName) {
    return new DOMBuilder(rootName);
  }

  public void testAddAboveRoot() {
    String invalidResult =
    "<orders>" +
      "<order>" +
      "</order>" +
    "</orders>" +
    "<customer>" +
    "</customer>";
    builder = createBuilder("orders");
    builder.addBelow("order");
    try {
      builder.addAbove("customer");
      fail("expecting java.lang.RuntimeException");
    } catch (RuntimeException ignored) {}
  }
```

注意，新编写的 createBuilder(...) 方法的返回值的类型是 OutputBuilder。使用这一类型的原因是，兄弟子类，XMLBuilderTest，也需要定义自己的 createBuilder(...) 方法（见步骤 2）。我希望两个类中的实例化方法具有相同的签名。

编译并通过测试，以确保一切运行正常。

(2) 现在，对所有其他的兄弟子类重复步骤(1)，在这里仅仅是 XMLBuilderTest：

```
public class XMLBuilderTest extends TestCase...
  private OutputBuilder createBuilder(String rootName) {
    return new XMLBuilder(rootName);
  }

  public void testAddAboveRoot() {
    String invalidResult =
    "<orders>" +
      "<order>" +
      "</order>" +
    "</orders>" +
    "<customer>" +
    "</customer>";
    builder = createBuilder("orders");
    builder.addBelow("order");
    try {
      builder.addAbove("customer");
      fail("expecting java.lang.RuntimeException");
    } catch (RuntimeException ignored) {}
  }
```

编译并通过测试，确保测试仍然有效。

(3) 现在，修改测试类的超类。但是这个超类是 TestCase 啊！它是 JUnit 框架的一部分啊！

93

我可不想修改这样的超类，因此，我应用提炼超类[F]重构来生成 AbstractBuilderTest 类，我的测试类的新超类：

```
public class AbstractBuilderTest extends TestCase {
}

public class XMLBuilderTest extends AbstractBuilderTest...

public class DOMBuilderTest extends AbstractBuilderTest...
```

(4) 现在，应用形成 Template Method（8.1 节）重构。因为相似方法现在在 XMLBuilderTest 类和 DOMBuilderTest 类中变得相同了，形成模板方法重构的做法告诉我要在 testAddAboveRoot() 应用函数上移[F]重构。根据那些做法，我应该先在 builder 字段上应用上移字段[F]重构：

```
public class AbstractBuilderTest extends TestCase {
  protected OutputBuilder builder;
}

public class XMLBuilderTest extends AbstractBuilderTest...
  private OutputBuilder builder;

public class DOMBuilderTest extends AbstractBuilderTest...
  private OutputBuilder builder;
```

继续对 testAddAboveRoot() 应用函数上移[F]重构，必须在超类中声明一个抽象方法，代表 testAddAboveRoot() 中调用的并在 XMLBuilderTest 类和 DOMBuilderTest 类中都存在的方法。方法 createBuilder(...) 就是这样一个方法，因此我为它上移了一个抽象方法：

```
public abstract class AbstractBuilderTest extends TestCase {
  protected OutputBuilder builder;

  protected abstract OutputBuilder createBuilder(String rootName);
}
```

现在，就可以把 testAddAboveRoot() 上移到 AbstractBuilderTest 类中：

```
public abstract class AbstractBuilderTest extends TestCase...
  public void testAddAboveRoot() {
    String invalidResult =
    "<orders>" +
      "<order>" +
      "</order>" +
    "</orders>" +
    "<customer>" +
    "</customer>";
    builder = createBuilder("orders");
    builder.addBelow("order");
    try {
      builder.addAbove("customer");
      fail("expecting java.lang.RuntimeException");
    } catch (RuntimeException ignored) {}
  }
```

上面的步骤从 XMLBuilderTest 类和 DOMBuilderTest 类中除去了 testAddAboveRoot()。现在，createBuilder(...)方法在 AbstractBuilderTest 类中被声明为抽象方法，并由 XMLBuilderTest 类和 DOMBuilderTest 类分别实现，就形成了 **Factory Method[DP]** 模式。

同样，编译并通过测试。

(5) 如果 XMLBuilderTest 类和 DOMBuilderTest 类中还存在其他的相似方法，就对每个相似方法重复步骤(1)~步骤(4)。

(6) 现在，考虑在 AbstractBuilderTest 类中创建 createBuilder(...)方法的默认实现。只有这么做会减少在多个子类中 createBuilder(...)方法实现的重复代码时，才应该这么做。这里，我并不需要这个默认实现，因为 XMLBuilderTest 类和 DOMBuilderTest 类分别实例化它们自己的 OutputBuilder 类型。这样以来，重构就完成了。

95

6

6.5　用 Builder 封装 Composite

构造 Composite 是重复的、复杂的且容易出错的工作。

通过使用 Builder 处理构造细节来简化构造过程。

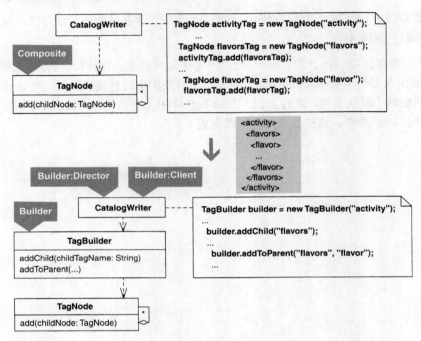

6.5.1　动机

Builder[DP]模式代表客户代码执行繁重的、复杂的构造步骤。重构到 Builder 的一个常见目的就是简化创建复杂对象的客户代码。一旦在 Builder 中实现了创建过程中的困难的或冗长乏味的部分，客户代码就可以指挥 Builder 的创建工作，而无需了解创建是如何完成的。

Builder 经常用来封装 Composite[DP]，因为 Composite 的构造通常都是重复的、复杂的、容易出错的。例如，为了给双亲结点添加一个子结点，客户代码进行如下操作：

- ❏ 实例化一个新结点；
- ❏ 初始化这个新结点；
- ❏ 把新节点添加到正确的双亲结点上。

这个过程是很容易出错的，因为可能会忘记为双亲结点添加新的子结点或者把子结点添加到了错误的双亲结点上。这个过程是重复的，因为它一次次都在重复同样的构造步骤。这就很值得我们重构到任何可以减少错误或简化创建步骤的 Builder。

另一个用 Builder 封装 Composite 的目的是对客户代码和 Composite 代码解耦合。例如，在如下展示的代码中，注意 DOM 的一个 Composite（orderTag）的创建是如何与 DOM 的 Document、DocumentImpl、Element、Text 等接口和类紧耦合的。

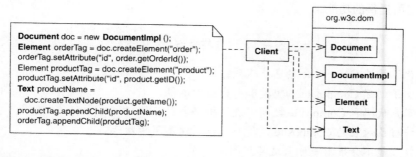

如此的紧耦合使得对 Composite 实现的修改变得十分困难。在一个项目中，我们需要升级系统来使用新版本的 DOM，新版本碰巧与我们原先使用的 DOM 1.0 版本有一些不同。这次升级非常痛苦，因为它涉及修改很多行遍布整个系统的 Composite 构造代码。作为升级的一部分，我们使用一个 DOMBuilder 封装了新的 DOM 代码，如下图所示：

97

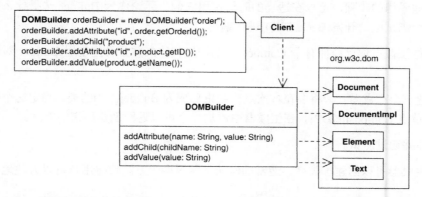

DOMBuilder 的所有方法都接受字符串类型的参数并返回 void。其接口中并没有出现 DOM 类型的接口或类，但是，DOMBuilder 在运行时在内部动态地组装 DOM 对象。使用 DOMBuilder 的客户代码与 DOM 代码是松耦合的。这很优雅，因为当 DOM 发行新的版本或者决定使用 JDOM 或自己的 TagNode 对象时，我们可以很容易地编写与 DOMBuilder 接口相同的新的 Builder。拥有一个通用的 Builder 接口也使得我们可以配置系统，在给定的上下文中使用其需要的 Builder 实现。

《设计模式》一书的作者描述了 Builder 模式的意图："将一个复杂对象的构建与它的表示分离，使得同样的构建过程可以创建不同的表示。" [DP, 97]

创建一个复杂对象的不同表示是一项很有用的功能，但它绝不是 Builder 能够提供的唯一功能。像之前提到的那样，简化构造过程或把客户代码与复杂对象解耦合同样是使用 Builder 的很好的理由。

Builder 的接口应该很清楚地展现它的意图，使得人们在看过之后马上就能明白它的功能。在实践中，Builder 的接口，或一部分接口，可能并不会那么清楚，因为 Builder 在幕后做了很多工作来简化构造的过程。这意味着也许需要阅读一下 Builder 实现的代码、测试代码或文档才能全面的了解它所提供的功能。

98

优点与缺点
+ 简化了构造 Composite 的客户代码。
+ 减少了创建 Composite 的重复和易出错的本性。
+ 在客户代码和 Composite 之间实现了松耦合。
+ 允许对已封装的 Composite 或复杂对象创建不同的表示。
− 接口可能不会很清楚地表达其意图。

6.5.2 做法

编写一个构造 Composite 的 Builder 的办法有很多，因此这个重构的做法不是唯一的。相反，我将列举一些通用的步骤，可以在适当的时候使用它们。无论你为 Builder 选择什么样的设计，我都建议使用测试驱动开发[Beck, TDD]进行编码。

以下的做法假设你已经拥有了 Composite 的构造代码，并且希望使用 Builder 对这些代码进行封装。

(1) 创建一个生成器，即将要在本次重构结束后成为 Builder[DP]的类。确定这个生成器可以创建出一个单点 Composite[DP]。在生成器中添加一个可以返回创建结果的方法。

✓ 编译并通过测试。

(2) 使生成器可以创建子类型。通常的做法是编写多个方法使得用户可以方便地创建和布置子类型。

✓ 编译并通过测试。

(3) 如果需要被替换的 Composite 构造代码可以设置结点的属性或值，确定生成器也可以设置这些属性或值。

✓ 编译并通过测试。

99

(4) 思考对客户代码来说，生成器是否足够简单，并使其变得更简单。

(5) 把 Composite 构造代码重构为使用新的生成器。这使得客户代码变成了《设计模式》中所描述的"Builder：Client"和"Builder：Director"关系。

✓ 编译并通过测试。

6.5.3 示例

本示例要使用 Builder 来封装的 Composite 为 TagNode。该类在用 Composite 替换隐含树（7.5 节）重构中使用。TagNode 使 XML 的创建变得简单明了。TagNode 同时扮演着 Composite 中的 3 个角色，因为它是一个 Component，在运行时既可以是一个 Leaf 也可以是一个 Composite，如下图所示：

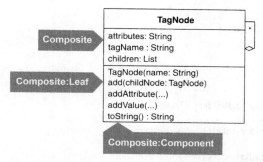

TagNode 的 toString()方法输出它所包含的所有 TagNode 对象的 XML 表示。我们将要用 TagBuilder 来封装 TagNode,给客户代码提供一种重复性少的、不容易出错的方法来创建 TagNode 对象的 Composite。

(1) 首先，创建一个能够正确构造单一结点的生成器。当前情况下，我们希望创建一个 TagBuilder 来产生只包含一个 TagNode 的树的正确 XML 表示。开始时，我们先编写一个失败的测试，它使用我之前编写好的用来比较 XML 代码段的方法 assertXmlEquals。

```
public class TagBuilderTest...
  public void testBuildOneNode() {
    String expectedXml =
      "<flavors/>";
    String actualXml = new TagBuilder("flavors").toXml();
    assertXmlEquals(expectedXml, actualXml);
  }
```

100

想要通过这个测试是很容易的，我们编写如下代码：

```
public class TagBuilder {
  private TagNode rootNode;

  public TagBuilder(String rootTagName) {
    rootNode = new TagNode(rootTagName);
  }

  public String toXml() {
    return rootNode.toString();
  }
}
```

这段新代码使得程序能够通过编译和测试。

(2) 现在，我们来让 TagBuilder 能够处理子结点。我们希望可以处理多种情况，每种情况都需要我们为之编写一个不同的 TagBuilder 方法。

先来处理向根结点添加子结点的情况。因为希望 TagBuilder 既可以创建子结点又可以把它布置到已封装的 Composite 中的正确位置上，我们决定为它编写专门的方法，addChild()。下面的测试使用了这个方法：

```
public class TagBuilderTest...
  public void testBuildOneChild() {
    String expectedXml =
      "<flavors>"+
        "<flavor/>" +
      "</flavors>";

    TagBuilder builder = new TagBuilder("flavors");
    builder.addChild("flavor");
    String actualXml = builder.toXml();

    assertXmlEquals(expectedXml, actualXml);
  }
```

我们对代码做出如下改动，并通过测试。

```
public class TagBuilder {
  private TagNode rootNode;
  private TagNode currentNode;

  public TagBuilder(String rootTagName) {
    rootNode = new TagNode(rootTagName);
    currentNode = rootNode;
  }

  public void addChild(String childTagName) {
    TagNode parentNode = currentNode;
    currentNode = new TagNode(childTagName);
    parentNode.add(currentNode);
  }

  public String toXml() {
    return rootNode.toString();
  }
}
```

这太简单了。为了全面测试新代码的工作情况，编写一个难一些的测试来看看是否能够通过：

```
public class TagBuilderTest...
  public void testBuildChildrenOfChildren() {
    String expectedXml =
      "<flavors>"+
        "<flavor>" +
          "<requirements>" +
            "<requirement/>" +
          "</requirements>" +
```

```
       "</flavor>" +
     "</flavors>";

    TagBuilder builder = new TagBuilder("flavors");
    builder.addChild("flavor");
      builder.addChild("requirements");
        builder.addChild("requirement");
    String actualXml = builder.toXml();

    assertXmlEquals(expectedXml, actualXml);
  }
```

测试也通过了。现在是处理添加兄弟结点的时候了。同样的，编写一个失败的测试：

```
public class TagBuilderTest...
  public void testBuildSibling() {
    String expectedXml =
      "<flavors>"+
        "<flavor1/>" +
        "<flavor2/>" +
      "</flavors>";

    TagBuilder builder = new TagBuilder("flavors");
    builder.addChild("flavor1");
    builder.addSibling("flavor2");
    String actualXml = builder.toXml();

    assertXmlEquals(expectedXml, actualXml);
  }
```

为一个子结点添加兄弟结点意味着 TagBuilder 需要知道这个子结点和新加的兄弟结点的共同双亲结点。现在还没有办法能够知道这一点，因为每个 TagNode 实例并不存储到它的双亲结点的引用。因此，我们编写下面的失败测试来驱动对这一需求的创建：

```
public class TagNodeTest...
  public void testParents() {
    TagNode root = new TagNode("root");
    assertNull(root.getParent());

    TagNode childNode = new TagNode("child");
    root.add(childNode);
    assertEquals(root, childNode.getParent());
    assertEquals("root", childNode.getParent().getName());
  }
```

为了通过测试，在 TagNode 中添加如下代码：

```
public class TagNode...
  private TagNode parent;

  public void add(TagNode childNode) {
    childNode.setParent(this);
    children().add(childNode);
```

```
    }

    private void setParent(TagNode parent) {
      this.parent = parent;
    }

    public TagNode getParent() {
      return parent;
    }
```

随着新功能的编写完成，我们就可以重新关注在编写能够通过之前列出的 testBuild-Sibling()测试的代码。以下是我们编写的新代码：

```
public class TagBuilder...
    public void addChild(String childTagName) {
      addTo(currentNode, childTagName);
    }

    public void addSibling(String siblingTagName) {
      addTo(currentNode.getParent(), siblingTagName);
    }

    private void addTo(TagNode parentNode, String tagName) {
      currentNode = new TagNode(tagName);
      parentNode.add(currentNode);
    }
```

同样的，代码通过了编译和测试。我们还编写了额外的测试来确保添加兄弟子结点的行为在各种情况下都能正确运行。

现在，我们来处理最后一个情况：addChild()和 addSibling()都不适合，因为子结点必须被添加在一个指定的双亲结点上。下面的测试指出了这个问题：

```
public class TagBuilderTest...
    public void testRepeatingChildrenAndGrandchildren() {
      String expectedXml =
        "<flavors>"+
        "<flavor>" +
          "<requirements>" +
            "<requirement/>" +
          "</requirements>" +
        "</flavor>" +
        "<flavor>" +
          "<requirements>" +
            "<requirement/>" +
          "</requirements>" +
        "</flavor>" +
        "</flavors>";

      TagBuilder builder = new TagBuilder("flavors");
      for (int i=0; i<2; i++) {
        builder.addChild("flavor");
```

```
        builder.addChild("requirements");
          builder.addChild("requirement");
    }

    assertXmlEquals(expectedXml, builder.toString());
  }
```

上面的测试不能通过，因为它并没有构造出预期的结果。当循环进入第二次迭代时，对 builder 的 addChild()方法的调用从它上次停止的地方再次运行。这意味着它在最后添加的结点上又添加了新的结点，这就导致了如下的错误结果：

```
<flavors>
 <flavor>
  <requirements>
   <requirement/>
    <flavor>    ← Error: misplaced tags
     <requirements>
      <requirement/>
     </requirements>
    </flavor>
   </requirements>
  </flavor>
<flavors>
```

为了解决这个问题，我们把测试代码修改为对名为 addToParent()方法的调用，这个方法使得用户可以在指定的双亲结点上添加新的结点：

```
public class TagBuilderTest...
  public void testRepeatingChildrenAndGrandchildren()...
    ...
    TagBuilder builder = new TagBuilder("flavors");
    for (int i=0; i<2; i++) {
      builder.addToParent("flavors", "flavor");
        builder.addChild("requirements");
          builder.addChild("requirement");
    }
    assertXmlEquals(expectedXml, builder.toXml());
```

在我们真正实现 addToParent()方法之前，这个测试是不会通过的。addToParent()方法背后的思想是，它会询问 TagBuilder 的 currentNode 它的名字是否与给出的双亲结点的名字（通过参数传入）匹配。如果匹配，该方法就会在 currentNode 上添加一个新的子结点；如果不匹配，该方法就会询问 currentNode 的双亲结点，并重复整个过程直到找到一个匹配或最终得出双亲结点为 null。该行为实际上也是一个设计模式，这个设计模式名字是 Chain of Responsibility[DP]。

为了实现 Chain of Responsibility 模式，在 TagBuilder 中添加如下新代码：

```
public class TagBuilder...
  public void addToParent(String parentTagName, String childTagName) {
    addTo(findParentBy(parentTagName), childTagName);
  }
```

```
    private void addTo(TagNode parentNode, String tagName) {
      currentNode = new TagNode(tagName);
      parentNode.add(currentNode);
    }

    private TagNode findParentBy(String parentName) {
      TagNode parentNode = currentNode;
      while (parentNode != null) {
        if (parentName.equals(parentNode.getName()))
          return parentNode;
        parentNode = parentNode.getParent();
      }
      return null;
    }
```

[105]

现在测试通过了。在继续重构之前，我们希望 addToParent() 可以处理所给双亲结点的名字不存在的情况，因此编写了如下测试：

```
public class TagBuilderTest...
  public void testParentNameNotFound() {
    TagBuilder builder = new TagBuilder("flavors");
    try {
      for (int i=0; i<2; i++) {
        builder.addToParent("favors", "flavor");    ← should be "flavors" not "favors"
        builder.addChild("requirements");
        builder.addChild("requirement");
      }
      fail("should not allow adding to parent that doesn't exist.");
    } catch (RuntimeException runtimeException) {
      String expectedErrorMessage = "missing parent tag: favors";
      assertEquals(expectedErrorMessage, runtimeException.getMessage());
    }
  }
```

我们对 TagBuilder 做了如下修改，并通过测试。

```
public class TagBuilder...
  public void addToParent(String parentTagName, String childTagName) {
    TagNode parentNode = findParentBy(parentTagName);
    if (parentNode == null)
      throw new RuntimeException("missing parent tag: " + parentTagName);
    addTo(parentNode, childTagName);
  }
```

(3) 现在，为 TagBuilder 添加设置结点属性和值的功能。这是很容易的，因为被封装 TagNode 已经处理了这些属性和值。下面的测试检查了属性和值是否被正确处理：

```
public class TagBuilderTest...
  public void testAttributesAndValues() {
    String expectedXml =
      "<flavor name='Test-Driven Development'>" +    ← tag with attribute
        "<requirements>" +
          "<requirement type='hardware'>" +
```

```
            "1 computer for every 2 participants" +   ← tag with value
           "</requirement>" +
         "<requirement type='software'>" +
             "IDE" +
         "</requirement>" +
       "</requirements>" +
     "</flavor>";
   TagBuilder builder = new TagBuilder("flavor");
   builder.addAttribute("name", "Test-Driven Development");
     builder.addChild("requirements");
       builder.addToParent("requirements", "requirement");
       builder.addAttribute("type", "hardware");
       builder.addValue("1 computer for every 2 participants");
       builder.addToParent("requirements", "requirement");
       builder.addAttribute("type", "software");
       builder.addValue("IDE");

   assertXmlEquals(expectedXml, builder.toXml());
 }
```

编写如下新方法并通过测试。

```
public class TagBuilder...
   public void addAttribute(String name, String value) {
     currentNode.addAttribute(name, value);
   }

   public void addValue(String value) {
     currentNode.addValue(value);
   }
```

(4) 现在是考虑 TagBuilder 是否足够简单、是否方便客户代码的时候了。还存在产生 XML 的更简单的方法吗？这可不是那种可以马上回答的问题。做一些实验，几小时、几天、甚至几周的思考也许会得到一种更简单的做法。我将在 6.5.4 节讨论一种更简单的实现。但现在，先来继续重构。

(5) 通过使用 TagBuilder 代码替换 Composite 构造代码来结束这个重构。还不知道是否存在简单的方法来完成这一步骤；Composite 构造代码可能会散布在系统的许多地方。幸好，测试代码可以捕捉这一转换过程中出现的错误。下面是称为 CatalogWriter 类中的一个方法，它必须从使用 TagNode 变为使用 TagBuilder：

```
public class CatalogWriter...
   public String catalogXmlFor(Activity activity) {
     TagNode activityTag = new TagNode("activity");
     ...
     TagNode flavorsTag = new TagNode("flavors");
     activityTag.add(flavorsTag);
     for (int i=0; i < activity.getFlavorCount(); i++) {
       TagNode flavorTag = new TagNode("flavor");
     flavorsTag.add(flavorTag);
     Flavor flavor = activity.getFlavor(i);
```

```
...
int requirementsCount = flavor.getRequirements().length;
if (requirementsCount > 0) {
  TagNode requirementsTag = new TagNode("requirements");
  flavorTag.add(requirementsTag);
  for (int r=0; r < requirementsCount; r++) {
    Requirement requirement = flavor.getRequirements()[r];
    TagNode requirementTag = new TagNode("requirement");
    ...
    requirementsTag.add(requirementTag);
  }
}
}
return activityTag.toString();
}
```

这段代码与域对象 Activity、Flavor 和 Requirement 一起工作，如下图所示。

你可能会感到奇怪，仅仅是为了向 XML 中引入 Activity 数据，为什么这段代码创建了 TagNode 对象的一个 Composite？为什么不简单地通过 Activity、Flavor 和 Requirement 的实例用 toXml()方法直接把它们引入到 XML 中？这是个很好的疑问，因为如果域对象已经形成了一个 Composite 结构，就不会形成另一个 Composite 结构，如仅仅为了把域对象引入 XML 的 activityTag，可能是毫无意义的。然而，在上面那种情况下，从域对象中产生 XML 外形是有意义的，因为使用这些域对象的系统必须为它们产生好几个 XML 表示，而且这些表示都各不相同。仅仅使用域对象的 toXml()方法并不能达到理想的效果——该方法的每个实现都不得不包含太多的涉及不同 XML 表示的细节。

把 catalogXmlFor(...)方法转换成使用 TagBuilder 后，代码看起来如下所示：

```
public class CatalogWriter...
  private String catalogXmlFor(Activity activity) {
    TagBuilder builder = new TagBuilder("activity");
    ...
    builder.addChild("flavors");
  for (int i=0; i < activity.getFlavorCount(); i++) {
    builder.addToParent("flavors", "flavor");
    Flavor flavor = activity.getFlavor(i);
    ...
    int requirementsCount = flavor.getRequirements().length;
    if (requirementsCount > 0) {
      builder.addChild("requirements");
      for (int r=0; r < requirementsCount; r++) {
        Requirement requirement = flavor.getRequirements()[r];
        builder.addToParent("requirements", "requirement");
        ...
      }
```

108

```
      }
    }
    return builder.toXml();
  }
```

现在，重构就完成了！TagNode 完全被 TagBuilder 封装起来了。

改进Builder

看过了以上的重构，现在告诉你一个对 TagBuilder 性能的改进方法，因为它展现了 Builder 模式的优雅和简洁。Evant 公司的同事们对我们的系统做了一些分析，他们发现 TagBuilder 封装的 TagNode 所使用的 StringBuffer 会造成性能上的问题。这个 StringBuffer 被用做一个收集参数——它被创建出来，然后被传入到 TagNode 对象组合中的每个结点，以便产生调用 TagNode 的 toXml()方法所返回的结果。想要知道这具体是如果工作的，请参见 10.1 节中的示例。

这个操作中使用的 StringBuffer 在实例化的时候并没有指定特定的长度，这就意味着随着越来越多的 XML 加入到 StringBuffer 中，当它不再能够保存全部信息的时候，就需要自动增长自己的长度。这没什么大不了的，StringBuffer 类本来就是为自动增长而设计的。但是，这就存在一个性能上的问题，因为 StringBuffer 必须透明地增加它的长度并搬移原来的数据。这个性能问题对 Evant 系统来说是不能接受的。

解决方案的要点在于要在实例化 StringBuffer 前知道它需要的确切长度。如何计算这个适当的长度呢？很简单。随着每个结点、属性或值被加入到 TagBuilder 中，可以根据加入内容的长度增加一个缓冲区的长度。最终计算出的缓冲区的长度可以被用来实例化 StringBuffer，这样它就无需增加自己的长度了。

为了实现这一性能改进，我们照例先编写一个失败测试。下面的测试通过调用 TagBuilder 来构造一颗 XML 树，然后获得生成器返回的 XML 字符串的长度，最后用这个长度与计算出来的缓冲区的长度进行比较：

```
public class TagBuilderTest...
  public void testToStringBufferSize() {
    String expected =
    "<requirements>" +
      "<requirement type='software'>" +
        "IDE" +
      "</requirement>" +
    "</requirements>";

    TagBuilder builder = new TagBuilder("requirements");
    builder.addChild("requirement");
    builder.addAttribute("type", "software");
    builder.addValue("IDE");

    int stringSize = builder.toXml().length();
    int computedSize = builder.bufferSize();
    assertEquals("buffer size", stringSize, computedSize);
  }
```

为了通过这个测试和其他类似的测试，我们对 TagBuilder 进行如下修改：

```
public class TagBuilder...
  private int outputBufferSize;
  private static int TAG_CHARS_SIZE = 5;
  private static int ATTRIBUTE_CHARS_SIZE = 4;

  public TagBuilder(String rootTagName) {
    ...
    incrementBufferSizeByTagLength(rootTagName);
  }

  private void addTo(TagNode parentNode, String tagName) {
    ...
    incrementBufferSizeByTagLength(tagName);
  }

  public void addAttribute(String name, String value) {
    ...
    incrementBufferSizeByAttributeLength(name, value);
  }

  public void addValue(String value) {
    ...
    incrementBufferSizeByValueLength(value);
  }

  public int bufferSize() {
    return outputBufferSize;
  }

  private void incrementBufferSizeByAttributeLength(String name, String value) {
    outputBufferSize += (name.length() + value.length() + ATTRIBUTE_CHARS_SIZE);
  }

  private void incrementBufferSizeByTagLength(String tag) {
    int sizeOfOpenAndCloseTags = tag.length() * 2;
    outputBufferSize += (sizeOfOpenAndCloseTags + TAG_CHARS_SIZE);
  }

  private void incrementBufferSizeByValueLength(String value) {
    outputBufferSize += value.length();
  }
```

对 TagBuilder 的这些修改对于用户来说是透明的，因为它封装了新的性能改进逻辑。唯一需要额外修改的是 TagBuilder 的 toXml() 方法，如此它就可以实例化一个长度正确的 StringBuffer 并把它传入累加 XML 内容的根结点 TagNode 中去。为了达到这一效果，我们把 toXml() 方法从：

```
public class TagBuilder...
  public String toXml() {
    return rootNode.toString();
  }
```

修改成:

```
public class TagBuilder...
  public String toXml() {
    StringBuffer xmlResult = new StringBuffer(outputBufferSize);
    rootNode.appendContentsTo(xmlResult);
    return xmlResult.toString();
  }
```

好了。测试通过了,TagBuilder 的运行速度也有了显著的提高。

6.5.4 变体

基于模式的Builder (A Schema-Based Builder)

TagBuilder 包含 3 种用来为 Composite 添加结点的方法:

❏ addChild(String childTagName);

❏ addSibling(String siblingTagName);

❏ addToParent(String parentTagName, String childTagName).

每种方法都涉及在一个已封装的 Composite 中创建并布置新的标签结点。我想知道能不能编写这样的 Builder,它只通过一个方法 add(String tagName)就可以完成所有这些功能。为了达到这样的效果,Builder 需要知道把客户代码添加的标签布置到哪里。我决定尝试一下这个想法。我把尝试的结果称为 SchemaBasedTreeBuilder。下面是一个例子,展示了它是如何工作的:

111

6

```
public class SchemaBasedTagBuilderTest...
  public void testTwoSetsOfGreatGrandchildren() {
    TreeSchema schema = new TreeSchema(
      "orders" +
      "  order" +
      "    item" +
      "      apple" +
      "      orange"
    );

    String expected =
      "<orders>" +
        "<order>" +
          "<item>" +
            "<apple/>" +
            "<orange/>" +
          "</item>" +
          "<item>" +
            "<apple/>" +
            "<orange/>" +
          "</item>" +
        "</order>" +
      "</orders>";
```

```
SchemaBasedTagBuilder builder = new SchemaBasedTagBuilder(schema);
builder.add("orders");
  builder.add("order");
  for (int i=0; i<2; i++) {
    builder.add("item");
      builder.add("apple");
      builder.add("orange");
  }
  assertXmlEquals(expected, builder.toString());
}
```

SchemaBasedTreeBuilder 通过一个 TreeSchema 实例来确定它应该把标签布置在哪里。TreeSchema 类接受一个以 **tab** 作为分隔符的字符串,这个字符串定义了一棵标签名字的树:

```
"orders" +
"  order" +
"    item" +
"      apple" +
"      orange"
```

TreeSchema 接受这个字符串并把它转换成如下的映射:

子结点	双亲结点
orders	null
order	orders
item	order
apple	item
orange	item

在运行时,SchemaBasedTreeBuilder 使用这样一个 TreeSchema 映射来确定把新的标签布置到哪里。例如,如果我编写 builder.add("orange"),生成器就会从 TreeSchema 的实例中得知 orange 标签的双亲结点是 item 标签,然后就把新的 orange 标签添加到最近的 item 标签上去。

这一方法的效果非常好,除了两个标签名字相同的情况:

```
"organization" +
"  name" +
"  departments" +
"    department" +
"      name"
```

在这种情况下,TreeSchema 的映射必须为 name 标签列出两个双亲结点:

子结点	双亲结点
…	…
name	organization,department
…	…

在运行时，SchemaBasedTreeBuilder 会寻找新标签的所有双亲标签的名字，找到最近的那个双亲标签，并在它的上面加入这个新标签。如果客户代码想要指定新标签的确切双亲标签，而不是依赖于寻找最近标签这一行为，那么客户代码可以调用 add()方法显式的声明这一关联：

```
builder.add("department","name");  // tell builder exactly where to add "name"
```

这就是 SchemaBasedTreeBuilder。它实现了与 TagBuilder 相同的功能，但是使用了不同的方法。通常情况下，我会使用 TagBuilder 来构造 XML；然而，当需要创建比较庞大的 XML 文档时，我就会考虑使用 SchemaBasedTreeBuilder，因为这样可以不用关心标签的布置问题。另外，如果这个庞大的 XML 文档有与其关联的 XML 模式，我就会编写代码把这个 XML 模式转换成一个 TreeSchema，以供 SchemaBasedTreeBuilder 使用。

113

6.6 内联 Singleton

代码需要访问一个对象，但是不需要对象的全局入口。

把 Singleton 的功能搬移到一个保存并提供对象访问入口的类中。删除 Singleton。

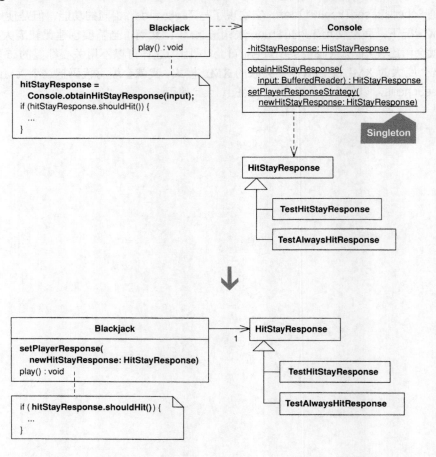

6.6.1 动机

Singletonitis 是我发明的一个词，意思是"沉迷于 Singleton 模式"。Singleton 的意图是"确保一个类仅有一个实例，并提供一个访问它的全局访问点"[DP, 127]。当 Singleton 模式深深地植入了你的大脑，以至于它开始对其他的模式和更简单的设计思想作威作福时，你就已经感染上了 Singletonitis，创建了过多的 Singleton。

我已经摆脱了 Singletonitis 的困扰，并正在考虑开始"Singleton 回归"（Singletons Anonymous），在这里，恢复泛滥的 Singleton 可以帮助我们重新回到使用简单的、非全局的对象的年代。内联 Singleton 重构正是这样一种很有效的方法。它可以帮助你的系统摆脱不必要的 Singleton。这就引出了一个很显然的问题：在什么时候 Singleton 是不必要的？

简而言之：绝大多数时候。

具体来说：当把一个对象资源以引用的方式传给需要它的对象，比让需要它的对象全局访问这一资源更简单的时候，Singleton 就是不必要的。当用来获得无关紧要的内存或性能改进时，Singleton 就是不必要的。当系统中深层次的代码需要访问一个并不在相同层次中的资源的时候，Singleton 就是不必要的。我还能继续说下去。判断的要点就在于：当可以设计或重新设计而避免使用它们的时候，Singleton 就是不必要的。

在撰写这一节的重构的时候，我决定去问问 Ward Cunningham 和 Kent Beck 关于 Singleton 模式的评价。

Ward Cunningham 谈 Singleton

Singleton 模式做得最多的就是使人们将语言的保护机制误解成仅仅是对一个方面的保护：单一性。我想这固然很重要，但是比例失衡了。

每个计算都有一个适当的上下文。面向对象编程中做得最多的就是确立上下文，计算变量的生命周期、使它们在正确的时间段内有效、然后优雅地死去。我并不担心数量较少的全局变量。它们提供了所有程序都必须理解的全局上下文。然而，全局变量不应该有很多。太多的全局变量会使我害怕。

Kent Beck 谈 Singleton

Singleton 真正的问题在于它给了你一个好借口，使你不会仔细考虑对象适当的可见性。保持暴露对象和保护对象之间的平衡对维护系统的灵活性是至关重要的。

Massimo Arnoldi 和我曾经开发过一个系统，其中包含一个 Singleton 来存储汇率。每当我们编写处理多种货币的测试的时候，我们都不得不保存旧的汇率，存储新的汇率，运行测试，并重新存储那些旧的汇率。终于，我们厌倦了由于使用了错误的汇率而造成的测试错误。

"但是汇率在系统的各个地方都会使用啊！"我们抱怨到。这个想法倒是没错，所以我们就查看了所有使用汇率的地方并添加了显式传入汇率所必需的参数。我们本以为这是个体力活，但实际上只花了半个小时就完成了。有时候，把汇率传送到需要它们的地方并不是很容易，但是如何把它重构为容易传送却是显而易见的。这些重构同时也解决了一些慢性的设计问题，它们已经困扰了我们很长时间，令我们一度无法应付。

这半个小时重构的结果是：
❑ 更清晰的、更灵活的整体设计；
❑ 稳定的测试；
❑ 大大减轻原有的困扰。

Martin Fowler 也承认少数的全局变量是必要的，尽管他把它们作为最后的手段。他的 Registry 模式，出自《企业应用架构模式》一书，是 Singleton 的一个稍加变化的变体。Martin 把 Registry 描述为"一个众所周知的对象，其他对象可以使用它来找到一些通用的对象和服务"[Fowler, PEAA, 480]。关于何时应该使用这个模式，他写道：

有一些其他方法可以替代 Registry。一个就是把任何使用广泛的数据作为参数传来传去。这种方法的问题在于，当被调用的方法本身不需要这些参数，而其他一些在调用树中更深层次的方法需要这些参数时，顶层方法就包含了多余的参数。当传递多余的参数发生时，90% 的情况下，我都会使用 Registry 代替它们……

[116] 因此还是会有应该使用 Registry 的情况的，但是记住，任何的全局数据在被证明无害之前都是有害的。[Fowler, PEAA, 482 – 483]

对《设计模式》的深入阅读使我感染了 Singletonitis。这本书中的每个模式都包含"相关模式"一节，在许多小节都提到了 Singleton。例如，在 State 模式的小节中，作者写道，"State 对象一般都是 Singleton" [DP, 313]；在 Abstract Factory 模式的小节中，他们写道，"具体的工厂类一般都是 Singleton" [DP, 95]。作为对作者的辩护，我们可以认为这些句子只是简单地观察到了 State 和 Abstract Factory 类常常都是 Singleton 这一事实。书中并未写道它们必须是 Singleton。如果有很好的理由把一个类实现为 Singleton 或 Registry，那就这么做。重构用 Singleton 限制实例化（9.2 节）描述了一个重构到 Singleton 的很好的理由：真正的性能提升。它也告诫我们不要做不成熟的优化。

有一件事情是肯定的：在实现一个 Singleton 之前，需要仔细思考。如果遇到了一个本不应该被实现为 Singleton 的 Singleton，不要犹豫，内联它！

优点与缺点

+　使对象的协作变得更明显和明确。

+　保护了单一的实例，且不需要特殊的代码。

−　当在许多层次间传递对象实例比较困难的时候，会使设计变得复杂。

6.6.2　做法

该重构的做法与将类内联化[F]重构的做法相同。在下面的步骤中，吸收类（absorbing class）是指承担着内联 Singleton 责任的类。

(1) 在吸收类中声明 Singleton 的公共方法。使这些新方法委托到 Singleton，除去任何可能存在的"静态"声明（在吸收类中）。

如果吸收类本身就是一个 Singleton，那么保留方法的"静态"声明。

[117] (2) 把客户代码中对 Singleton 的引用修改为对吸收类的引用。

✓ 编译并通过测试。

(3) 应用搬移函数[F]重构和搬移字段[F]重构把 Singleton 中的所有功能都搬移到吸收类中。

和步骤(1)一样，如果吸收类本身不是 Singleton，除去方法和域中的所有"静态"声明。

✓ 编译并通过测试。

(4) 删除 Singleton。

6.6.3　示例

本示例的代码来自一个简单的、基于命令行的二十一点游戏的早期版本。游戏在命令行中显示玩家的牌，重复提示玩家是叫牌或不叫牌，然后显示玩家和庄家全部的牌来判定谁赢。测试代码可以运行这个游戏并模拟玩家的输入，例如叫牌和不叫牌。

玩家的模拟输入在运行时是从一个称为 Console 的 Singleton 中指定和获得的，它包含了 HitStayResponse 的一个实例或它子类的一个实例：

```
public class Console {
  static private HitStayResponse hitStayResponse =
    new HitStayResponse();

  private Console() {
    super();
  }

  public static HitStayResponse obtainHitStayResponse(BufferedReader input) {
    hitStayResponse.readFrom(input);
    return hitStayResponse;
  }

  public static void setPlayerResponse(HitStayResponse newHitStayResponse) {
    hitStayResponse = newHitStayResponse;
  }
}
```

在游戏开始之前，一个特殊的 HitStayResponse 已经被注册在 Console 中。例如，下面的测试代码把 TestAlwaysHitResponse 的一个实例注册到了 Console 中：

```
public class ScenarioTest extends TestCase...
  public void testDealerStandsWhenPlayerBusts() {
    Console.setPlayerResponse(new TestAlwaysHitResponse());
    int[] deck = { 10, 9, 7, 2, 6 };
    Blackjack blackjack = new Blackjack(deck);
    blackjack.play();
    assertTrue("dealer wins", blackjack.didDealerWin());
```

118

```
    assertTrue("player loses", !blackjack.didPlayerWin());
    assertEquals("dealer total", 11, blackjack.getDealerTotal());
    assertEquals("player total", 23, blackjack.getPlayerTotal());
  }
```

调用 Console 来获得注册了的 HitStayResponse 实例的 Blackjack 代码并不是很复杂的代码。它看起来是这样的：

```
public class Blackjack...
  public void play() {
    deal();
    writeln(player.getHandAsString());
    writeln(dealer.getHandAsStringWithFirstCardDown());
    HitStayResponse hitStayResponse;
    do {
      write("H)it or S)tay: ");
      hitStayResponse = Console.obtainHitStayResponse(input);
      write(hitStayResponse.toString());
      if (hitStayResponse.shouldHit()) {
        dealCardTo(player);
        writeln(player.getHandAsString());
      }
    }
    while (canPlayerHit(hitStayResponse));
    // ...
  }
```

以上代码并不存在于一个被其他应用层包围的应用层中，这就使得传递一个 HitStayResponse 实例到需要它的层次变得十分困难。所有访问 HitStayResponse 实例的代码都在 Blackjack 自身中。为什么 Blackjack 非得穿过 Console 来获得 HitStayResponse 不可呢？这可不应该！又是一个不该被实现为 Singleton 的 Singleton。到了重构的时候了。

(1) 第一步是要在吸收类 Blackjack 中声明 Singleton 类 Console 的公共方法。我们先声明这些方法，令每个方法委托到 Console，并除去了每个方法的"静态"声明：

```
public class Blackjack...
  public static HitStayResponse obtainHitStayResponse(BufferedReader input) {
    return Console.obtainHitStayResponse(input);
  }

  public static void setPlayerResponse(HitStayResponse newHitStayResponse) {
    Console.setPlayerResponse(newHitStayResponse);
  }
```

(2) 现在，把所有对 Console 方法的调用修改为对 Blackjack 中相应方法的调用。下面是几处这类修改：

```
public class ScenarioTest extends TestCase...
  public void testDealerStandsWhenPlayerBusts() {
    Console.setPlayerResponse(new TestAlwaysHitResponse());
    int[] deck = { 10, 9, 7, 2, 6 };
    Blackjack blackjack = new Blackjack(deck);
```

```
blackjack.setPlayerResponse(new TestAlwaysHitResponse());
blackjack.play();
assertTrue("dealer wins", blackjack.didDealerWin());
assertTrue("player loses", !blackjack.didPlayerWin());
assertEquals("dealer total", 11, blackjack.getDealerTotal());
assertEquals("player total", 23, blackjack.getPlayerTotal());
}
```

和

```
public class Blackjack...
  public void play() {
    deal();
    writeln(player.getHandAsString());
    writeln(dealer.getHandAsStringWithFirstCardDown());
    HitStayResponse hitStayResponse;
    do {
      write("H)it or S)tay: ");
      hitStayResponse = Console.obtainHitStayResponse(input);
      write(hitStayResponse.toString());
      if (hitStayResponse.shouldHit()) {
        dealCardTo(player);
        writeln(player.getHandAsString());
      }
    }
    while (canPlayerHit(hitStayResponse));
    // ...
  }
```

这时，编译代码并运行测试，确保一切工作正常。

(3) 现在，我们应用搬移函数[F]重构和搬移字段[F]重构，把 Console 的所有功能都搬移到 Blackjack 中。完成后，编译并通过测试，确保 Blackjack 正常工作。

(4) 现在，我们就可以删除 Console 了，并且像 Martin 在将类内联化[F]重构中建议的那样，为另一个命运悲惨的 Singleton 举行一场简短但是感人的悼念仪式。

120

第 7 章

简　化

我们所编写的绝大部分代码都不会从一开始就很简单。为了使代码简单，必须要思考它复杂在什么地方，并要不停地问："怎样能更简单一些？"通常情况下，可以通过考虑一种完全不同的解决方案来简化代码。本章中的重构方法展示了简化方法、状态转换和树型结构的不同方案。

组合方法（7.1 节）重构用来生成更优雅的方法，这些方法可以有效地表达它们实现的功能以及如何实现这些功能。一个组合方法[Beck, SBPP]由对一些命名良好的方法的调用组成，这些方法属于实现细节的同一个层面。如果希望保持系统的简单性，那么就要尽可能地应用组合方法（7.1 节）重构。

算法经常会因为支持多种变化而变得复杂。用 Strategy 替换条件逻辑（7.2 节）重构展示了如何通过把算法分解成单独的类来简化它。当然，如果算法并没有复杂到适合应用 Strategy[DP]模式，这种重构只能使设计更加复杂。

你也许不会经常重构代码实现 Decorator[DP]模式。然而对一种情况而言，它确实是一种非常好的简化方法：一个类中有过多的特殊状况或装饰逻辑。将装饰功能搬移到 Decorator（7.3 节）重构描述了如何判断是否需要应用 Decorator 模式，并展示了如何把装饰功能从类的核心职责中分离出来。

众所周知，控制状态转换的逻辑往往会变得越来越复杂。如果想在类中添加越来越多的状态转换，那么这种复杂度的增加就会变得越来越明显。用 State 替换状态改变条件语句（7.4 节）重构描述了如何彻底地简化复杂的状态转换逻辑，并帮助确定逻辑是否复杂到应该应用 State[DP]模式。

用 Composite 替换隐含树（7.5 节）重构是一种针对树型结构的重构方法，用来简化构造和使用树型结构时的复杂度。它展示了 Composite[DP]模式如何能够简化客户程序对树型结构的创建和交互。

Command[DP]模式对简化某些类型的代码是非常有效的。用 Command 替换条件调度程序
（7.6 节）重构展示了这一模式如何完全简化一个用来控制哪组行为应该执行的 switch 语句。

7.1 组合方法

你无法迅速地理解一个方法的逻辑。

把方法的逻辑转换成几个同一细节层面上的、能够说明意图的步骤。

```
public void add(Object element) {
  if (!readOnly) {
    int newSize = size + 1;
    if (newSize > elements.length) {
      Object[] newElements =
        new Object[elements.length + 10];
      for (int i = 0; i < size; i++)
        newElements[i] = elements[i];
      elements = newElements;
    }
    elements[size++] = element;
  }
}
```

```
public void add(Object element) {
  if (readOnly)
    return;
  if (atCapacity())
    grow();
  addElement(element);
}
```

7.1.1 动机

Kent Beck 曾经说过，一些他总结出的最好的模式恰恰是那些他认为会被别人嘲笑的模式。Composed Method[Beck, SBPP]也许就是这样一个模式。Composed Method 是一个很小、很简单的方法，它的逻辑很快就能理解。你会在程序中编写大量的 Composed Method 吗？我很想说我会，但是我常常发现在最开始的时候自己并不会这样做。因此我不得不回头重构代码实现这个模式。一旦代码中有了很多 Composed Method，它就会变得易于使用、理解和扩展。

Composed Method 由对其他方法的调用组成。好的 Composed Method 的代码都在细节的同一层面上。例如，下面代码清单中所示的粗体代码和非粗体代码就不在细节的同一层面上：

```
private void paintCard(Graphics g) {
    Image image = null;
    if (card.getType().equals("Problem")) {
        image = explanations.getGameUI().problem;
    } else if (card.getType().equals("Solution")) {
        image = explanations.getGameUI().solution;
    } else if (card.getType().equals("Value")) {
        image = explanations.getGameUI().value;
    }
    g.drawImage(image,0,0,explanations.getGameUI());
```

123

```
    if (shouldHighlight())
      paintCardHighlight(g);
    paintCardText(g);
  }
```

在应用 Composed Method 进行重构之后，`paintCard()`中调用的所有方法就都在细节的同一层面上了：

```
private void paintCard(Graphics g) {
    paintCardImage(g);
    if (shouldHighlight())
      paintCardHighlight(g);
    paintCardText(g);
  }
```

绝大多数实现 Composed Method 的重构都涉及多次应用提炼函数[F]重构，直到这个 Composed Method 通过调用其他方法来完成自己大部分（或者全部）的工作。其中最难的在于决定提取出来的方法要包含哪些代码。如果在一个方法中提取了过多的代码，将很难给它起一个能充分描述它功能的名字。那样的话，就要应用将方法内联化[F]重构把提取出的代码放回原方法中，然后考虑其他的分解方法。

一旦完成了这个重构，很可能会拥有大量很小的、私有的方法，它们将被 Composed Method 调用。有些人可能会认为使用这么多、这么小的方法将会产生性能问题。但这需要用性能分析程序（profiler）确认。我极少发现程序中最糟糕的性能问题和 Composed Method 有关；性能问题几乎总是由其他问题引起的。

如果在同一个类中的很多方法上都应用了这一重构方法，你可能会发现这个类中充斥着过多的、很小的、私有的方法。在这种情况下，可能需要应用提炼类[F]重构来进一步重构。

该重构方法的另一个可能的缺点在程序调试方面。如果调试一个组合方法，你可能很难找到功能实际在哪里实现，因为程序的逻辑散布在许多的小方法中。

Composed Method 的名字描述了它实现了什么功能，而它的方法体则描述了它如何实现这一功能。这能使你迅速理解 Composed Method 中的代码。如果计算一下你和你的团队花在试图理解系统代码上的时间，就可以想像，如果系统由许多 Composed Method 构成，将会变得多么高效。

优点与缺点
＋ 清晰地描述了一个方法所实现的功能以及如何实现。
＋ 把方法分解成命名良好的、处在细节的同一层面上的行为模块，以此来简化方法。
－ 可能会产生过多的小方法。
－ 可能会使调试变得困难，因为程序的逻辑分散在许多小方法中。

7.1.2 做法

据我所知，组合方法是最重要的重构方法之一。从概念上来看，它也是最简单的重构方法之一。因此你也许会认为这一重构方法会产生一个简单的结构。事实上，情况恰好相反。虽然重构的每一步并不复杂，但是这些步骤并不是简单的、可重复的。不过，有如下一些指导原则可以帮助我们完成实现 Composed Method 的重构。

- ❑ Composed Method 都很小。Composed Method 的代码很少超过 10 行，一般都在 5 行左右。
- ❑ 删除重复代码和死代码。除去明显的和（或）微妙的代码重复，除去没有被使用的代码，以减少方法的代码量。
- ❑ 表达意图。清楚地命名程序中的变量、方法和参数，使它们明确表达意图（例如，public void addChildTo(Node parent)）。
- ❑ 简化。转换代码，使它尽可能简单。为此，可以思考组是如何编写某些代码的，尝试着使用其他方法重新编写。
- ❑ 使用细节的同一层面。当把一个方法分解成一组行为的时候，要保证这些行为在细节的相似层面上。例如，如果一段条件逻辑代码包含高级别方法调用，那么这段代码就处在细节的不同层面上。应该把细节抽象到一个命名良好的方法中，这个方法要同调用它的组合方法中的其他方法处在细节的同一层面上。

7.1.3 示例

本示例来自一个定制开发的集合类库。List 类含有一个 add(...)方法，用户可以使用这个方法向 List 实例中添加对象：

```
public class List...
  public void add(Object element) {
    if (!readOnly) {
      int newSize = size + 1;
      if (newSize > elements.length) {
        Object[] newElements =
          new Object[elements.length + 10];
        for (int i = 0; i < size; i++)
          newElements[i] = elements[i];
        elements = newElements;
      }
      elements[size++] = element;
    }
  }
```

我们将要对这 11 行代码进行的第一个修改是它的第一处条件语句。相比使用一个条件语句来包装方法的全部代码，使用卫子句（guard clause）是更好的选择，这样我们就可以为方法声明一个提前出口：

```
public class List...
    public void add(Object element) {
        if (readOnly)
            return;
        int newSize = size + 1;
        if (newSize > elements.length) {
            Object[] newElements =
                new Object[elements.length + 10];
            for (int i = 0; i < size; i++)
                newElements[i] = elements[i];
            elements = newElements;
        }
        elements[size++] = element;
    }
```

126

接下来，研究这个方法中间部分的代码。这段代码检查在加入一个新的对象后，elements 数组的大小是否会超出它的容量。如果超出容量，elements 数组将会被扩大 10 倍。这里，魔数 10 表示得非常不好。把它修改成一个常量：

```
public class List...
    private final static int GROWTH_INCREMENT = 10;

    public void add(Object element)...
        ...
        Object[] newElements =
            new Object[elements.length + GROWTH_INCREMENT];
        ...
```

然后，再检查 elements 数组是否越界并需要增长代码以应用提炼函数[F]重构。这会生成如下代码：

```
public class List...
    public void add(Object element) {
        if (readOnly)
            return;
        if (atCapacity()) {
            Object[] newElements =
                new Object[elements.length + GROWTH_INCREMENT];
            for (int i = 0; i < size; i++)
                newElements[i] = elements[i];
            elements = newElements;
        }
        elements[size++] = element;
    }

    private boolean atCapacity() {
        return (size + 1) > elements.length;
    }
```

接下来，在扩大 elements 数组长度的代码上也应用提炼函数[F]重构：

```
public class List...
    public void add(Object element) {
        if (readOnly)
            return;
        if (atCapacity())
            grow();
        elements[size++] = element;
    }

private void grow() {
    Object[] newElements =
        new Object[elements.length + GROWTH_INCREMENT];
    for (int i = 0; i < size; i++)
        newElements[i] = elements[i];
    elements = newElements;
}
```

最后，考虑方法的最后一行代码：

```
elements[size++] = element;
```

尽管这只是一行代码，但是它与方法的其他部分并不在细节的同一层面上。因此，我们把这行代码提取到一个单独的方法中：

```
public class List...
    public void add(Object element) {
        if (readOnly)
            return;
        if (atCapacity())
            grow();
        addElement(element);
    }

    private void addElement(Object element) {
        elements[size++] = element;
    }
```

现在，add(...)仅仅包含 5 行代码。在这次重构之前，想要理解这个方法做的是什么是需要一些时间的。经过这次重构，我们可以迅速理解这个方法实现的功能。这就是应用组合方法重构的典型效果。

7.2　用 Strategy 替换条件逻辑

方法中条件逻辑控制着应该执行计算的哪个变体。

为每个变体创建一个 Strategy 并使方法把计算委托到 Strategy 实例。

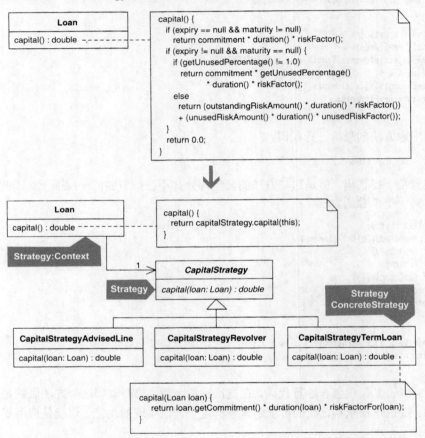

7.2.1　动机

"简化条件表达式"（Simplifying Conditional Expressions）是《重构》[F]中的一章，它包含了 8 个[①]非常有效的、用来清除条件复杂性的重构。关于分解条件式[F]重构，Martin Fowler 写道，"程序之中，复杂的条件逻辑是最常导致复杂度上升的地点之一"[F, 238]。我们经常发现算法中的这种逻辑会变得越来越复杂，因为算法逻辑总是在逐渐增长。Strategy[DP]模式可以帮助我们管理由于算法的过多变体而产生的复杂度。

---

① 原书中写的是 6 个以上，经查阅，具体有 8 个。——译者注

　　条件逻辑往往用来确定应该使用算法的哪个变体。像分解条件式[F]和组合方法（7.1 节）这样的重构可以简化这种代码。另一方面，它们也可能会在类中产生许多仅仅用来处理算法的特殊变体的小方法，从而增加了类的复杂度。在这种情况下，把算法的每个变体搬移到新类或子类是更好的选择。这实际上就是对象组合和继承之间的选择。

　　本节中介绍的重构用 Strategy 替换条件逻辑所涉及的就是对象组合：为算法的各个变体生成一系列的类，并用 Strategy 的一个实例装配主类，主类会在运行时委托到这个 Strategy 实例。如果想使用基于继承的解决方案，可以应用用多态替换条件式[F]重构。应用这一重构的先决条件是要有一个继承结构（例如，算法的主类一定要有子类）。如果存在子类，并且算法的每个变体都简单地对应了明确的子类，这也许是更合适的重构。如果必须先创建这些子类，那么就应该考虑使用基于对象组合的方法是否会更简单，如重构到 Strategy。如果算法中的条件式是由类型代码控制的，那么创建算法主类的子类可能会很简单，为每个类型代码创建一个子类（参见用类替换类型代码[F]重构）。如果并没有这种类型代码，那么使用重构到 Strategy 会更好。最后，如果客户代码需要在运行时用一种计算类型包装另一种计算类型的话，最好不要使用基于继承的方法，因为这意味着需要修改与客户代码一起工作的对象的类型，而不是简单地替换 Strategy 的实例。

　　在决定是要重构实现（to）Strategy 还是要重构趋向（towards）Strategy 的时候，必须要考虑嵌入在每个 Strategy 中的算法是如何访问所需数据的。就像 7.2.2 节中指出的那样，有两种方法可以做到这一点：把主类（称为上下文，context）传入 Strategy 以便可以回调主类的方法和数据，或者通过参数直接把数据传入 Strategy。两种方法都有优缺点，在本节中会详细讨论。

　　Strategy 和 Decorator 模式提供了消除与特殊情况或可选行为相关的条件逻辑的两种可选方法。7.3.1 节中的补充材料"Decorator 和 Strategy"给出了这两种模式的不同之处。

　　在实现基于 Strategy 的设计的时候，需要考虑上下文类是怎么包含它的 Strategy 的。如果没有很多的 Strategy 与上下文类的结合，那么，屏蔽客户代码、使其无需担心 Strategy 的实例化以及用 Strategy 实例装配上下文是很好的做法。重构用 Factory 封装类（6.3 节）可以帮助实现这一点：只需定义一个或几个返回上下文实例的方法，用适当的 Strategy 实例装配即可。

优点与缺点

+　通过减少或去除条件逻辑使算法变得清晰易懂。

+　通过把算法的变体搬移到类层次中简化了类。

+　允许在运行时用一种算法替换另一种算法。

−　当应用基于继承的解决方案或"简化条件表达式"[F]中的重构更简单时，会增加设计的复杂度。

−　增加了算法如何获取或接收上下文类的数据的复杂度。

7.2.2　做法

确定上下文，包含很多条件逻辑的计算方法所在的类。

(1) 创建一个策略（strategy），一个在本次重构结束后会成为真正的 ConcreteStrategy 的具体类（《设计模式》[DP]中的"Strategy: ConcreteStrategy"）。根据计算方法的行为命名这个策略。可以在类名后添加"Strategy"字样，帮助更好地表述新类型的意图。

(2) 应用搬移函数[F]重构把计算方法搬移到策略中。在执行这一步骤的时候，在上下文类中保留这样一个计算方法，把它委托到策略类中的计算方法。实现这一委托机制会涉及定义和实例化一个委托（delegate），它是上下文类中保存策略类的引用的字段。

因为大部分的策略都需要相应数据来执行它们的计算，所以需要确定策略类如何能够得到这些数据。下面是两种通常的做法。

(a) 把上下文类作为参数传入策略类的构造函数或计算方法中。这也许会涉及把上下文类中的方法标记为 public，以便策略类可以获得它想要的信息。这种方法的一个缺点是它常常会破坏"信息隐藏（information hiding）"（例如，只对上下文类可见的数据不得不变得对其他类也可见，如策略类）。这种方法的一个优点是如果向上下文类中添加了新的公共方法，在所有的具体策略类中都可以立即使用它们，而无需修改代码。如果使用这种方法，就要考虑控制对上下文类中的数据的最小公开访问——例如，在 Java 中，考虑为策略类提供对上下文类中数据的包级别保护的访问。

(b) 通过计算方法的参数把需要的数据从上下文类传到策略类中。这种方法的缺点是无论具体的策略类是否需要这些数据，数据都必须传入每个具体策略类中。这种方法的优点是它只涉及上下文类与策略类的最小耦合。

使用这种方法的挑战与需要传入策略类的数据量相关。如果需要向策略类传入 10 个参数，那么整个上下文类作为一个引用传入策略类可能是更好的选择。另一方面，可以应用引入参数对象[F]重构减少必须传入策略类中的参数的数量，从而使数据传入方法变得可行。此外，如果一些被传入策略类的参数仅仅是为了处理某个特殊的策略，可以把这个数据从参数列表中去除，并通过构造函数或初始化方法传入到那个特殊的策略中。

上下文类中可能存在应该属于策略类的辅助方法，因为它们只被计算方法所引用，而计算方法现在在策略类中。把这些辅助方法从上下文类中搬移到策略类中，并声明需要的访问级别。

✓ 编译并通过测试。

(3) 通过在实例化具体策略类并把它赋值给委托的上下文代码上应用提取参数（11.3 节）重构使得客户用策略类的一个实例装配上下文类。

✓ 编译并通过测试。

（4）在策略类的计算方法上应用用多态替换条件式[F]重构。为了应用这一重构，首先要选择是使用以子类取代类型码[F]重构还是用 State/Strategy 替换类型代码[F]重构。请使用前者。无论是否存在显式的类型代码，都需要实现以子类取代类型码[F]重构。如果计算方法中的条件逻辑确定了计算的特定类型，那么在应用以子类取代类型码[F]重构的时候使用这个条件逻辑替换显式类型。

每次只产生一个子类。在完成这一步之后，就减少了策略类中的条件逻辑，并获得了针对原计算方法的每个变体的具体策略类。如果可能的话，把策略类声明为抽象类。

✓ 编译并测试上下文类实例和策略类实例的结合。

7.2.3　示例

本节代码简图中的示例处理的是 3 种不同银行贷款的资金计算：定期贷款、循环贷款和建议信用额度贷款。虽然与处理了 7 种不同贷款的资金计算的原有代码相比，简图中代码的复杂度小了一些，包含的条件逻辑也少了一些，但是它还是包含了数量可观的用来执行资金计算的条件逻辑。

在这个示例中，我们将看到 Loan 的用来计算资金的方法是如何被策略化的（例如，委托到 Strategy 对象）。在学习本示例的过程中，你可能想知道为什么 Loan 不能简单地通过子类来支持资金计算的不同类型。那并不是一个好的设计选择，因为使用 Loan 的应用程序需要实现以下两点。

❑ 用多种方法计算贷款的资金。假设为每种资金计算都声明一个 Loan 的子类，Loan 的类层次就会充斥了子类，如下图所示。

133

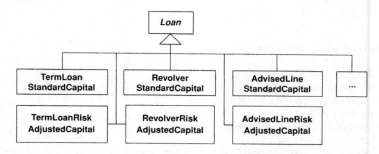

❑ 在运行时改变贷款的资金计算，而不改变 Loan 实例的类型。把整个 Loan 对象从 Loan 的一个子类修改为另一个子类的做法将很难实现这一要求，而把 Loan 对象的 Strategy 实例修改为另一个 Strategy 实例的做法将会容易得多。

现在，让我们来看看代码。Loan 类，作为上下文类（如做法小节中定义的），包含一个计算方法叫做 capital()：

```
public class Loan...
    public double capital() {
        if (expiry == null && maturity != null)
            return commitment * duration() * riskFactor();
```

```
        if (expiry != null && maturity == null) {
            if (getUnusedPercentage() != 1.0)
                return commitment * getUnusedPercentage() * duration() * riskFactor();
            else
                return (outstandingRiskAmount() * duration() * riskFactor())
                    + (unusedRiskAmount() * duration() * unusedRiskFactor());
        }
        return 0.0;
    }
```

大部分条件逻辑用于确定贷款是定期贷款、循环贷款还是建议信用额度贷款（advised line）。例如，有效期为空并且到期日不为空的就是定期贷款。这段代码并没有很好地展示出它的意图，不是吗？一旦代码确定了贷款的类型，就可以执行特定的资金计算方法。共有 3 种这样的资金计算方法，对应 3 种贷款类型。这 3 种计算方法都依赖于如下所示的辅助方法：

```
    public class Loan...
        private double outstandingRiskAmount() {
            return outstanding;
        }
    private double unusedRiskAmount() {
        return (commitment - outstanding);
    }

    public double duration() {
        if (expiry == null && maturity != null)
            return weightedAverageDuration();
        else if (expiry != null && maturity == null)
            return yearsTo(expiry);
        return 0.0;
    }

    private double weightedAverageDuration() {
        double duration = 0.0;
        double weightedAverage = 0.0;
        double sumOfPayments = 0.0;
        Iterator loanPayments = payments.iterator();
        while (loanPayments.hasNext()) {
            Payment payment = (Payment)loanPayments.next();
            sumOfPayments += payment.amount();
            weightedAverage += yearsTo(payment.date()) * payment.amount();
        }
        if (commitment != 0.0)
            duration = weightedAverage / sumOfPayments;
        return duration;
    }

    private double yearsTo(Date endDate) {
        Date beginDate = (today == null ? start : today);
        return ((endDate.getTime() - beginDate.getTime()) / MILLIS_PER_DAY) / DAYS_PER_YEAR;
    }

    private double riskFactor() {
```

```
        return RiskFactor.getFactors().forRating(riskRating);
    }

    private double unusedRiskFactor() {
        return UnusedRiskFactors.getFactors().forRating(riskRating);
    }
```

可以通过把特定的计算逻辑提炼到单独的策略类中来简化 Loan 类，每种贷款类型都有资金的策略类。例如，方法 weightedAverageDuration() 仅仅用来计算定期贷款的资金。

现在，我们来进行这个实现 **Strategy** 的重构。

(1) 既然需要创建的策略是用来处理贷款资金计算的，就创建一个名为 CapitalStrategy 的类。

```
public class CapitalStrategy {
}
```

(2) 现在，应用搬移函数[F]重构把 capital() 计算搬移到 CapitalStrategy 中。这个步骤涉及在贷款中保留 capital() 方法的一个简单版本，它会委托到 CapitalStrategy 的实例。

第一步是在 CapitalStrategy 中声明 capital() 方法：

```
public class CapitalStrategy {
    public double capital() {
        return 0.0;
    }
}
```

现在，需要把 Loan 中的代码复制到 CapitalStrategy 中。当然，这会涉及复制 capital() 方法。搬移函数[F]重构的做法鼓励我们搬移所有只被 capital() 方法使用的属性（数据或方法）。我们先复制 capital() 方法，然后看看还有什么可以简单地从 Loan 搬移到 CapitalStrategy。我们以如下代码作为这一步的结束，注意，此时它还不能通过编译：

```
public class CapitalStrategy...
    public double capital() {    // 从Loan中复制
        if (expiry == null && maturity != null)
            return commitment * duration() * riskFactor();
        if (expiry != null && maturity == null) {
            if (getUnusedPercentage() != 1.0)
                return commitment * getUnusedPercentage() * duration() * riskFactor();
            else
                return (outstandingRiskAmount() * duration() * riskFactor())
                    + (unusedRiskAmount() * duration() * unusedRiskFactor());
        }
        return 0.0;
    }

    private double riskFactor() {         // 从Loan中搬移
        return RiskFactor.getFactors().forRating(riskRating);
    }

    private double unusedRiskFactor() {     // 从Load中搬移
```

[135]

7

```
        return UnusedRiskFactors.getFactors().forRating(riskRating);
    }
```

我们发现并不能把 duration() 方法从 Loan 搬移到 CapitalStrategy，因为 weightedAverageDuration() 方法依赖于 Loan 的付款信息。一旦使得 CapitalStrategy 可以访问这个付款信息，就能够把 duration() 方法和它的辅助方法搬移到 CapitalStrategy 中。我们过一会儿再来做这一步。现在，需要使复制到 CapitalStrategy 中的代码通过编译。为了通过编译，我们必须决定是把 Loan 的引用作为参数传入 capital() 和它的两个辅助方法，还是把数据作为参数传入 capital()，这样它也可以把数据传入它的辅助方法。可以确定，capital() 需要来自 Loan 实例的如下信息：

- ❏ 有效日（expiry date）；
- ❏ 到期日（maturity date）；
- ❏ 期限（duration）；
- ❏ 承诺金额（commitment amount）；
- ❏ 风险评级（risk rating）；
- ❏ 未用额度（unused percentage）；
- ❏ 未清风险金额（outstanding risk amount）；
- ❏ 未用风险金额（unused risk amount）。

如果能够缩小这个列表，就可以使用传入数据的方法。因此，推测可以创建一个 LoanRange 类来存储与 Loan 实例相关的日期（例如，有效日和到期日）。也可以把承诺金额、未清风险金额和未用风险金额聚合到一个 LoanRisk 或命名更好的类中。

然后，当意识到还需要把其他方法从 Loan 搬移到 CapitalStrategy（如 duration()）时，我们马上就放弃了这些想法，因为这要求向 CapitalStrategy 传入更多的信息。我们决定简单地把 Loan 的引用传入 CapitalStrategy，并对 Loan 做出必要的修改以使所有的代码通过编译：

```
public class CapitalStrategy...
    public double capital(Loan loan) {
        if (loan.getExpiry() == null && loan.getMaturity() != null)
            return loan.getCommitment() * loan.duration() * riskFactorFor(loan);
        if (loan.getExpiry() != null && loan.getMaturity() == null) {
            if (loan.getUnusedPercentage() != 1.0)
                return loan.getCommitment() * loan.getUnusedPercentage()
                    * loan.duration() * riskFactorFor(loan);
            else
                return
                  (loan.outstandingRiskAmount() * loan.duration() * riskFactorFor(loan))
                + (loan.unusedRiskAmount() * loan.duration() * unusedRiskFactorFor(loan));
        }
        return 0.0;
    }
    private double riskFactorFor(Loan loan) {
        return RiskFactor.getFactors().forRating(loan.getRiskRating());
    }
```

```
private double unusedRiskFactorFor(Loan loan) {
    return UnusedRiskFactors.getFactors().forRating(loan.getRiskRating());
}
```

对 Loan 的修改都涉及创建新的方法使 Loan 的数据可访问。因为 CapitalStrategy 与 Loan 处在同一个包中，我们可以通过 Java 的"包级别保护"（package protection）特性来限制这些数据的可见性。通过对每个方法都不声明显式的可见性（public、private 或 protected）可以做到这一点：

```
public class Loan...
    Date getExpiry() {
        return expiry;
    }

    Date getMaturity() {
        return maturity;
    }

    double getCommitment() {
        return commitment;
    }

    double getUnusedPercentage() {
        return unusedPercentage;
    }

    private double outstandingRiskAmount() {
        return outstanding;
    }

    private double unusedRiskAmount() {
        return (commitment - outstanding);
    }
```

现在，CapitalStrategy 中的所有代码都可以通过编译了。搬移函数[F]重构中的下一步是使 Loan 委托 CapitalStrategy 的资金计算方法：

```
public class Loan...
    public double capital() {
        return new CapitalStrategy().capital(this);
    }
```

现在，所有代码都通过了编译。运行如下所示的这种测试，确保一切都正常工作：

```
public class CapitalCalculationTests extends TestCase {
    public void testTermLoanSamePayments() {
        Date start = november(20, 2003);
        Date maturity = november(20, 2006);
        Loan termLoan = Loan.newTermLoan(LOAN_AMOUNT, start, maturity, HIGH_RISK_RATING);
        termLoan.payment(1000.00, november(20, 2004));
        termLoan.payment(1000.00, november(20, 2005));
        termLoan.payment(1000.00, november(20, 2006));
```

138

```
    assertEquals("duration", 2.0, termLoan.duration(), TWO_DIGIT_PRECISION);
    assertEquals("capital", 210.00, termLoan.capital(), TWO_DIGIT_PRECISION);
}
```

所有测试都通过了。现在，可以着重于把更多的资金计算相关的功能从 Loan 搬移到
CapitalStrategy。我将略去这些细节；它们与我们之前的做法很相似。做好这些后，
CapitalStrategy 看起来是这样的：

```
public class CapitalStrategy {
    private static final int MILLIS_PER_DAY = 86400000;
    private static final int DAYS_PER_YEAR = 365;

    public double capital(Loan loan) {
        if (loan.getExpiry() == null && loan.getMaturity() != null)
            return loan.getCommitment() * loan.duration() * riskFactorFor(loan);
        if (loan.getExpiry() != null && loan.getMaturity() == null) {
            if (loan.getUnusedPercentage() != 1.0)
                return loan.getCommitment() * loan.getUnusedPercentage()
                 * loan.duration() * riskFactorFor(loan);
            else
                return
                  (loan.outstandingRiskAmount() * loan.duration() * riskFactorFor(loan))
                + (loan.unusedRiskAmount() * loan.duration() * unusedRiskFactorFor(loan));
        }
        return 0.0;
    }

    private double riskFactorFor(Loan loan) {
        return RiskFactor.getFactors().forRating(loan.getRiskRating());
    }

    private double unusedRiskFactorFor(Loan loan) {
        return UnusedRiskFactors.getFactors().forRating(loan.getRiskRating());
    }

    public double duration(Loan loan) {
        if (loan.getExpiry() == null && loan.getMaturity() != null)
            return weightedAverageDuration(loan);
        else if (loan.getExpiry() != null && loan.getMaturity() == null)
            return yearsTo(loan.getExpiry(), loan);
        return 0.0;
    }

    private double weightedAverageDuration(Loan loan) {
        double duration = 0.0;
        double weightedAverage = 0.0;
        double sumOfPayments = 0.0;
        Iterator loanPayments = loan.getPayments().iterator();
        while (loanPayments.hasNext()) {
            Payment payment = (Payment)loanPayments.next();
            sumOfPayments += payment.amount();
            weightedAverage += yearsTo(payment.date(), loan) * payment.amount();
        }
        if (loan.getCommitment() != 0.0)
```

```
        duration = weightedAverage / sumOfPayments;
      return duration;
  }

  private double yearsTo(Date endDate, Loan loan) {
      Date beginDate = (loan.getToday() == null ? loan.getStart() : loan.getToday());
      return ((endDate.getTime() - beginDate.getTime()) / MILLIS_PER_DAY) / DAYS_PER_YEAR;
  }
}
```

执行这些修改的一个结果是 Loan 的资金和期限计算现在看起来是这样的：

```
public class Loan...
  public double capital() {
      return new CapitalStrategy().capital(this);
  }

  public double duration() {
      return new CapitalStrategy().duration(this);
  }
```

我不赞成对 Loan 类进行过早的不成熟的优化，但这不会使我忽视去除重复代码的机会。换句话说，现在应该用 Loan 的一个 CapitalStrategy 字段替换 new CapitalStrategy() 的两次出现：

```
public class Loan...
  private CapitalStrategy capitalStrategy;
  private Loan(double commitment, double outstanding,
              Date start, Date expiry, Date maturity, int riskRating) {
  capitalStrategy = new CapitalStrategy();       ...
}

  public double capital() {
      return capitalStrategy.capital(this);
  }

  public double duration() {
      return capitalStrategy.duration(this);
  }
```

现在，就完成了对搬移函数[F]重构的应用。

(3) 现在，应用提取参数（11.3 节）重构使程序可以设置委托的值，这个委托值当前是硬编码的。当进行到重构的下一步时，这将会变得十分重要：

```
public class Loan...
  private Loan(..., CapitalStrategy capitalStrategy) {
      ...
      this.capitalStrategy = capitalStrategy;
  }

  public static Loan newTermLoan(
      double commitment, Date start, Date maturity, int riskRating) {

      return new Loan(
```

140

7

```
        commitment, commitment, start, null,
        maturity, riskRating, new CapitalStrategy()
    );
}

public static Loan newRevolver(
    double commitment, Date start, Date expiry, int riskRating) {

    return new Loan(commitment, 0, start, expiry,
        null, riskRating, new CapitalStrategy()
    );
}

public static Loan newAdvisedLine(
    double commitment, Date start, Date expiry, int riskRating) {
    if (riskRating > 3) return null;
    Loan advisedLine =
        new Loan(commitment, 0, start, expiry, null, riskRating, new CapitalStrategy());
    advisedLine.setUnusedPercentage(0.1);
    return advisedLine;
}
```

[141]

(4) 现在，可以在 CapitalStrategy 的 capital()方法上应用用多态替换条件式[F]重构。第一步是为定期贷款的资金计算创建一个新的子类。这涉及把 CapitalStrategy 中的几个方法声明为 protected（未在下面给出），以及把一些方法搬移到一个新建的称为 CapitalStrategy-TermLoan 的类中（在下面给出）：

```
public class CapitalStrategyTermLoan extends CapitalStrategy {
    public double capital(Loan loan) {
        return loan.getCommitment() * duration(loan) * riskFactorFor(loan);
    }

    public double duration(Loan loan) {
        return weightedAverageDuration(loan);
    }

    private double weightedAverageDuration(Loan loan) {
        double duration = 0.0;
        double weightedAverage = 0.0;
        double sumOfPayments = 0.0;
        Iterator loanPayments = loan.getPayments().iterator();
        while (loanPayments.hasNext()) {
            Payment payment = (Payment)loanPayments.next();
            sumOfPayments += payment.amount();
            weightedAverage += yearsTo(payment.date(), loan) * payment.amount();
        }
        if (loan.getCommitment() != 0.0)
            duration = weightedAverage / sumOfPayments;
        return duration;
    }
}
```

为了测试这个类，必须先把 Loan 更新为：

```
public class Loan...
    public static Loan newTermLoan(
        double commitment, Date start, Date maturity, int riskRating) {
        return new Loan(
            commitment, commitment, start, null, maturity, riskRating,
            new CapitalStrategyTermLoan()
        );
    }
```

测试通过了。现在继续应用用多态替换条件式[F]重构为另外两种贷款类型循环贷款和建议信用额度贷款创建资金策略。下面是对 Loan 进行的修改：

```
public class Loan...
    public static Loan newRevolver(
        double commitment, Date start, Date expiry, int riskRating) {
        return new Loan(
            commitment, 0, start, expiry, null, riskRating,
            new CapitalStrategyRevolver()
        );
    }

    public static Loan newAdvisedLine(
        double commitment, Date start, Date expiry, int riskRating) {
        if (riskRating > 3) return null;
        Loan advisedLine = new Loan(
            commitment, 0, start, expiry, null, riskRating,
            new CapitalStrategyAdvisedLine()
        );
        advisedLine.setUnusedPercentage(0.1);
        return advisedLine;
    }
```

142

现在，看看所有新的策略类：

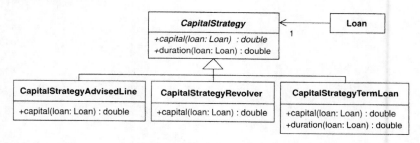

注意，现在 CapitalStrategy 是一个抽象类。它现在看起来是这样：

```
public abstract class CapitalStrategy {
    private static final int MILLIS_PER_DAY = 86400000;
    private static final int DAYS_PER_YEAR = 365;

    public abstract double capital(Loan loan);

    protected double riskFactorFor(Loan loan) {
```

```
        return RiskFactor.getFactors().forRating(loan.getRiskRating());
    }

    public double duration(Loan loan) {
        return yearsTo(loan.getExpiry(), loan);
    }

    protected double yearsTo(Date endDate, Loan loan) {
        Date beginDate = (loan.getToday() == null ? loan.getStart() : loan.getToday());
        return ((endDate.getTime() - beginDate.getTime()) / MILLIS_PER_DAY) / DAYS_PER_YEAR;
    }
}
```

143   因此，重构就完成了。现在，包含期限计算的资金计算可以通过几个具体的策略来执行了。

7.3 将装饰功能搬移到 Decorator

代码向类的核心职责提供装饰功能。

将装饰代码搬移到 Decorator。

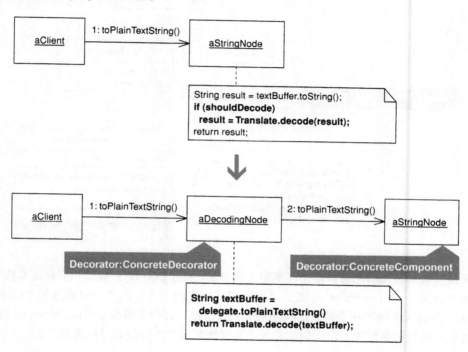

7.3.1 动机

当系统需要新功能的时候，一般的做法是向旧的类中添加新的代码。这些新加的代码通常装饰了原有类的核心职责或主要行为。这些装饰功能的问题在于，它们在主类中加入了新的字段、新的方法和新的逻辑，从而增加了主类的复杂度，而这些新加入的东西仅仅是为了满足一些只在某种特定情况下才会执行的特殊行为的需要。

Decorator[DP]模式提供了一种很好的解决以上问题的办法：把每个装饰功能放在单独的类中，并让这个类包装它所要装饰的对象，因此，当需要执行特殊行为时，客户代码就可以在运行时使用装饰功能包装对象。

JUnit测试框架[Beck和Gamma]就是一个很好的例子。JUnit简化了测试的编写和运行。每个测试都是一个TestCase类型的对象，而且有一种很简单的方法可以让框架运行所有的TestCase对象。但是，如果想要多次运行同一个测试，TestCase却并不提供这样的装饰功能。为了实现这个扩展的行为，必须用一个RepeatedTest类型的Decorator来装饰TestCase对象，如下图中的客户

代码所示:

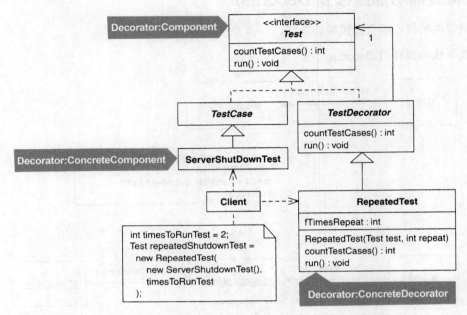

如果需要搬移装饰功能的类包含许多的公共方法,那么 Decorator 模式不应该是重构的选择。为什么呢?因为一个 Decorator 必须是《设计模式》[DP]中所说的"透明的包装"(transparent enclosure):它必须实现它所要装饰的类的所有公共方法(这会导致很多无用的代码)。透明的包装应该透明地包装所包装的对象(例如,一个被装饰对象并不知道自己被装饰了)。

因为 Decorator 和它的被装饰对象共享同一个接口,所以对使用它们的客户代码来说,Decorator 是透明的。客户代码中的这种透明性能够保持得很好,除非在代码中故意检查对象的类型。在这种情况下,Decorator 会妨碍到客户代码对特殊对象实例的类型检查,因为 Decorator 和它装饰的对象属于不同的类型。如下面的 Java 代码:

```
if (node instanceof StringNode)
```

如果 node 是被具体 Decorator 装饰过的 StringNode 的实例,将不会得出 true。但是这不应该阻止你使用这个模式,因为大多数情况下,可以重写客户代码使它不依赖于对象的类型。

使用这个模式的另一个需要考虑的事项涉及多个 Decorator。如果为一个对象编写了两个或多个具体 Decorator,客户代码就可以用一个以上的 Decorator 装饰这个对象。在这种情况下,Decorator 的顺序可能会导致我们不想要的行为。例如,如果加密数据的 Decorator 处于过滤词汇的 Decorator 之前的话,过滤词汇的行为就会受到加密行为的干扰。在理想的情况下,最好保证 Decorator 之间是彼此独立的,这样它们就可以以任意的顺序进行组合。在实践中,有些时候这是不可能的,那么可以考虑封装这些 Decorator 并让客户代码通过特定的 Creation Method(请参见 6.3 节）访问这些 Decorator 的安全组合。

　　对熟悉对象组合的开发人员来说，把装饰功能从类中重构出去可以使设计变得简单；相反，如果不熟悉对象组合的话，就会觉得设计变得复杂了，因为原本处于一个类中的代码现在散落在了很多类中。这种代码的分离可能会使代码变得难以理解，因为代码不再处于同一位置。此外，把代码放置在不同的对象中会不利于调试，因为调试会话在进入被装饰的对象前必须通过一个或更多的 Decorator。简而言之，如果不熟悉使用对象组合"装饰"对象的方法，那么就不适合使用这个模式。

　　有时，装饰功能会提供对一个对象的保护逻辑。在这种情况下，可以把装饰功能搬移到 Protection Proxy[DP]中（参见 6.3 节）。从结构上看，Protection Proxy 和 Decorator 是一模一样的，不同的是它们的意图。Protection Proxy 用来保护对象，而 Decorator 则用来为对象添加行为。

　　我很喜欢 Decorator 模式，因为它可以帮助我创建优雅的解决方案。然而我的同事和我发现，我们通常不会重构实现这个模式。我们更倾向于重构趋向该模式，并一次做完所有的重构。还是那句老话，无论多么喜欢一个模式，不要在不必要的时候使用它。

<aside>146</aside>

Decorator 与 Strategy

　　将装饰功能搬移到 Decorator 重构和用 Strategy 替换条件逻辑（7.2 节）重构彼此之间是竞争关系。它们都可以去除与特殊情况或选择性行为相关联的条件逻辑，并且它们都通过把这些行为从原来的类搬移到一个或多个新类中达到这一目的。然而，不同的是如何使用这些新类。Decorator 实例把自己包装在一个对象之外（或彼此包装），而一个或多个 Strategy 实例则用在一个对象当中，如下图所示：

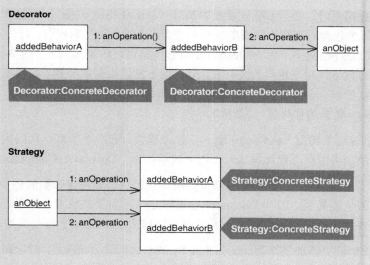

　　什么时候应该重构实现 Decorator？什么时候应该重构实现 Strategy？这很难说。必须要考

慮许多因素，然后才能做决定。下面是应该考虑的一些问题。

□ 不能共享 Decorator 实例——每个实例只能包装一个对象。另一方面，可以通过使用 Singleton 或 Flyweight[DP]模式很容易地共享 Strategy 实例。

□ Strategy 可以随意定义自己的接口，而 Decorator 必须与它所装饰的类的接口一致。

□ Decorator 可以透明地为多个不同的类添加行为，只要这些类与 Decorator 共享同一接口。另一方面，想使用 Strategy 对象的类必须知道它们的存在并了解如何使用它们。

□ 对包含很多数据或实现很多公共方法的类使用一个或多个 Strategy 是很常见的。另一方面，Decorator 类会变得过重、占用内存过多，如果用它们来装饰这种包含很多数据或实现很多公共方法的类。

如果想知道更多的 Decorator 和 Strategy 的相似和不同之处，我建议学习《设计模式》[DP]中的这两个模式。

优点与缺点

+ 把装饰功能从类中搬移去除，从而简化了类。
+ 有效地把类的核心职责和装饰功能区分开来。
+ 可以去除几个相关类中重复的装饰逻辑。
− 改变了被装饰对象的对象类型。
− 会使代码变得更难理解和调试。
− 当 Decorator 组合产生负面影响的时候，会增加设计的复杂度。

7.3.2　做法

在开始这个重构之前，必须要确定被修饰的类（embellished class），即包含对核心职责的装饰的类。并不是每个包含对其核心职责的装饰的类都是"被装饰"的候选。首先要确定 Decorator 将要实现的公共方法不会过多。因为 Decorator 对它所装饰的对象形成了"透明的包装"，客户代码应该能够调用与被装饰对象相同的公共方法，就像正常调用对象一样。如果被修饰的类声明了许多公共方法，就要减少公共方法的数量（删除、搬移或改变方法的可见性），或考虑应用其他重构，如用 Strategy 替换条件逻辑（7.2 节）。

(1) 确定或创建包装类型（enclosure type）、接口或类，它声明了客户代码需要的被修饰类的公共方法。这个包装类型在《设计模式》[DP]中被描述为"Decorator: Component"。

如果已经有了包装类型，它应该是被修饰类所实现的接口或被修饰类的超类。包含状态信息的类并不是合适的包装类型，因为 Decorator 会继承这些不需要的状态。如果还没有合适的包装类型，应用统一接口（11.2 节）重构和/或提炼接口[F]重构来创建一个包装类型。

(2) 找到为被修饰类添加装饰功能的条件逻辑（switch 或 if 语句），并应用用多态替换条件式[F]重构去除这些逻辑。

Martin Fowler 注意到，在应用用多态替换条件式[F]重构之前，通常需要应用以子类取代类型码[F]重构或用 State/Strategy 替换类型代码[F]重构。如果应用以子类取代类型码[F]重构，上一步就是创建一个 Creation Method 封装类型代码。如果需要这样的 Creation Method，要确保它的返回类型是包装类型。此外，在从超类中去除这些类型代码字段的时候，并不需要把类型代码的访问方法声明为抽象方法（即使 Martin Fowler 给出的做法中说必须这样做）。

如果存在必须在装饰代码之前和/或之后执行的逻辑，在应用以子类取代类型码[F]重构时，可能会需要使用形成 Template Mothod[F]重构。

✓ 编译并通过测试。

(3) 步骤(2)产生了被修饰类的一个或多个子类。应用以委托取代继承[F]重构把这些子类转换成委托类。在实现这一重构时，确保进行如下操作：

❑ 使每个委托类都实现包装类型；
❑ 把委托类的委托字段的类型声明为包装类型；
❑ 决定装饰代码在委托类调用委托之前还是之后执行。

如果在步骤(2)中应用了形成 Template Mothod [F]重构，委托类可能会需要调用 Template Mothod 引用的委托（例如，被修饰的类）的非公共方法。如果存在这种情况，改变这些方法的可见性并重新应用统一接口（11.2 节）重构。 [149]

如果委托类委托了被修饰类中的返回未装饰对象实例的方法，确保委托类在把实例交给对象代码之前装饰它。

✓ 编译并通过测试。

(4) 现在，每个委托类都用被修饰类的新建实例对自己的委托字段进行了赋值。确保这个赋值逻辑语句在委托类的构造函数中。然后，应用提取参数（11.3 节）重构提取赋值语句中实例化被修饰类的部分。如果可能的话，重复应用移除参数[F]重构来移除构造函数中不必要的参数。

✓ 编译并通过测试。

7.3.3 示例

开源工具 HTML Parser 可以使程序读取 HTML 文件中的特定 HTML 对象。当这个解析器遇到标签（tag）数据或夹在标签数据间的字符串的时候，它就会把它所找到的信息转换成相应的 HTML 对象，比如 Tag、StringNode、EndTag、ImageTag 等。这个解析器通常用来实现如下功能：

❑ 把一个 HTML 文件的内容转换到另一个 HTML 文件中；
❑ 分析一段 HTML 代码所包含的信息；
❑ 验证 HTML 的内容。

我们将要看到的将装饰功能搬移到 Decorator 重构所关注的是解析器的 StringNode 类。在运行时，一旦解析器找到夹在标签间的文本，就会创建出这个类的实例。例如，考虑这段 HTML：

```
<BODY>This text will be recognized as a StringNode</BODY>
```

给出这行 HTML，解析器将会在运行时创建如下对象：

- □ Tag（对应<BODY>标签）；
- □ StringNode（对应 String，"This text will be recognized as a StringNode"）；
- □ EndTag（对应</BODY>标签）。

[150]

有好几种方法可以检查 HTML 对象的内容：可以使用 toPlanTextString() 获取对象的纯文本表示，也可以用 toHtml() 获取活动对象的 HTML 表示。此外，解析器中的一些类，包括 StringNode，实现了 getText() 和 setText() 方法。然而，调用 StringNode 实例的 getText() 方法得到的返回值与调用 toPlanTextString() 和 toHtml() 得到的返回值是一样的，都是对象的纯文本表示。那么，为什么这 3 种方法要返回相同的结果呢？典型的原因是程序员向代码中添加了基于当前需求的新的代码，而没有重构原有代码来去除重复。在这种情况下，getText() 和 toPlanTextString() 可以被统一为一个方法。在这个例子中，我们将推迟这个统一方法的重构工作，直到知道了为什么之前没有实施这个重构。

对 StringNode 的一个通常的装饰功能涉及解码在 StringNode 实例中发现的"数字或字符实体引用"。典型的字符引用解码包括：

&amp;	解码为	&
&divide;	解码为	÷
&lt;	解码为	<
&rt;	解码为	>

解析器的 translate 类有一个签名为 decode(String dataToDecode) 的方法，它可以解码数字和字符实体引用的复杂集合。这种解码功能经常会在解析器找到 StringNode 后装饰到 StringNode 实例上去。例如，考虑下面的测试代码，它解析一段 HTML，然后迭代 Node 实例的集合，解码 StringNode 的实例：

```
public void testDecodingAmpersand() throws Exception {
    String ENCODED_WORKSHOP_TITLE =
        "The Testing &amp; Refactoring Workshop";

    String DECODED_WORKSHOP_TITLE =
        "The Testing & Refactoring Workshop";

    assertEquals(
        "ampersand in string",
```

[151]

```
        DECODED_WORKSHOP_TITLE,
        parseToObtainDecodedResult(ENCODED_WORKSHOP_TITLE));
}
private String parseToObtainDecodedResult(String stringToDecode)
    throws ParserException {

    StringBuffer decodedContent = new StringBuffer();
    createParser(stringToDecode);

    NodeIterator nodes = parser.elements();
    while (nodes.hasMoreNodes()) {
        Node node = nodes.nextNode();
        if (node instanceof StringNode) {
            StringNode stringNode = (StringNode) node;
            decodedContent.append(
                Translate.decode(stringNode.toPlainTextString())); // decoding step
        }
        if (node instanceof Tag)
            decodedContent.append(node.toHtml());
    }
    return decodedContent.toString();
}
```

在某些情况下，客户代码并不需要解码 StringNode 实例中的字符和数字引用。然而，客户代码却总是执行解码操作，使用相同的过程来迭代所有节点，找到是 StringNode 实例的结点，并对其进行解码。与其强制这些客户代码一遍又一遍地执行相同的解码步骤，不如把解码行为构建到解析器中，从而统一所有的解码工作。

我考虑了几种实现这个重构的方法，并决定使用一种直截了当的方法：直接为 StringNode 添加解码这一装饰功能，观察添加了装饰功能之后的代码，再做下一步决定。这种实现方法会存在一些问题，但是，我想看看在需要更好的设计之前，它可以实现到什么程度。因此，我使用测试驱动开发为 StringNode 添加了解码这一装饰功能。这涉及更新测试代码，修改 Parser 类、StringParser 类（用来创建 StringNode 的实例）和 StringNode 类。

下面展示了对上文提到的测试的更新，以便驱动解码装饰功能的创建：

```
public void testDecodingAmpersand() throws Exception {
    String ENCODED_WORKSHOP_TITLE =
    "The Testing &amp; Refactoring Workshop";

    String DECODED_WORKSHOP_TITLE =
    "The Testing & Refactoring Workshop";

    StringBuffer decodedContent = new StringBuffer();
    Parser parser = Parser.createParser(ENCODED_WORKSHOP_TITLE);
    parser.setNodeDecoding(true);  // tell parser to decode StringNodes
    NodeIterator nodes = parser.elements();

    while (nodes.hasMoreNodes())
        decodedContent.append(nodes.nextNode().toPlainTextString());
```

```
assertEquals("decoded content",
    DECODED_WORKSHOP_TITLE,
    decodedContent.toString()
);
}
```

在为 parser.setNodeDecoding(true)添加适当代码之前，这段更新后的代码甚至不能通过编译，这正是测试驱动开发的特性。为了使测试通过编译，我们首先要扩展 Parser 类，使其包含触发解码 StringNode 的开关项：

```
public class Parser...
    private boolean shouldDecodeNodes = false;

    public void setNodeDecoding(boolean shouldDecodeNodes) {
        this.shouldDecodeNodes = shouldDecodeNodes;
    }
```

接着，需要修改 StringParser 类。它包含一个 find(...)方法，用来在解析过程中定位、实例化并返回 StringNode 的实例。下面是相应的代码段：

```
public class StringParser...
    public Node find(NodeReader reader, String input, int position, boolean balance_quotes) {
        ...
        return new StringNode(textBuffer, textBegin, textEnd);
    }
```

修改这段代码，使其也支持新的解码选项：

```
public class StringParser...
    public Node find(NodeReader reader, String input, int position, boolean balance_quotes) {
        ...

        return new StringNode(
            textBuffer, textBegin, textEnd, reader.getParser().shouldDecodeNodes());
    }
```

为了使上面的代码通过编译，我们还需要在 Parser 类中添加 shouldDecodeNodes()方法，并为 StringNode 添加能够接收 shouldDecodeNodes()返回的 boolean 值的新构造函数：

```
public class Parser...
    public boolean shouldDecodeNodes() {
        return shouldDecodeNodes;
    }
public class StringNode extends Node...
    private boolean shouldDecode = false;

    public StringNode(StringBuffer textBuffer, int textBegin, int textEnd, boolean shouldDecode) {
        this(textBuffer, textBegin, textEnd);
        this.shouldDecode = shouldDecode;
    }
```

最后，为了完成重构并使测试通过，我们要在 StringNode 类中编写解码逻辑：

```
public class StringNode...
    public String toPlainTextString() {
        String result = textBuffer.toString();
        if (shouldDecode)
            result = Translate.decode(result);
        return result;
    }
```

现在，测试通过了。我们观察到，解析器的新的解码装饰功能并没有使代码过度膨胀。然而，一旦支持了一个装饰功能，经常会发现其他值得支持的装饰功能。毫无疑问，当我们查看了更多的解析器客户代码之后，我们会发现把转义字符（如\n 对应换行，\t 对应制表符）从 StringNode 实例中去除是很普遍的。因此，我决定也为解析器提供去除转义字符的装饰功能。这意味着要在 Parser 类中添加另一个开关项（名为 shouldRemoveEscapeCharacters），更新 StringParser 类，使其调用 StringNode 的可以处理解码选项和新的去除转义字符选项的构造函数，并在 StringNode 中添加如下代码：

```
public class StringNode...
    private boolean shouldRemoveEscapeCharacters = false;

    public StringNode(StringBuffer textBuffer, int textBegin, int textEnd,
                      boolean shouldDecode, boolean shouldRemoveEscapeCharacters) {
        this(textBuffer, textBegin, textEnd);
        this.shouldDecode = shouldDecode;
        this.shouldRemoveEscapeCharacters = shouldRemoveEscapeCharacters;
    }

    public String toPlainTextString() {
        String result = textBuffer.toString();
        if (shouldDecode)
            result = Translate.decode(result);

        if (shouldRemoveEscapeCharacters)
            result = ParserUtils.removeEscapeCharacters(result);
        return result;
    }
```

解码和去除转义字符的装饰功能简化了使用解析器的客户代码。但是，仅仅为了支持新的装饰功能，我们就不得不在好几个解析器类中做很多修改，这让我感觉很糟糕。这些横跨多个类的修改是代码坏味解决方案蔓延（4.6 节）的征兆。这个坏味产生于：

❑ 过多的初始化逻辑，也就是，告诉 Parser 和 StringNode 打开或关闭装饰功能，并初始化在一个或多个装饰功能中使用的 StringNode 的代码；

❑ 过多的装饰逻辑，也就是，StringNode 中用来支持每种装饰功能的逻辑。

我意识到解决初始化问题的最佳方法是为解析器传入一个 Factory 实例，用来在运行时实例化经过适当配置的 StringNode 实例（请参见 6.2 节）。我还意识到构建装饰功能的逻辑可以被重构到一个 Decorator 或一个 Strategy 中。我决定过会儿再考虑初始化的问题，现在先来看看 Decorator 或 Strategy 的重构。

那么，哪个模式在这里更有用呢？当观察了 StringNode 的兄弟类（如 RemarkNode，表示 HTML 中的注释）之后，我发现它们也可以从 StringNode 中的解码和去除转义字符中受益。如果我把这些行为重构到 Strategy 类中，那么就需要修改 StringNode 和它的兄弟类，使它们知道 Strategy 类的存在。Decorator 重构则不需要这样的修改，因为 Decorator 中的行为可以透明地包装在 StringNode 和它兄弟类的实例上。这对我很有吸引力；我不喜欢在许多类中修改很多的代码。

那这样做性能如何呢？我没怎么考虑性能的问题，因为我往往让事件探查器（profiler）告诉我性能问题的所在。我还意识到，即使 Decorator 重构会导致性能降低，到时候再重构实现 Strategy 也不会很麻烦。

在决定了 Decorator 比 Strategy 更合适之后，现在要决定 Decorator 是否真的适合问题中的代码。像我在做法小节最开始就提到的那样，考虑一个类是否足够简单到可以被装饰是至关重要的。在这种情况下，简单意味着类没有实现很多的公共方法或声明很多的字段。我发现 StringNode 确实是简单的，但是它的超类，而 AbstractNode 却不是。下图展示了 AbstractNode。

[155]

AbstractNode
#nodeBegin : int #nodeEnd : int
+AbstractNode(beginPosition: int, endPosition: int) +toPlainTextString() : String +toHtml() : String +toString() : String +collectInto(nodes: NodeList, filter: String) : void +collectInto(nodes: NodeList, nodeType: class) : void +elementBegin() : int +elementEnd() : int +accept(NodeVisitor) : void +setParent(tag: CompositeTag) : void +getParent() : CompositeTag

AbstractNode 有 10 个公共方法。这可不是我们所说的窄接口（narrow interface），却也不算宽（broad）。我认定它可以接受这个重构。

做好了重构的准备工作后，现在，我要把装饰逻辑从 StringNode 中去除，并把每个装饰功能放到属于它自己的 StringNode 的 Decorator 类中。如果需要支持多项装饰功能，可以在解析之前配置 StringNode 的 Decorator 的组合。

下图展示了 StringNode 在 Node 类层次结构中的位置，以及在重构到使用 DecodingNode 这一 Decorator 之前，它的解码逻辑是什么样的。

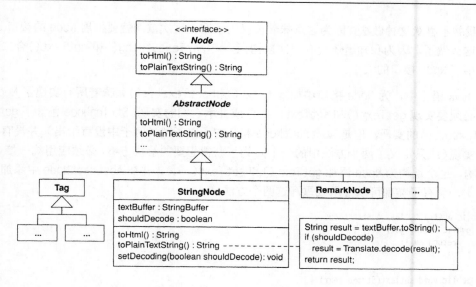

156

下面是把 StringNode 的解码逻辑重构到 Decorator 的步骤。

(1) 首先是识别或创建一个包装类型，即声明了 StringNode 的所有公共方法和它继承的所有公共方法的类或接口。好的包装类型不会包含字段（例如，状态）。因此，StringNode 的超类，AbstractNode，并不是好的包装类型，因为它包含两个类型为原生类型 int 的字段，nodeBegin 和 nodeEnd。为什么类是否包含字段会如此重要呢？因为虽然 Decorator 为它们所装饰的对象添加行为，但是它们不需要复制那些对象中的字段。在这种情况下，因为 StringNode 已经从 AbstractNode 中继承了 nodeBegin 和 nodeEnd，所以 StringNode 的 Decorator 就不需要继承这些字段了。

所以，我排除了把 AbstractNode 作为包装类型的可能性。自然而然的，下一个考虑的对象就是 AbstractNode 所实现的接口，Node。下面的图展示了这个接口。

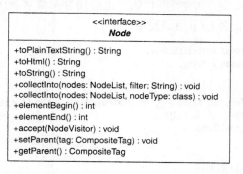

这本来是个完美的包装类型，只是它并不包含 StringNode 的两个公共方法，getText()和 setText(...)。为了铺平为 StringNode 创建透明包装的道路，必须把这两个方法添加到 Node 接

口中。我并不喜欢这种做法，因为这意味着仅仅为了迎合这次重构就要扩展 Node 的接口。然而，我仍然这么做了，因为我知道还会有一次重构把 toPlainTextString() 和 getText() 合二为一，这就减小了 Node 接口的大小。

在 Java 语言中，为 Node 接口添加 getText() 和 setText(...) 意味着所有实现了 Node 的具体类都必须要实现 getText() 和 setText(...)，或继承它们的实现。StringNode 包含了 getText() 和 setText(...) 的实现，但是 AbstractNode 和它的一些子类（例子中没有给出）并没有这两个方法的实现（或只定义了两个方法中的一个）。为了获得想要的解决方案，必须应用统一接口（11.2 节）重构。这个重构为 Node 添加 getText() 和 setText(...)，并在 AbstractNode 中添加方法的默认版本，所有子类都可以继承或重写这两个方法：

```
public abstract class AbstractNode...
    public String getText() {
        return null;
    }

    public void setText(String text) {
    }
```

(2) 现在就可以应用用多态替换条件式[F]重构来把 StringNode 中的解码装饰功能替换掉了。应用这个重构涉及到产生如下所示的继承结构。

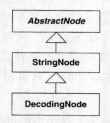

为了产生这种继承结构，我们要应用以子类取代类型码[F]重构。实现这一重构的第一步是在 shouldDecode（StringNode 中的类型代码）上应用自封装字段[F]重构。下面的代码展示了 StringNode 中对 shouldDecode 的引用或使用：

```
public class StringNode extends AbstractNode...
    private boolean shouldDecode = false;

    public StringNode(
        StringBuffer textBuffer, int textBegin, int textEnd, boolean shouldDecode) {
        this(textBuffer, textBegin, textEnd);
        this.shouldDecode = shouldDecode;
    }

    public String toPlainTextString() {
        String result = textBuffer.toString();
        if (shouldDecode)
            result = Translate.decode(result);
```

```
        return result;
    }
```

为了自封装 shouldDecode，我们要做如下修改：

```
public class StringNode extends AbstractNode...
    public StringNode(
        StringBuffer textBuffer, int textBegin, int textEnd, boolean shouldDecode) {
        this(textBuffer, textBegin, textEnd);
        setShouldDecode(shouldDecode);
    }

    public String toPlainTextString() {
        String result = textBuffer.toString();
        if (shouldDecode())
            result = Translate.decode(result);
        return result;
    }

    private void setShouldDecode(boolean shouldDecode) {
        this.shouldDecode = shouldDecode;
    }

    private boolean shouldDecode() {
        return shouldDecode;
    }
```

我们几乎已经自封装了 shouldDecode，除了新的 StringNode 构造函数。因为它把类型代码 shouldDecode 作为参数接收，所以我们要用一个 Creation Method 来替换这个构造函数（参见以子类取代类型码[F]的做法）。Decorator 的做法也告诉我们要把这个 Creation Method 的返回值设为 Node，即对实现 Decorator 模式至关重要的包装类型。下面是新的 Creation Method：

```
public class StringNode extends AbstractNode...
    private StringNode(
        StringBuffer textBuffer, int textBegin, int textEnd, boolean shouldDecode) {
        this(textBuffer, textBegin, textEnd);
        setShouldDecode(shouldDecode);
    }

    public static Node createStringNode(
        StringBuffer textBuffer, int textBegin, int textEnd, boolean shouldDecode) {
        return new StringNode(textBuffer, textBegin, textEnd, shouldDecode);
    }
```

下面是已更新的、调用新 Creation Method 的客户代码：

```
public class StringParser...
    public Node find(
        NodeReader reader, String input, int position, boolean balance_quotes) {
        ...
        return StringNode.createStringNode(
            textBuffer, textBegin, textEnd, reader.getParser().shouldDecodeNodes());
```

7

159

编译并通过测试，确保这些修改没有产生任何错误。现在，以子类取代类型码[F]重构做法的第（2）步表明：

为类型代码的每个值创建一个子类。重写子类中的类型代码的访问方法，使其返回相应的值。[F, 224]

类型代码 shouldDecode 有两个值：true 和 false。我决定让 StringNode 自己处理 false 的情况（例如，不执行任何解码操作），而让一个新的子类 DecodingNode 处理 true 的情况。首先，创建 DecodingNode 类，并重写 shouldDecode()方法（现在声明为 protected）：

```
public class StringNode extends AbstractNode...
    protected boolean shouldDecode()...

public class DecodingNode extends StringNode {
    public DecodingNode(StringBuffer textBuffer, int textBegin, int textEnd) {
        super(textBuffer, textBegin, textEnd);
    }

    protected boolean shouldDecode() {
        return true;
    }
}
```

现在，需要修改 Creation Method，使它能够根据 shouldDecode 的值来创建适当的对象：

```
public class StringNode extends AbstractNode...
    private boolean shouldDecode = false;

    public static Node createStringNode(
        StringBuffer textBuffer, int textBegin, int textEnd, boolean shouldDecode) {
        if (shouldDecode)
            return new DecodingNode(textBuffer, textBegin, textEnd);
        return new StringNode(textBuffer, textBegin, textEnd, shouldDecode);
    }
```

编译并通过测试，确保一切正常运行。

现在，可以简化 StringNode 了，我们可以去除 shouldDecode 类型代码和设置方法，以及接收它的构造函数。我们所要做的只是让 StringNode 的 shouldDecode()方法返回 false，一切就可以正常工作了：

```
public class StringNode extends AbstractNode...
    private boolean shouldDecode = false;

    public StringNode(StringBuffer textBuffer,int textBegin,int textEnd) {
        super(textBegin,textEnd);
        this.textBuffer = textBuffer;
    }

    private StringNode(
        StringBuffer textBuffer, int textBegin, int textEnd, boolean shouldDecode) {
        this(textBuffer, textBegin, textEnd);
```

```
    setShouldDecode(shouldDecode);
}

public static Node createStringNode(
    StringBuffer textBuffer, int textBegin, int textEnd, boolean shouldDecode) {
    if (shouldDecode)
        return new DecodingNode(textBuffer, textBegin, textEnd);
    return new StringNode(textBuffer, textBegin, textEnd);
}

private void setShouldDecode(boolean shouldDecode) {
    this.shouldDecode = shouldDecode;
}

protected boolean shouldDecode() {
    return false;
}
```

编译并通过测试，一切正常。现在，我们已成功地创建了这个继承结构，它使我们可以应用用多态替换条件式[F]重构。

现在，我们希望 StringNode 能够摆脱 toPlainTextString()中的条件逻辑。下面是修改前的方法：

```
public class StringNode extends AbstractNode...
    public String toPlainTextString() {
        String result = textBuffer.toString();
        if (shouldDecode())
            result = Translate.decode(result);
        return result;
    }
```

第一步是为 DecodingNode 编写 toPlainTextString()来重写原有的方法：

```
public class DecodingNode extends StringNode...
    public String toPlainTextString() {
        return Translate.decode(textBuffer.toString());
    }
```

编译并通过测试，确保这个小改动没有扰乱什么。现在，我们去除之前从 StringNode 中复制到 DecodingNode 中的逻辑：

```
public class StringNode extends AbstractNode...
    public String toPlainTextString() {
        return textBuffer.toString();
        String result = textBuffer.toString();

    if (shouldDecode())
        result = Translate.decode(result);
    return result;
}
```

161

现在，可以安全删除 StringNode 和 DecodingNode 中的 shouldDecode()方法了：

```
public class StringNode extends AbstractNode...
   protected boolean shouldDecode() {
      return false;
   }

public class DecodingNode extends StringNode...
   protected boolean shouldDecode() {
      return true;
   }
```

DecodingNode 的 toPlainTextString() 还有一点点重复代码：对 textBuffer.toString() 的调用和在 StringNode 的 toPlainTextString() 中的调用是一致的。可以通过 DecodingNode 调用它的超类来去除这一重复代码，如下：

```
public class DecodingNode extends StringNode...
   public String toPlainTextString() {
      return Translate.decode(super.toPlainTextString());
   }
```

现在，StringNode 中再也没有类型代码 shouldDecode 的痕迹了，而且，toPlainTextString() 中的条件解码逻辑也被多态所替换了。

(3) 下一步是应用以委托取代继承[F]重构。这个重构的做法告诉我们，首先要在子类 DecodingNode 中创建一个引用自身的字段：

```
public class DecodingNode extends StringNode...3.
private Node delegate = this
```

我们把 delegate 的类型声明为 Node 而不是 DecodingNode，这是因为 DecodingNode 马上就会变成一个 Decorator，并且它所装饰的（也是委托到的）对象必须实现与它相同的接口（例如，Node）。

现在，我们用委托来替换对 StringNode 所继承的方法的直接调用。DecodingNode 的方法中，唯一调用了超类方法的就是 toPlainTextString()：

```
public class DecodingNode extends StringNode...
   public String toPlainTextString() {
      return Translate.decode(super.toPlainTextString());
   }
```

我们修改这个调用，以便使用新的字段 delegate：

```
public class DecodingNode extends StringNode...
   public String toPlainTextString() {
      return Translate.decode(delegate.toPlainTextString());
   }
```

编译并测试看它是否可以运行。不能运行！代码走进了一个死循环。我立刻想起了 Martin 在以委托取代继承的做法中提到的一个注意事项：

不能替换子类中声明的任何会调用超类方法的方法，否则它们会陷入无限递归。这一类方法只有在继承关系被打破之后才能被替换[F, 353]。

因此，我们撤销了上一步的修改，并继续重构。下一步是打破继承关系，也就是说，使
DecodingNode 不再是 StringNode 的子类。在这一步中，我们也要使 delegate 指向一个真正的
StringNode 实例：

```
public class DecodingNode extends StringNode ...
    private Node delegate = this;

    public DecodingNode(StringBuffer textBuffer, int textBegin, int textEnd) {
        delegate = new StringNode(textBuffer, textBegin, textEnd);
    }
```

编译通过了，但是 StringNode 中的如下代码却不能通过编译了：

```
public class StringNode extends AbstractNode...
    public static Node createStringNode(
        StringBuffer textBuffer, int textBegin, int textEnd, boolean shouldDecode) {

        if (shouldDecode)
            return new DecodingNode(textBuffer, textBegin, textEnd);
        return new StringNode(textBuffer, textBegin, textEnd);
    }
```

问题在于，createStringNode 想要返回实现了 Node 接口的对象，而 DecodingNode 不再实
现这个接口了。只需使 DecodingNode 实现 Node 就可以解决这个问题：

```
public class DecodingNode implements Node...
    private Node delegate;

    public DecodingNode(StringBuffer textBuffer, int textBegin, int textEnd) {
        delegate = new StringNode(textBuffer, textBegin, textEnd);
    }
    public String toPlainTextString() {
        return Translate.decode(delegate.toPlainTextString());
    }

    public void accept(NodeVisitor visitor) {
    }

    public void collectInto(NodeList collectionList, Class nodeType) {
    }

    // ...
```

以委托取代继承的最后一步就是，令 DecodingNode 中从 Node 中继承下来的所有方法都调用
delegate 的相应方法：

```
public class DecodingNode implements Node...

    public void accept(NodeVisitor visitor) {
        delegate.accept(visitor);
```

7

163

```
    }

    public void collectInto(NodeList collectionList, Class nodeType) {
        delegate.collectInto(collectionList, nodeType);
    }

    // ...
```

(4) 现在，DecodingNode 几乎就是一个 Decorator 了。妨碍它成为真正的 Decorator 的是它所委托到的字段 delegate，该字段是在 DecodingNode 内部被实例化的，而不是通过构造函数的参数传入的。为了修正这一点，我们应用提取参数（11.3节）重构和移除参数[F]重构（移除不必要的参数）。如下修改实现了这两个重构：

```
public class StringNode extends AbstractNode...
    public static Node createStringNode(
        StringBuffer textBuffer, int textBegin, int textEnd, boolean shouldDecode) {
        if (shouldDecode)
            return new DecodingNode(new StringNode(textBuffer, textBegin, textEnd));
        return new StringNode(textBuffer, textBegin, textEnd);
    }

public class DecodingNode implements Node...
    private Node delegate;

    public DecodingNode(Node newDelegate) {
        delegate = newDelegate;
    }
```

|164|

现在，DecodingNode 就是一个完整的 Decorator 了。下图展示了它在 Node 类层次结构中的位置。

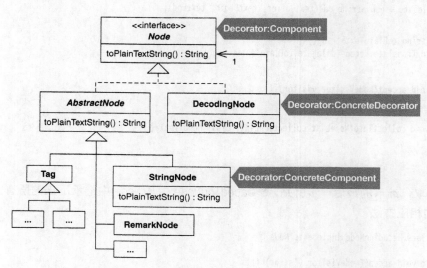

|165|

7.4　用 State 替换状态改变条件语句

控制一个对象状态转换的条件表达式过于复杂。

用处理特殊状态和状态转换的 State 类替换条件语句。

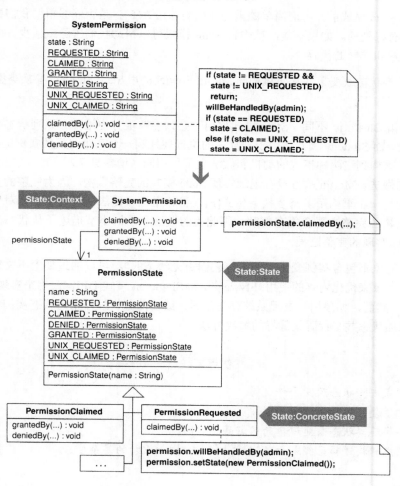

7.4.1　动机

重构实现 State[DP] 模式的主要原因，是为了对付过度复杂的状态改变条件逻辑。这种逻辑往往会散布在整个类中，控制对象的状态以及状态之间的转换。在实现 State 模式的时候，需要创建代表对象特殊状态和状态间转换的类。在《设计模式》[DP] 中，包含状态改变的对象称为上下文（context）。上下文会把状态相关的行为委托到状态对象上。通过使上下文引用不同的状态对象，状态对象可以在运行时实现状态转换。

把状态改变条件逻辑从类中去除，并搬移到表示不同状态的一系列类中，可以产生更简单的设计，它提供了观察状态间转换的更好的鸟瞰图。另一方面，如果类中的状态转换逻辑很容易理解，就不需要重构到 State 模式（除非将来会添加更多的状态转换）。7.4.3 节展示了一种难于理解或扩展状态转换条件逻辑的情况，这种情况正是 State 模式的用武之地。

在重构到 State 模式前，考虑简单的重构（如提炼函数[F]）是否能够帮助我们整理状态转换条件逻辑是很有好处的。如果不能，重构到 State 模式可以帮助我们去除或减少许多条件逻辑，产生更易于理解和扩展的代码。

用 State 替换状态改变条件语句重构与 Martin Fowler 的用 State/Strategy 替换类型代码[F]重构并不相同，原因如下。

- ☐ **State 和 Strategy 不同**。State 模式作用于必须能够很方便地在一系列状态类的实例间转换的类，而 Strategy 模式作用于把算法的执行委托到一系列策略类的实例的类。由于这种差异，重构到这两种模式的动机和做法也不尽相同（请参见 7.2 节）。
- ☐ **完整的做法**。Martin 故意没有记录实现 State 模式的完整重构，因为完整的实现依赖于他所写的另一个重构用多态替换条件式[F]。我尊重这一做法，但同时认为对于读者来说，理解重构的完整实现会更有帮助，因此我的做法和示例小节描述了从状态改变条件逻辑到 State 实现的完整过程。

如果状态对象不包含实例变量（例如，它们是无状态的），可以通过使上下文对象共享这些无状态的状态对象来优化内存的使用。Flyweight 和 Singleton 模式[DP]常常用来实现这种共享（请参见 9.2 节）。然而，如果用户发现系统存在延迟，或性能分析程序指出状态实例化代码是主要瓶颈，那么添加状态共享代码是最好的解决方法。

优点与缺点
＋ 减少或去除状态改变条件逻辑。
＋ 简化了复杂的状态改变逻辑。
＋ 提供了观察状态改变逻辑的很好的鸟瞰图。
－ 当状态转换逻辑已经易于理解的时候，会增加设计的复杂度。

7.4.2　做法

(1) 上下文类是包含原始状态字段的类，在状态转换过程中，原始状态字段会被一系列常量赋值或与之比较。在原始状态字段上应用用类替换类型代码（9.1 节）重构，这样它的类型就变成了一个类。我们称这个新类为状态超类。

在《设计模式》[DP]中，上下文类被描述为"State: Context"，状态超类被描述为"State: State"。

✓ 编译。

(2) 状态超类中的每个常量现在都引用着状态超类的一个实例。应用提炼子类[F]重构，为每个常量产生一个子类（描述为"State: ConcreteState"[DP]），然后更新状态超类中的常量，使它们引用相应的子类实例。最后，把状态超类声明为抽象类。

✓ 编译。

(3) 在上下文类中找出根据状态转换逻辑来修改原始状态字段的方法。把这个方法复制到状态超类中，在修改最少的前提下使这个新方法可以运行。（一个常用的、简单的修改是把上下文类传入这个方法，以便新方法中的代码调用上下文类的方法。）最后，把上下文类中方法的方法体替换为对新方法的委托调用。

✓ 编译并通过测试。

对上下文类中的每个根据状态转换逻辑来修改原始状态字段的方法重复这一步骤。

(4) 选择上下文类能够进入的状态，然后识别出状态超类中的哪些方法会使这个状态转换到其他状态。把这些识别出来的方法复制到与被选中的状态相关联的子类中，并去除无关的逻辑。

无关的逻辑往往包括对当前状态的验证或转换到无关状态的逻辑。

✓ 编译并通过测试。

对上下文类能够进入的每个状态重复这一步骤。

(5) 删除每个在步骤(3)中被复制到状态超类的方法的方法体，为每个方法产生一个空实现。

✓ 编译并通过测试。

7.4.3　示例

研究一个不需要使用 State 模式管理其状态的类，有助于我们弄清楚什么时候重构实现 State 模式是有意义的。SystemPermission 就是这样一个类。它使用简单的条件逻辑管理访问软件系统的许可的状态。在 SystemPermission 对象的生命周期内，一个名为 state 的实例变量会在 requested、claimed、denied 和 granted 等状态间转换。下面的状态图展示了可能的转换：

下面给出了 SystemPermission 类的代码，以及测试这个类如何工作的代码段：

```java
public class SystemPermission...
  private SystemProfile profile;
  private SystemUser requestor;
  private SystemAdmin admin;
  private boolean isGranted;
  private String state;

  public final static String REQUESTED = "REQUESTED";
  public final static String CLAIMED = "CLAIMED";
  public final static String GRANTED = "GRANTED";
  public final static String DENIED = "DENIED";

  public SystemPermission(SystemUser requestor, SystemProfile profile) {
    this.requestor = requestor;
    this.profile = profile;
    state = REQUESTED;
    isGranted = false;
    notifyAdminOfPermissionRequest();
  }

  public void claimedBy(SystemAdmin admin) {
    if (!state.equals(REQUESTED))
      return;
    willBeHandledBy(admin);
    state = CLAIMED;
  }

  public void deniedBy(SystemAdmin admin) {
    if (!state.equals(CLAIMED))
      return;
    if (!this.admin.equals(admin))
      return;
    isGranted = false;
    state = DENIED;
    notifyUserOfPermissionRequestResult();
  }

  public void grantedBy(SystemAdmin admin) {
    if (!state.equals(CLAIMED))
      return;
    if (!this.admin.equals(admin))
      return;
    state = GRANTED;
    isGranted = true;
    notifyUserOfPermissionRequestResult();
  }

public class TestStates extends TestCase...
  private SystemPermission permission;

public void setUp() {
  permission = new SystemPermission(user, profile);
}
```

170

```
public void testGrantedBy() {
  permission.grantedBy(admin);
  assertEquals("requested", permission.REQUESTED, permission.state());
  assertEquals("not granted", false, permission.isGranted());
  permission.claimedBy(admin);
  permission.grantedBy(admin);
  assertEquals("granted", permission.GRANTED, permission.state());
  assertEquals("granted", true, permission.isGranted());
}
```

请注意客户代码是如何调用 SystemPermission 中特定的方法，为实例变量 state 设置不同值的。现在，看一下 SystemPermission 中的整体条件逻辑。这个逻辑负责状态转换，但是由于该逻辑并不复杂，所以代码并不需要使用 State 模式。

一旦为 SystemPermission 类添加了越来越多的真实世界的行为，这个条件状态改变逻辑将很快变得难以遵循。例如，我曾经帮助别人设计过一个安全系统，系统用户在被授予访问指定软件系统的通用权限前，必须获得 UNIX 和/或数据库的权限。在获得通用权限前，请求获得 UNIX 权限的状态转换逻辑是这样的：

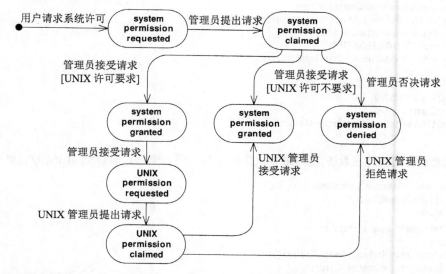

添加对 UNIX 权限的支持使 SystemPermission 的状态转换条件逻辑变得复杂起来。考虑如下代码：

```
public class SystemPermission...
  public void claimedBy(SystemAdmin admin) {
    if (!state.equals(REQUESTED) && !state.equals(UNIX_REQUESTED))
      return;
    willBeHandledBy(admin);
    if (state.equals(REQUESTED))
      state = CLAIMED;
    else if (state.equals(UNIX_REQUESTED))
```

171

```
    state = UNIX_CLAIMED;
}

public void deniedBy(SystemAdmin admin) {
  if (!state.equals(CLAIMED) && !state.equals(UNIX_CLAIMED))
    return;
  if (!this.admin.equals(admin))
    return;
  isGranted = false;
  isUnixPermissionGranted = false;
  state = DENIED;
  notifyUserOfPermissionRequestResult();
}

public void grantedBy(SystemAdmin admin) {
  if (!state.equals(CLAIMED) && !state.equals(UNIX_CLAIMED))
    return;
  if (!this.admin.equals(admin))
    return;

  if (profile.isUnixPermissionRequired() && state.equals(UNIX_CLAIMED))
    isUnixPermissionGranted = true;
  else if (profile.isUnixPermissionRequired() &&
    !isUnixPermissionGranted()) {
    state = UNIX_REQUESTED;
    notifyUnixAdminsOfPermissionRequest();
    return;
  }
  state = GRANTED;
  isGranted = true;
  notifyUserOfPermissionRequestResult();
}
```

可以通过应用提炼函数[F]重构来尝试简化这些代码。例如，可以把 grantBy() 重构为：

```
public void grantedBy(SystemAdmin admin) {
  if (!isInClaimedState())
    return;
if (!this.admin.equals(admin))
  return;
if (isUnixPermissionRequestedAndClaimed())
  isUnixPermissionGranted = true;
else if (isUnixPermisionDesiredButNotRequested()) {
  state = UNIX_REQUESTED;
  notifyUnixAdminsOfPermissionRequest();
  return;
}
...
```

虽然这算是一个改进，但 SystemPermission 仍然包含了许多与状态相关的布尔逻辑（例如，isUnixPermissionRequestedAndClaimed() 等方法），而且 grantBy() 方法仍然不算简单。是该看看重构到 **State** 模式可以如何简化这些代码的时候了。

(1) SystemPermission 有一个类型为 String 的字段 state。首先，应用用类替换类型代码（9.1节）重构，把 state 转变为一个类。这会产生如下新类：

```
public class PermissionState {
  private String name;

  private PermissionState(String name) {
    this.name = name;
  }

  public final static PermissionState REQUESTED = new PermissionState("REQUESTED");
  public final static PermissionState CLAIMED = new PermissionState("CLAIMED");
  public final static PermissionState GRANTED = new PermissionState("GRANTED");
  public final static PermissionState DENIED = new PermissionState("DENIED");
  public final static PermissionState UNIX_REQUESTED =
    new PermissionState("UNIX_REQUESTED");
  public final static PermissionState UNIX_CLAIMED = new PermissionState("UNIX_CLAIMED");

  public String toString() {
    return name;
  }
}
```

用类型为 PermissionState 的字段 permissionState 替换 SystemPermission 的 state 字段：

```
public class SystemPermission...
  private PermissionState permissionState;

  public SystemPermission(SystemUser requestor, SystemProfile profile) {
    ...
    setPermission(PermissionState.REQUESTED);
    ...
  }

  public PermissionState getState() {
    return permissionState;
  }

  private void setState(PermissionState state) {
    permissionState = state;
  }
  public void claimedBy(SystemAdmin admin) {
    if (!getState().equals(PermissionState.REQUESTED)
     && !getState().equals(PermissionState.UNIX_REQUESTED))
      return;
    ...
  }

  ...
```

(2) 现在，PermissionState 包含 6 个常量，每个常量又都是 PermissionState 的实例。为了把每个常量变成 PermissionState 子类的实例，应用提炼子类[F]重构 6 次，产生如下图所示的结果。

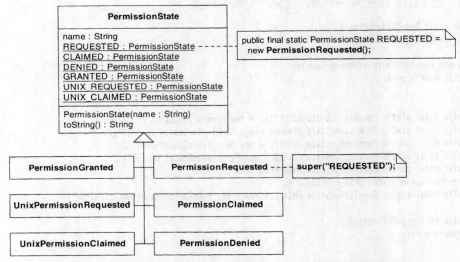

因为客户代码不需要实例化 PermissionState，所以把它声明为抽象类：

```
public abstract class PermissionState...
```

全部新代码都可以编译，继续下面的重构。

(3) 接下来，在 SystemPermission 中找出基于状态转换逻辑改变 permission 值的方法。这样的方法共有 3 个：claimBy()、deniedBy() 和 grantedBy()。首先考虑 claimBy()。把这个方法复制到 PermissionState 中，对其做适当的修改使其能通过编译，然后用对新 PermissionState 的调用替换原 claimBy() 方法的方法体：

```
public class SystemPermission...
  private void setState(PermissionState state) { // 现在具有包级可见性
    permissionState = state;
  }

  public void claimedBy(SystemAdmin admin) {
    state.claimedBy(admin, this);
  }

  void willBeHandledBy(SystemAdmin admin) {
    this.admin = admin;
  }

abstract class PermissionState...
  public void claimedBy(SystemAdmin admin, SystemPermission permission) {
    if (!permission.getState().equals(REQUESTED) &&
        !permission.getState().equals(UNIX_REQUESTED))
      return;
    permission.willBeHandledBy(admin);
```

```
      if (permission.getState().equals(REQUESTED))
        permission.setState(CLAIMED);
      else if (permission.getState().equals(UNIX_REQUESTED)) {
        permission.setState(UNIX_CLAIMED);
      }
    }
```

编译并通过测试之后，为 deniedBy() 和 grantedBy() 重复以上步骤。

(4) 现在，选择一个 SystemPermission 能够进入的状态，并识别出 PermissionState 的哪个方法使这个状态转换到别的状态。我们从 REQUESTED 状态开始。这个状态只能转换到 CLAIMED 状态，而且转换发生在 PermissionState.claimedBy() 方法中。把这个方法复制到 Permission-Requested 类中：

```
class PermissionRequested extends PermissionState...
  public void claimedBy(SystemAdmin admin, SystemPermission permission) {
    if (!permission.getState().equals(REQUESTED) &&
        !permission.getState().equals(UNIX_REQUESTED))
      return;
    permission.willBeHandledBy(admin);
    if (permission.getState().equals(REQUESTED))
      permission.setState(CLAIMED);
    else if (permission.getState().equals(UNIX_REQUESTED)) {
      permission.setState(UNIX_CLAIMED);
    }
  }
}
```

该方法中的很多逻辑已经不再需要了。例如，任何与 UNIX_REQUESTED 状态有关的东西都是不需要的，因为我们只关心 PermissionRequested 类中的 REQUESTED 状态。也不需要检查当前状态是否 REQUESTED，因为 PermissionRequested 类本身就保证了这一点。因此可以简化代码如下：

```
class PermissionRequested extends Permission...
  public void claimedBy(SystemAdmin admin, SystemPermission permission) {
    permission.willBeHandledBy(admin);
    permission.setState(CLAIMED);
  }
}
```

同样，编译并通过测试，确保没有任何问题。现在为另外 5 个状态重复以上步骤。让我们看看如何产生 PermissionClaimed 和 PermissionGranted 状态。

CLAIMED 状态可以转换到 DENIED、GRANTED 和 UNIX_REQUESTED。deniedBy() 或 grantedBy() 方法负责这些转换，因此，把这些方法复制到 PermissionClaimed 类中，并删除多余的逻辑：

```
class PermissionClaimed extends PermissionState...
  public void deniedBy(SystemAdmin admin, SystemPermission permission) {
    if (!permission.getState().equals(CLAIMED) &&
        !permission.getState().equals(UNIX_CLAIMED))
```

175

7

```
          return;
      if (!permission.getAdmin().equals(admin))
        return;
      permission.setIsGranted(false);
      permission.setIsUnixPermissionGranted(false);
      permission.setState(DENIED);
      permission.notifyUserOfPermissionRequestResult();
    }
    public void grantedBy(SystemAdmin admin, SystemPermission permission) {
      if (!permission.getState().equals(CLAIMED) &&
         !permission.getState().equals(UNIX_CLAIMED))
         return;
      if (!permission.getAdmin().equals(admin))
        return;

      if (permission.getProfile().isUnixPermissionRequired()
       && permission.getState().equals(UNIX_CLAIMED))
       permission.setIsUnixPermissionGranted(true);
      else if (permission.getProfile().isUnixPermissionRequired()
          && !permission.isUnixPermissionGranted()) {
      permission.setState(UNIX_REQUESTED);
      permission.notifyUnixAdminsOfPermissionRequest();
      return;
      }
      permission.setState(GRANTED);
      permission.setIsGranted(true);
      permission.notifyUserOfPermissionRequestResult();
    }
```

对 PermissionGranted 的重构很简单。一旦 SystemPermission 到达了 GRANTED 状态，就没有能够继续转换下去的状态了（例如，它是结束状态）。因此，这个类不需要实现任何转换方法（例如，claimedBy()）。事实上，它需要继承转换方法的空实现，这正是下一步的做法。

(5) 现在，在 PermissionState 中，删除 claimBy()、deniedBy()和 grantedBy()的方法体，如下所示：

```
abstract class PermissionState {
  public String toString();
  public void claimedBy(SystemAdmin admin, SystemPermission permission) {}
  public void deniedBy(SystemAdmin admin, SystemPermission permission) {}
  public void grantedBy(SystemAdmin admin, SystemPermission permission) {}
}
```

编译并通过测试，确保状态仍然运行正确。现在，唯一的问题就是如何庆祝这次重构到 State 模式的成功了。

7.5 用 Composite 替换隐含树

用原生表示法（如 String）隐含地形成了树结构。

用 Composite 替换这个原生表示法。

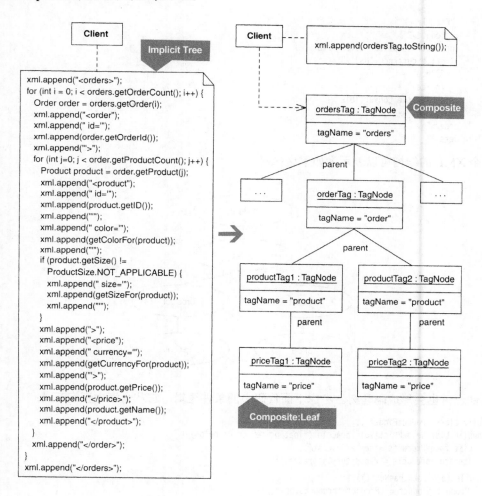

7.5.1 动机

有时，虽然数据或代码没有被显式地构造成树，但可能是用树表示的，这时它们就形成了隐含树。例如，上面简图中生成 XML 数据的代码会有如下输出：

```
String expectedResult =
  "<orders>" +
    "<order id='321'>" +
      "<product id='f1234' color='red' size='medium'>" +
        "<price currency='USD'>" +
          "8.95" +
        "</price>" +
        "Fire Truck" +
      "</product>" +
      "<product id='p1112' color='red'>" +
        "<price currency='USD'>" +
          "230.0" +
        "</price>" +
        "Toy Porsche Convertible" +
      "</product>" +
    "</order>" +
  "</orders>";
```

这个 XML 的结构可以表示为如下这棵树。

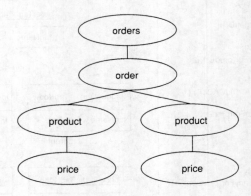

条件逻辑也会形成隐含树。考虑下面代码中的条件逻辑，它从仓库中查询产品：

```
public class ProductFinder...
  public List belowPriceAvoidingAColor(float price, Color color) {
    List foundProducts = new ArrayList();
    Iterator products = repository.iterator();

    while (products.hasNext()) {
      Product product = (Product) products.next();
      if (product.getPrice() < price && product.getColor() != color)
        foundProducts.add(product);
    }
    return foundProducts;
  }
```

这个条件逻辑的结构也可以表示为一棵树。

179

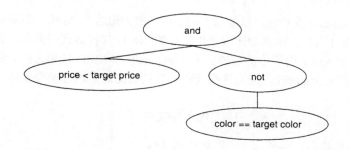

这两个例子中的隐含树在本质上是不同的，但是都可以使用 Composite[DP]来建模。这种重构的主要动机是什么呢？是为了使代码变得更简单，更短小精悍。

例如，用 Composite 的形式产生 XML 更简单，需要的代码也更少，因为不需要重复地格式化 XML 和追加结束标签：Composite 标签可以自动完成这些工作。把上面展示的条件逻辑转换为 Composite 的动机也很类似，但有一点要注意：只有在存在相似的条件逻辑增长的情况下，这个重构才是有意义的。

```
public class ProductFinder...
  public List byColor(Color color)...
    if (product.getColor() == color)...

  public List byColorAndBelowPrice(Color color, float price)...
    if (product.getPrice() < price && product.getColor() == color)...

  public List byColorAndAbovePrice(Color color, float price) {
    if (product.getColor() == color && product.getPrice() > price)...

  public List byColorSizeAndBelowPrice(Color color, int size, float price)...
    if (product.getColor() == color &&
        product.getSize() == size &&
        product.getPrice() < price)...
```

通过把每个产品查询表示为一个 Composite，上面的方法可以归纳为一个单独的查询方法。用 Interpreter 替换隐式语言（8.7 节）重构描述了这种转换，其中包含了 Composite 的实现。

基于数据的隐式树，如上面给出的 XML 的例子，往往要忍受构造隐式树的代码与如何表示树的代码之间的紧耦合之苦。重构实现 Composite 可以解开这种耦合；然而，重构后的客户代码又会与 Composite 耦合在一起。有时，需要通过另一个间接层来解耦合。例如，一个项目中的客户代码有时需要构造 XML 的 Composite，有时需要通过 DOM 来产生 XML。这时就需要应用用 Builder 封装 Composite（6.5 节）重构。

如果系统不会创建很多的树，或者这些树都很小、很容易管理，那么直接创建这些隐式树就足够了。但是，当处理隐式树变得越来越困难，或代码由于隐式树的构造而开始膨胀的时候，就应该重构到 Composite。这个选择也会涉及新代码的演化程度。在最近的一个项目中，我曾负责实现使用一个 XSLT 处理器从 XML 数据生成 HTML 页面这一功能。在这个任务中，需要生成

180

XSLT 能够转换的 XML。我知道可以使用 Composite 来构造这个 XML，但是还是选择使用隐含树来构造 XML。为什么呢？因为相比较产生良好的 XML 树构造代码而言，我更希望可以快速地进行开发，并面对 XSLT 转换中的各种技术难题。在完成 XSLT 转换之后，我回头把原生树的构造代码重构到使用 Composite，因为这些代码会被系统的许多地方参考效仿。

优点与缺点

+ 封装重复的指令，如格式化、添加或删除结点。
+ 提供了处理相似逻辑增长的一般性方法。
+ 简化了客户代码的构造职责。
－ 当构造隐式树更简单的时候，会增加设计的复杂度。

7.5.2　做法

本节展示了实现此重构的两种做法。一种做法，也是本书的标准做法，需要在隐式树上应用重构来逐步地把它重构成 Composite；另一种做法需要应用测试驱动开发[Beck，TDD]来逐步地把隐式树重构成 Composite。两种方法都很有效。当类似前一例子中的 XML 的隐式树对应用提炼类[F]重构没有帮助的时候，我才会选择使用测试驱动的方法。

(1) 识别隐式叶子（implicit leaf），即隐式树中可以被建模为新类的部分。这个新类就是叶子结点（leaf node，在《设计模式》[DP]中被描述为 Composite: Leaf）。应用提炼类[F]或类似重构创建这个新的叶子结点类，或者使用测试驱动开发——针对具体情况，选择两者中更简单的方法。

如果隐式叶子中包含属性，在叶子结点中也创建相同的属性，这样，整个叶子结点的表示，包括它的属性，就和隐式叶子吻合了。

✓ 编译并通过测试。

(2) 用叶子结点的实例替换隐式叶子的每一次使用，这样，隐式树就不再依赖于隐式叶子而依赖于叶子结点了。

✓ 编译并测试隐式树的功能是否正常。

(3) 对隐式树中其他可以表示为隐式叶子的部分重复步骤(1)和步骤(2)。确保创建出的所有叶子结点都共享一个统一的接口。可以应用提炼超类[F]重构或提炼接口[F]重构来生成这个接口。

(4) 识别隐式双亲（implicit parent），即隐式树中作为隐式叶子双亲的部分。隐式双亲将要变成双亲结点类（就是 Composite[DP]）。应用重构或驱动测试开发来生成这个类——同样的，针对具体情况，选择两者中更简单的那个方法。

客户代码必须能够为双亲结点添加叶子结点，要么通过构造函数，要么通过 add(...)方法。双亲结点必须统一的对待所有的子结点（例如，通过它们统一的接口）。双亲结点可能会也可能不会实现这个统一接口。如果客户代码必须能够为双亲结点添加双亲结点（如步骤(6)中所提到的），或者不希望客户代码区分叶子结点和双亲结点（参见 8.3 节），那么双亲结点就需要实现这个统一接口。

(5) 用双亲结点的实例替换隐式双亲的每一次使用，并用正确的叶子结点实例进行配置。

✓ 编译并测试隐式树的功能是否正常。

(6) 对其他隐式双亲重复步骤(4)和步骤(5)。当且仅当隐式双亲支持的情况下，才允许为双亲结点添加双亲结点。

7.5.3 示例

本节代码简图中产生隐式树的代码来自一个购物系统。在这个系统中，有一个 OrdersWriter 类，它包含一个 getContents()方法。在开始这个重构前，先要应用组合方法（7.1 节）重构和将聚集操作搬移到 Collecting Parameter（10.1 节）重构把巨大的 getContents()方法分解成一些小方法：

```java
public class OrdersWriter {
  private Orders orders;

  public OrdersWriter(Orders orders) {
    this.orders = orders;
  }

  public String getContents() {
    StringBuffer xml = new StringBuffer();
    writeOrderTo(xml);
    return xml.toString();
  }

  private void writeOrderTo(StringBuffer xml) {
    xml.append("<orders>");
    for (int i = 0; i < orders.getOrderCount(); i++) {
      Order order = orders.getOrder(i);
      xml.append("<order");
      xml.append(" id='");
      xml.append(order.getOrderId());
      xml.append("'>");
      writeProductsTo(xml, order);
      xml.append("</order>");
    }
    xml.append("</orders>");
  }
  private void writeProductsTo(StringBuffer xml, Order order) {
    for (int j=0; j < order.getProductCount(); j++) {
      Product product = order.getProduct(j);
      xml.append("<product");
      xml.append(" id='");
```

```
xml.append(product.getID());
xml.append("'");
xml.append(" color='");
xml.append(colorFor(product));
xml.append("'");
if (product.getSize() != ProductSize.NOT_APPLICABLE) {
  xml.append(" size='");
  xml.append(sizeFor(product));
  xml.append("'");
}
xml.append(">");
writePriceTo(xml, product);
xml.append(product.getName());
xml.append("</product>");
    }
  }

private void writePriceTo(StringBuffer xml, Product product) {
  xml.append("<price");
  xml.append(" currency='");
  xml.append(currencyFor(product));
  xml.append("'>");
  xml.append(product.getPrice());
  xml.append("</price>");
}
```

重构了 getContents() 之后，我们就可以更容易地看到其他重构的可能。这段代码的一位阅读者注意到，方法 writeOrderTo(...)、writeProductsTo(...) 和 writePriceTo(...) 都在它们的领域对象 Order，Product 和 Price 中通过循环来从领域对象中提取产生 XML 所需的数据。这位阅读者想知道为什么代码不直接向领域对象请求其 XML，而偏偏在领域对象外构造 XML。换句话说，如果 Order 类有一个 toXML() 方法，同时 Product 类和 Price 类也有这个方法，获取一个 order 的 XML 将只是对 Order 的 toXML() 方法的简单调用。这个调用会获取 Order 的 XML，也会获取 Order 中 Product 实例和与每个 Product 相关联的 Price 的 XML。这种方法可以充分利用领域对象的现存结构，而不是在 writeOrderTo(...)、writeProductsTo(...) 和 writePriceTo(...) 方法中重新创建这样的结构。

虽然这个主意听上去不错，但当系统需要为相同的领域对象创建许多不同的 XML 表示的时候，它却不是一个好的设计。例如，我们已经看过的代码来自一个要求领域对象有不同 XML 表示的购物系统：

```
<order id='987' totalPrice='14.00'>
  <product id='f1234' price='9.00' quantity='1'>
    Fire Truck
  </product>
  <product id='f4321' price='5.00' quantity='1'>
    Rubber Ball
  </product>
</order>
```

```
<orderHistory>
  <order date='20041120' totalPrice='14.00'>
    <product id='f1234'>
    <product id='f4321'>
  </order>
</orderHistory>

<order id='321'>
  <product id='f1234' color='red' size='medium'>
    <price currency='USD'>
      8.95
    </price>
    Fire Truck
  </product>
</order>
```

使用每个领域对象的单一的 toXML() 方法产生上面的 XML 会很难、很笨拙，因为 XML 在各种情况下的差别太大。在这种情况下，即可以在领域对象外实现 XML 的表示（就像 writeOrderTo(...)、writeProductsTo(...) 和 writePriceTo(...) 方法的做法一样），也可以使用 Visitor 作为解决方案（参见 10.2 节）。

对于这个为相同的领域对象生成很多不同 XML 的购物系统而言，重构到 Visitor 是很有意义的。然而，在此刻，XML 的创建仍然比较复杂；必须要正确地格式化并追加每个结束标签。我想在重构到 Vistor 前先简化 XML 的生成。因为 Composite 模式可以帮助简化 XML 的生成，所以我们就开始这个重构。

(1) 为了识别隐式叶子，我们先来看看测试代码，如这段代码：

```
String expectedResult =
"<orders>" +
  "<order id='321'>" +
    "<product id='f1234' color='red' size='medium'>" +
      "<price currency='USD'>" +
        "8.95" +
      "</price>" +
      "Fire Truck" +
    "</product>" +
  "</order>" +
"</orders>";
```

这里需要做出一个决定：应该把谁看作隐式叶子，<price>...</price> 标签还是它的值 8.95？我会选择 <price>...</price> 标签，因为我清楚将要被创建的用来对应这个隐式叶子的叶子结点类可以很容易表示这个标签的值，8.95。

我观察到的另一个现象是，隐式树中的每个 XML 标签都有一个名字、任意数量的属性（名值对）、可选的子标签以及一个可选的值。在这里，我们先忽略可选的子标签（将在步骤(4)中处理它）。这就意味着可以创建一个通用的叶子结点来表示隐式树中的所有隐式叶子。我使用测试驱动开发编写了这个类，命名为 TagNode。下面是在已经编写并通过了一些简单的测试后，我所编写的测试：

```
public class TagTests extends TestCase...
  private static final String SAMPLE_PRICE = "8.95";
  public void testSimpleTagWithOneAttributeAndValue() {
    TagNode priceTag = new TagNode("price");
    priceTag.addAttribute("currency", "USD");
    priceTag.addValue(SAMPLE_PRICE);
    String expected =
      "<price currency=" +
      "'" +
      "USD" +
      "'>" +
      SAMPLE_PRICE +
      "</price>";
    assertEquals("price XML", expected, priceTag.toString());
  }
```

下面是测试通过的代码：

```
public class TagNode {
  private String name = "";
  private String value = "";
  private StringBuffer attributes;

  public TagNode(String name) {
    this.name = name;
    attributes = new StringBuffer("");
  }

  public void addAttribute(String attribute, String value) {
    attributes.append(" ");
    attributes.append(attribute);
    attributes.append("='");
    attributes.append(value);
    attributes.append("'");
  }

  public void addValue(String value) {
    this.value = value;
  }

  public String toString() {
    String result;
    result =
      "<" + name + attributes + ">" +
      value +
      "</" + name + ">";
    return result;
  }
```

186

(2) 现在，我们就可以用 TagNode 的实例替换 getContents() 方法中的隐式叶子了：

```
public class OrdersWriter...
  private void writePriceTo(StringBuffer xml, Product product) {
    TagNode priceNode = new TagNode("price");
    priceNode.addAttribute("currency", currencyFor(product));
    priceNode.addValue(priceFor(product));
    xml.append(priceNode.toString());
    xml.append(" currency='");    xml.append("<price");
    xml.append(currencyFor(product));
    xml.append("'>");
    xml.append(product.getPrice());
    xml.append("</price>");
  }
```

编译并运行测试，确保隐式树仍然可以被成功表示。

(3) 因为 TagNode 建模了 XML 中的所有隐式叶子，就不需要重复步骤(1)和步骤(2)来把其他的隐式叶子转换成叶子结点了，也不需要确保所有新建的叶子结点共享一个统一的接口——它们已经共享了。

(4) 现在，通过阅读测试代码来识别隐式双亲。可以发现，<product>标签是<price>标签的双亲，<order>标签是<product>标签的双亲，而且<order>标签是它自身的双亲。因为每个隐式双亲和已识别出的隐式叶子在本质上是非常相似的，我们可以通过为 TagNode 添加处理子结点的功能来产生双亲结点。我遵循测试驱动开发的过程编写了这些新代码。下面是我所编写的第一个测试：

```
public void testCompositeTagOneChild() {
  TagNode productTag = new TagNode("product");
  productTag.add(new TagNode("price"));
  String expected =
    "<product>" +
      "<price>" +
      "</price>" +
    "</product>";
  assertEquals("price XML", expected, productTag.toString());
}
```

下面是为上述测试通过的代码：

```
public class TagNode...
  private List children;

  public String toString() {
    String result;
    result = "<" + name + attributes + ">";
    Iterator it = children().iterator();
    while (it.hasNext()) {
      TagNode node = (TagNode)it.next();
      result += node.toString();
    }
    result += value;
    result += "</" + name + ">";
```

```
    return result;
  }

  private List children() {
    if (children == null)
      children = new ArrayList();
    return children;
  }

  public void add(TagNode child) {
    children().add(child);
  }
```

下面是更全面一点儿的测试：

```
public void testAddingChildrenAndGrandchildren() {
  String expected =
  "<orders>" +
    "<order>" +
      "<product>" +
      "</product>" +
    "</order>" +
  "</orders>";
  TagNode ordersTag = new TagNode("orders");
  TagNode orderTag = new TagNode("order");
  TagNode productTag = new TagNode("product");
  ordersTag.add(orderTag);
  orderTag.add(productTag);
  assertEquals("price XML", expected, ordersTag.toString());
}
```

继续编写并运行测试，直到确认 TagNode 包含了正确的双亲结点的所有行为为止。当测试结束后，TagNode 就是一个可以扮演 Composite 模式的全部 3 个参与者角色的类了：

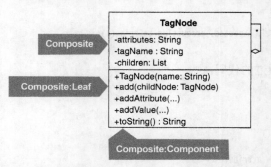

（5）现在，我们用双亲结点的实例替换隐式双亲的每次使用，并用正确的叶子结点实例配置。下面是一个例子：

```
public class OrdersWriter...
  private void writeProductsTo(StringBuffer xml, Order order) {
    for (int j=0; j < order.getProductCount(); j++) {
```

```
      Product product = order.getProduct(j);
      TagNode productTag = new TagNode("product");
      productTag.addAttribute("id", product.getID());
      productTag.addAttribute("color", colorFor(product));
      if (product.getSize() != ProductSize.NOT_APPLICABLE)
        productTag.addAttribute("size", sizeFor(product));
      writePriceTo(productTag, product);
      productTag.addValue(product.getName());
      xml.append(productTag.toString());
    }
  }

  private void writePriceTo(TagNode productTag, Product product) {
    TagNode priceTag = new TagNode("price");
    priceTag.addAttribute("currency", currencyFor(product));
    priceTag.addValue(priceFor(product));
    productTag.add(priceTag);
  }
```

编译并运行测试，确保隐式树仍然可以被成功表示。

(6) 对剩下的隐式双亲重复步骤(4)和步骤(5)。这会产生如下代码，它与本重构开始处给出的
代码简图中的重构结束后代码一致，只是如今的代码被分解到了略小一些的方法中：

```
public class OrdersWriter...
  public String getContents() {
    StringBuffer xml = new StringBuffer();
    writeOrderTo(xml);
    return xml.toString();
  }

  private void writeOrderTo(StringBuffer xml) {
    TagNode ordersTag = new TagNode("orders");
    for (int i = 0; i < orders.getOrderCount(); i++) {
      Order order = orders.getOrder(i);
      TagNode orderTag = new TagNode("order");
      orderTag.addAttribute("id", order.getOrderId());
      writeProductsTo(orderTag, order);
      ordersTag.add(orderTag);
    }
    xml.append(ordersTag.toString());
  }

  private void writeProductsTo(TagNode orderTag, Order order) {
    for (int j=0; j < order.getProductCount(); j++) {
      Product product = order.getProduct(j);
      TagNode productTag = new TagNode("product");
      productTag.addAttribute("id", product.getID());
      productTag.addAttribute("color", colorFor(product));
      if (product.getSize() != ProductSize.NOT_APPLICABLE)
        productTag.addAttribute("size", sizeFor(product));
      writePriceTo(productTag, product);
      productTag.addValue(product.getName());
```

189

7

```
      orderTag.add(productTag);
  }
}

private void writePriceTo(TagNode productTag, Product product) {
  TagNode priceNode = new TagNode("price");
  priceNode.addAttribute("currency", currencyFor(product));
  priceNode.addValue(priceFor(product));
  productTag.add(priceNode);
}
```

190

7.6　用 Command 替换条件调度程序

条件逻辑用来调度请求和执行操作。

为每个动作创建一个 Command。把这些 Command 存储在一个集合中，并用获取及执行 Command 的代码替换条件逻辑。

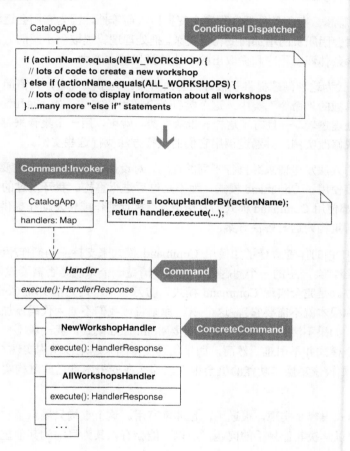

7.6.1　动机

许多系统都会收到、发送并处理请求。条件调度程序是一条条件语句（比如 switch 语句），它用来执行请求的发送和处理。有些条件调度程序很适合它们要完成的任务，有些则并不适合。

适合任务的条件调度程序往往只是把少量的请求发送到少量的处理逻辑中。这种调度程序的代码往往可以在一屏内显示，我们不需要滚动屏幕。通常情况下，用 Command 模式替换这种条件调度程序并没有什么益处。

另一方面，即使条件调度程序很小，它也可能不适合你的系统。把条件调度程序重构为基于 Command 的解决方案，有两个最常见的理由：

(1) 缺少足够的运行时灵活性。依赖于条件调度程序的客户代码需要用新的请求或处理逻辑动态的配置这个条件调度程序。然而，这个条件调度程序并不支持这种动态的配置，因为所有的发送和处理逻辑都被硬编码在单一的条件语句中。

(2) 代码体的膨胀。有些条件调度程序会变得巨大而笨拙，因为它们会逐渐增加对新请求的处理或者处理逻辑会因职责的增加而变得更复杂。把处理逻辑提取到不同的方法中并不会有很大的帮助，因为包含条件调度程序和提取出的方法的类仍然太庞大。

Command 模式为这种问题提供了极好的解决方案。为了实现它，只需简单地把每块请求处理逻辑放到一个单独的"命令"类中，这个类有一个通用的方法，如 execute() 或 run()，用来执行它所封装的处理逻辑。一旦有了这样一批命令类，就可以用一个集合来存储、获取它们的实例；添加、删除或修改实例；并通过调用它们的执行方法执行这些实例。

用一种统一的方法发送请求并执行不同的行为，对设计来说是如此的重要，以至于你可能会发现自己已经直接使用了 Command 模式，而不是过后进行重构。我开发过的许多服务器端的、基于 Web 的系统都使用 Command 模式为发送请求、执行动作或转发动作提供一种标准方法。示例小节展示了如何重构为这一解决方案。

192 《设计模式》[DP]的作者解释了如何用 Command 模式来支持撤销操作/恢复操作。在极限编程（XP）周期中经常会产生的一个问题是，当你不清楚一个系统是否需要撤销操作/恢复操作功能时，应该怎么办。是完全实现 Command 模式以防万一？还是完全实现 Command 模式，即使这样做违反了"你根本就不需要它"，这个 XP 原则告诫我们不要为代码添加基于臆测的、实际上不需要的功能。如果不清楚一个系统是否需要 Command 模式，我一般不会实现它，因为在需要时重构实现这个模式并不困难。然而，如果代码变得越来越难以重构实现 Command 模式，并且之后需要撤销操作/恢复操作功能的机会很大，那么在变得困难之前重构实现就很有意义了。这很像上保险。

Command 模式很容易实现，很通用，也非常有用。这个重构只展示了它有用的一个方面。因为 Command 可以解决其他棘手的问题，所以可能会有以其为目的的其他重构。

优点与缺点

+ 　提供了用统一方法执行不同行为的简单机制。
+ 　允许在运行时改变所处理的请求，以及如何处理请求。
+ 　仅仅需要很少的代码实现。
− 　当条件调度程序已经足够的时候，会增加设计的复杂度。

7.6.2 做法

(1) 在包含条件调度程序的类中找到处理请求的代码，在这段代码上应用提炼函数[F]重构，直到产生执行该代码行为的执行方法（execution method）为止。

✓ 编译并通过测试。

(2) 重复步骤(1)，把所有剩余的请求处理代码提炼到各自的执行方法中。

(3) 在每个执行方法上应用提炼类[F]重构，产生处理请求的具体命令（concrete command）。通常的做法是把具体命令中的执行方法声明为公共。如果在新的具体命令中的执行方法过于庞大或难于理解，应用组合方法（7.1 节）重构。

193

✓ 编译并通过测试。

创建了所有具体命令之后，寻找它们中的重复代码。如果存在重复代码，考虑是否可以通过应用形成 Template Method（8.1 节）重构去除它。

(4) 定义一个命令（command），即声明了与每个具体命令相同的执行方法的接口或抽象类。为了实现这一步，需要分析具体命令，找到它们独特或相似的地方。找到下面问题的答案。

- ❑ 必须为通用执行方法传入什么参数？
- ❑ 在具体命令的构造过程中，可以传入什么参数？
- ❑ 通过回调参数，而不是直接传入数据，具体命令可以获得什么信息？
- ❑ 这个执行方法的最简签名是什么？

考虑在具体命令上应用提炼超类[F]重构或提炼接口[F]重构，产生命令的早期版本。

7

✓ 编译。

(5) 使每个具体命令都实现或继承这个命令，并用命令类型更新所有使用具体命令的客户代码。

✓ 编译并通过测试。

(6) 在包含条件调度程序的类中，定义并组装一个命令映射（command map），这个映射包含每个具体命令，并用唯一标识符（如，命令的名字）作为主键，在运行时可以用这个主键获取命令。

如果具体命令很多，那么为命令映射添加具体命令的代码也会很多。在这种情况下，考虑把具体命令实现为 Plugin 模式，这个模式来自《企业应用架构模式》[Fowler, PEAA]。这样就可以通过提供适当的配置数据来简单地装载它们（例如，命令类的名字列表，类所在的目录更好）。

194

✓ 编译。

(7) 在包含条件调度程序的类中，把调度请求的条件代码替换为获取正确的具体命令并调用其执行方法的代码。这个类现在就是一个 Invoker[DP, 236]了。

✓ 编译并通过测试。

7.6.3　示例

我们将要看到的示例代码来自一个我与别人合作编写的系统，它创建并组织了我的公司 Industurial Logic 基于 HTML 的目录。具有讽刺意味的是，这个系统在早期过度使用了 Command 模式。我决定把系统中使用 Command 模式的部分重写为不使用 Command 模式，以便产生经常会遇到的那种臃肿的、急需 Command 的代码。

在重写后的代码中，名为 CatalogApp 的类负责调度、执行动作，并返回响应。它使用一个庞大的条件语句来执行这些任务：

```java
public class CatalogApp...
  private HandlerResponse executeActionAndGetResponse(String actionName, Map parameters)...
    if (actionName.equals(NEW_WORKSHOP)) {
      String nextWorkshopID = workshopManager.getNextWorkshopID();
      StringBuffer newWorkshopContents =
        workshopManager.createNewFileFromTemplate(
          nextWorkshopID,
          workshopManager.getWorkshopDir(),
          workshopManager.getWorkshopTemplate()
        );
      workshopManager.addWorkshop(newWorkshopContents);
      parameters.put("id",nextWorkshopID);
      executeActionAndGetResponse(ALL_WORKSHOPS, parameters);
    } else if (actionName.equals(ALL_WORKSHOPS)) {
      XMLBuilder allWorkshopsXml = new XMLBuilder("workshops");
      WorkshopRepository repository =
        workshopManager.getWorkshopRepository();
      Iterator ids = repository.keyIterator();
      while (ids.hasNext()) {
        String id = (String)ids.next();
        Workshop workshop = repository.getWorkshop(id);
        allWorkshopsXml.addBelowParent("workshop");
        allWorkshopsXml.addAttribute("id", workshop.getID());
    allWorkshopsXml.addAttribute("name", workshop.getName());
    allWorkshopsXml.addAttribute("status", workshop.getStatus());
    allWorkshopsXml.addAttribute("duration",

      workshop.getDurationAsString());
    }
    String formattedXml = getFormattedData(allWorkshopsXml.toString());
    return new HandlerResponse(
      new StringBuffer(formattedXml),
      ALL_WORKSHOPS_STYLESHEET
    );
  } ...many more "else if" statements
```

完整的条件语句有好几页——这里我节省了一些细节。条件语句的第一段用来处理新研讨班的创建。第二段会被第一段调用，它返回包含公司所有课程的概要信息。下面我将展示如何把这些代码重构为使用 Command 模式。

(1) 首先处理条件语句的第一段。应用提炼函数[F]重构，产生执行方法 getNewWorkshop-Response():

```
public class CatalogApp...
  private HandlerResponse executeActionAndGetResponse(String actionName, Map parameters)...
    if (actionName.equals(NEW_WORKSHOP)) {
      getNewWorkshopResponse(parameters);
    } else if (actionName.equals(ALL_WORKSHOPS)) {
      ...
    } ...many more "else if" statements

  private void getNewWorkshopResponse(Map parameters) throws Exception {
    String nextWorkshopID = workshopManager.getNextWorkshopID();
    StringBuffer newWorkshopContents =
      workshopManager.createNewFileFromTemplate(
        nextWorkshopID,
        workshopManager.getWorkshopDir(),
        workshopManager.getWorkshopTemplate()
      );
    workshopManager.addWorkshop(newWorkshopContents);
    parameters.put("id",nextWorkshopID);
    executeActionAndGetResponse(ALL_WORKSHOPS, parameters);
  }
```

新提炼出的方法可以编译，也可以通过测试。

(2) 现在，继续提炼处理请求代码的下一段，它处理目录中所有课程的排列：

```
public class CatalogApp...
  private HandlerResponse executeActionAndGetResponse(String actionName, Map parameters)...
    if (actionName.equals(NEW_WORKSHOP)) {
      getNewWorkshopResponse(parameters);

    } else if (actionName.equals(ALL_WORKSHOPS)) {
      getAllWorkshopsResponse();
    } ...many more "else if" statements

public HandlerResponse getAllWorkshopsResponse() {
  XMLBuilder allWorkshopsXml = new XMLBuilder("workshops");
  WorkshopRepository repository =
    workshopManager.getWorkshopRepository();
  Iterator ids = repository.keyIterator();
  while (ids.hasNext()) {
    String id = (String)ids.next();
    Workshop workshop = repository.getWorkshop(id);
    allWorkshopsXml.addBelowParent("workshop");
    allWorkshopsXml.addAttribute("id", workshop.getID());
    allWorkshopsXml.addAttribute("name", workshop.getName());
    allWorkshopsXml.addAttribute("status", workshop.getStatus());
    allWorkshopsXml.addAttribute("duraction",
```

```
        workshop.getDurationAsString());
    }
    String formattedXml = getFormattedData(allWorkshopsXml.toString());
    return new HandlerResponse(
        new StringBuffer(formattedXml),
        ALL_WORKSHOPS_STYLESHEET
    );
}
```

编译、测试，并对处理请求代码的余下部分重复这一步骤。

(3) 现在开始创建具体命令。先在具体方法 getNewWorkshopResponse()上应用提炼类[F]重构，产生具体命令 NewWorkshopHandler：

```
public class NewWorkshopHandler {
    private CatalogApp catalogApp;

    public NewWorkshopHandler(CatalogApp catalogApp) {
        this.catalogApp = catalogApp;
    }

    public HandlerResponse getNewWorkshopResponse(Map parameters) throws Exception {
        String nextWorkshopID = workshopManager().getNextWorkshopID();
        StringBuffer newWorkshopContents =
            WorkshopManager().createNewFileFromTemplate(
                nextWorkshopID,
                workshopManager().getWorkshopDir(),
                workshopManager().getWorkshopTemplate()
            );
        workshopManager().addWorkshop(newWorkshopContents);
        parameters.put("id", nextWorkshopID);
        catalogApp.executeActionAndGetResponse(ALL_WORKSHOPS, parameters);
    }

    private WorkshopManager workshopManager() {
        return catalogApp.getWorkshopManager();
    }
}
```

CatalogApp 这样实例化一个 NewWorkshopHandler 并调用它的实例：

```
public class CatalogApp...
    public HandlerResponse executeActionAndGetResponse(
        String actionName, Map parameters) throws Exception {
        if (actionName.equals(NEW_WORKSHOP)) {
            return new NewWorkshopHandler(this).getNewWorkshopResponse(parameters);
        } else if (actionName.equals(ALL_WORKSHOPS)) {
            ...
        } ...
```

编译并测试以确定这些改变工作正常。注意，要把 executeActionAndGetResponse(...)声明为 public，因为它会被 NewWorkshopHandler 调用。

在继续重构之前，在 NewWorkshopHandler 的执行方法上应用组合方法（7.1 节）重构：

```
public class NewWorkshopHandler...
  public HandlerResponse getNewWorkshopResponse(Map parameters) throws Exception {
    createNewWorkshop(parameters);
    return catalogApp.executeActionAndGetResponse(
      CatalogApp.ALL_WORKSHOPS, parameters);
  }

  private void createNewWorkshop(Map parameters) throws Exception {
    String nextWorkshopID = workshopManager().getNextWorkshopID();
    workshopManager().addWorkshop(newWorkshopContents(nextWorkshopID));
    parameters.put("id",nextWorkshopID);
  }

  private StringBuffer newWorkshopContents(String nextWorkshopID) throws Exception {
    StringBuffer newWorkshopContents = workshopManager().createNewFileFromTemplate(
      nextWorkshopID,
      workshopManager().getWorkshopDir(),
      workshopManager().getWorkshopTemplate()
    );
    return newWorkshopContents;
  }
```

对其他应该被提炼到自己的具体命令中的执行方法重复这一步骤，并用组合方法进行调试。AllWorkshopsHandler 是下一个被提炼的具体命令。其代码如下：

```
public class AllWorkshopsHandler...
  private CatalogApp catalogApp;

private static String ALL_WORKSHOPS_STYLESHEET="allWorkshops.xsl";
private PrettyPrinter prettyPrinter = new PrettyPrinter();

public AllWorkshopsHandler(CatalogApp catalogApp) {
  this.catalogApp = catalogApp;
}

public HandlerResponse getAllWorkshopsResponse() throws Exception {
  return new HandlerResponse(
    new StringBuffer(prettyPrint(allWorkshopsData())),
    ALL_WORKSHOPS_STYLESHEET
  );
}

private String allWorkshopsData() ...

private String prettyPrint(String buffer) {
  return prettyPrinter.format(buffer);
}
```

在对每个具体命令执行了这一步骤之后，在这些具体命令中寻找重复代码。我没有找到多少重复代码，因此没有必要应用形成 Template Method（8.1 节）重构。

(4) 现在是创建命令的时候了（按 7.6.2 节中定义的一样，应声明与每个具体命令相同的执行方法的接口或抽象类）。此刻，每个具体命令都有一个名字不同的执行方法，并且这些执行方法的参数也不同（也就是说，有的有一个参数，有的没有参数）：

```
if (actionName.equals(NEW_WORKSHOP)) {
  return new NewWorkshopHandler(this).getNewWorkshopResponse(parameters);
} else if (actionName.equals(ALL_WORKSHOPS)) {
  return new AllWorkshopsHandler(this).getAllWorkshopsResponse();
} ...
```

创建一个命令需要决定如下问题：

❏ 通用执行方法的名字；

❏ 传入什么信息，或从每个 handler 获得什么信息。

我选择的通用执行方法的名字是 execute（实现 **Command** 模式时经常使用的名字，但是绝不是唯一能用的名字）。现在我必须决定在调用 execute()时需要传入和/或获得什么信息。我观察了先前创建的具体命令，并了解到了如下信息：

❏ 需要包含在名为 parameters 的 Map 中的信息；

❏ 返回类型为 HandlerResponse 的对象；

❏ 抛出一个 Exception。

这意味着我的命令必须包含这样的执行方法：

```
public HandlerResponse execute(Map parameters) throws Exception
```

我在 NewWorkshopHandler 上应用两个重构来创建这个命令。首先，把它的 getNewWorkshop-Response(...)方法重命名为 execute(...)：

```
public class NewWorkshopHandler...
  public HandlerResponse execute(Map parameters) throws Exception
```

然后，应用提炼超类[F]重构产生名为 Handler 的抽象类：

```
public abstract class Handler {
  protected CatalogApp catalogApp;

  public Handler(CatalogApp catalogApp) {
    this.catalogApp = catalogApp;
  }
}

public class NewWorkshopHandler extends Handler...
  public NewWorkshopHandler(CatalogApp catalogApp) {
    super(catalogApp);
  }
```

新类可以通过编译，所以继续重构。

(5) 既然有了命令（即抽象类 Handler），令所有的处理程序实现这个命令。我们令所有的处理程序都扩展 Handler 类，并实现 execute()方法。在完成这些修改之后，所有的处理程序就都可以统一地被调用了：

```
if (actionName.equals(NEW_WORKSHOP)) {
  return new NewWorkshopHandler(this).execute(parameters);
} else if (actionName.equals(ALL_WORKSHOPS)) {
  return new AllWorkshopsHandler(this).execute(parameters);
} ...
```

编译并运行测试，一切正常运行。

200

（6）现在，有趣的事情来了。CatalogApp 的条件语句表现得就像一个粗糙的 Map。通过把命令保存在一个命令映射中，将它变成真正的映射显然会更好。为了实现这一修改，我定义并组装了 handlers，一个以处理程序名字为主键的 Map：

```
public class CatalogApp...
  private Map handlers;
  public CatalogApp(...) {
    ...
    createHandlers();
    ...
  }

  public void createHandlers() {
    handlers = new HashMap();
    handlers.put(NEW_WORKSHOP, new NewWorkshopHandler(this));
    handlers.put(ALL_WORKSHOPS, new AllWorkshopsHandler(this));
    ...
  }
```

因为我们的处理程序不是很多，就不必像 7.6.2 节中描述的那样实现 Plugin 模式了。新代码可以通过编译。

（7）最后，把 CatalogApp 中的庞大的条件语句替换为用名字查找处理程序并执行处理程序的代码：

```
public class CatalogApp...
  public HandlerResponse executeActionAndGetResponse(
    String handlerName, Map parameters) throws Exception {
    Handler handler = lookupHandlerBy(handlerName);
    return handler.execute(parameters);
  }

  private Handler lookupHandlerBy(String handlerName) {
    return (Handler)handlers.get(handlerName);
  }
```

这个基于 Command 的解决方案可以通过编译和测试代码。现在，CatalogApp 使用 Command 模式来执行动作并返回响应。在这种设计下，声明新的处理程序、命名处理程序以及把处理程序注册到命令映射中，以便在运行时执行操作就变得容易多了。

201
～
202

第 8 章

泛 化

8

泛化是把特殊代码转换成通用目的代码的过程。泛化代码的产生往往是重构的结果。这一章中的全部 7 个重构都会产生泛化代码。应用这些重构的最常见动机就是去除重复代码。其次是为了简化或澄清代码。

形成 Template Method（8.1 节）重构帮助我们去除同一类层次结构中子类所包含的相似方法中的重复代码。如果这些方法基本上遵循一定的步骤、一定的顺序，即使这些步骤有少许区别，也可以通过在超类中定义 Template Method[DP]把这些区别与泛化的内容分开。

提取 Composite（8.2 节）重构是提炼超类[F]重构的具体应用。一个类层次结构中存在不恰当的 Composite[DP]实现的时候，就应该应用这个重构。通过把 Composite 提取成超类，子类就可以共享 Composite 的一个泛化实现。

如果系统含有处理一个对象代码，同时又含有处理一组相同对象的代码（通常是某个集合），用 Composite 替换一/多之分（8.3 节）重构可以帮助我们产生一个泛化的解决方案，它可以无差别地处理一个或多个对象。

用 Observer 替换硬编码的通知（8.4 节）重构是用泛化替换特定方案的经典实例。在这种情况下，负责通知的对象和被通知的对象会紧紧地耦合在一起。为了允许其他类的实例也可以被通知，我们可以把代码重构成使用 Observer[DP]。

Adapter[DP]提供了统一接口的另一种方法。当客户代码使用不同的接口与相似的类交互时，往往就会产生重复的处理逻辑。应用通过 Adapter 统一接口（8.5 节）重构，客户代码就可以通过一个泛化的接口与相似类交互。这就为去除客户代码中重复处理逻辑的其他重构铺平了道路。

当一个类作为一个组件、类库、API 或其他实体的多个版本的 Adapter 的时候，这个类往往就会包含重复代码，并且设计也不会简单。应用提取 Adapter（8.6 节）重构可以产生实现了通用接口并适配单一版本代码的类。

本章最后的重构是用 Interpreter 替换隐式语言（8.7 节），其目标是那些更适用于显式语言的代码。这种代码往往使用大量的方法来完成一个语言能做的事情，只是采用了更原生、更重复性的做法。把这种代码重构到 Interpreter[DP]可以得到更紧凑、更简洁、更灵活的通用解决方案。

8.1 形成 Template Method

子类中的两个方法以相同的顺序执行相似的步骤，但是步骤并不完全相同。

通过把这些步骤提取成具有相同签名的方法来泛化这两个方法，然后上移这些泛化方法，形成 Template Method。

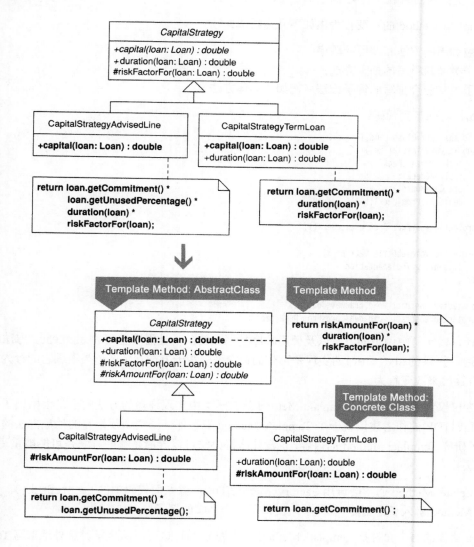

8.1.1 动机

Template Method "一次性实现了一个算法的不变部分，并将可变的行为留给子类来实现" [DP, 326]。当不变的和可变的行为在方法的子类实现中混合在一起的时候，不变的行为就会在子类中重复出现。通过把这些行为搬移到单一的地方，重构到 Template Method 可以帮助子类摆脱重复的不变行为的纠缠：超类中的方法中的泛化算法。

Template Method 的不变行为由如下几点组成：

- 被调用的方法和调用的顺序；
- 子类必须重写的抽象方法；
- 子类可能会重写的钩子方法（例如，具体方法）。

例如，考虑下列代码：

```
public abstract class Game...
    public void initialize() {
        deck = createDeck();
        shuffle(deck);
        drawGameBoard();
        dealCardsFrom(deck);
    }
    protected abstract Deck createDeck();

    protected void shuffle(Deck deck) {
        ...shuffle implementation
    }

    protected abstract void drawGameBoard();
    protected abstract void dealCardsFrom(Deck deck);
```

initialize()中调用的方法以及调用顺序是不变的。子类需要重写的 abstract 方法也是不变的。Game 提供的 shuffle()的实现是可变的：它是个钩子方法，允许子类继承它的行为，或重写 shuffle()来改变行为。

因为仅仅为了生成一个 Template Method 就在子类中实现许多的方法实在是太枯燥了，所以《设计模式》[DP]的作者建议说一个 Template Method 应该保证子类必须重写的抽象方法的数量最小。除了研究 Template Method 的内容，也没什么好办法可以弄清楚哪些方法是可能被重写的（如钩子方法）。

Template Method 通常会调用 Factory Method[DP]，像上面代码中的 createDeck()。重构用 Factory Method 引入多态创建（6.4 节）提供了一个真实的例子。

Java 这样的语言允许把 Template Method 声明为 final，这可以防止子类意外地重写 Template Method。一般而言，只有系统或框架中的客户代码完全依赖于 Template Method 中的不变行为，或允许不变行为的重写会导致客户代码出错的情况下，才会这么做。

　　Martin Fowler 的形成 Template Method[F]重构和我的这个重构有很多相似之处，可以理解为同一个重构。我的做法使用了不同的术语，最后一步也与 Martin 的不同。此外，8.1.3 节中讨论的代码展示了子类中重复的不变行为很微妙的情况，而 Martin 的例子处理的是这种重复很明显的情况。如果你不熟悉 Tempate Method 模式，学习这两个重构是很有帮助的。

优点与缺点

+ 通过把不变行为搬移到超类，去除子类中的重复代码。
+ 简化并有效地表达了一个通用算法的步骤。
+ 允许子类很容易地定制一个算法。
− 当为了生成算法、子类必须实现很多方法的时候，会增加设计的复杂度。

8.1.2　做法

　　(1) 在一个类层次结构中，找到一个相似方法（similar method，子类中的一个方法，它与另一个子类中的方法以相似的顺序执行相似的步骤）。在相似方法（两个类中的）上应用组合方法（7.1 节）重构，提取出同一方法（identical method，每个子类中具有相同签名和方法体的方法）和唯一方法（unique method，每个子类中具有不同签名和方法体的方法）。

　　在考虑是否要把代码提取为唯一方法或同一方法时，需要做出如下考虑：如果把代码提取为唯一方法，最后需要在超类中产生这个唯一方法的一个抽象的或具体的版本。对子类来说，继承或重写这个唯一方法是有意义的吗？如果不是，请把代码提取为同一方法。

　　(2) 应用函数上移[F]重构，把同一方法上移到超类中。

　　(3) 为了为相似方法的每个版本产生相同的方法体，在每个唯一方法上应用函数改名[F]重构，直到每个子类中的相似方法相同为止。

　　✓ 在每次应用函数改名[F]重构之后，编译并通过测试。

　　(4) 如果相似方法在每个子类中还没有一个相同的签名，应用函数改名[F]重构产生这个签名。

　　(5) 在相似方法（任一子类中即可）上应用函数上移[F]重构，在超类中为每个唯一方法定义抽象方法。现在，被移上来的相似方法就是一个 Template Method 了。

　　✓ 编译并通过测试。

8.1.3　示例

　　在用 Strategy 替换条件逻辑（7.2 节）重构的示例最后，抽象类 CapitalStrategy 有 3 个子类：

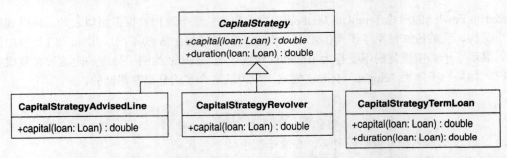

这 3 个子类正好包含为数不多的重复代码，我们将会看到，可以应用形成 Template Method 重构去除这些重复代码。我们常常会组合使用 Strategy 和 Template Method 模式来产生有很少重复代码或没有重复代码的 Strategy 类。

CapitalStrategy 类为资金计算定义了一个抽象方法：

```
public abstract class CapitalStrategy...
    public abstract double capital(Loan loan);
```

CapitalStrategy 的子类用类似的方法计算资金：

```
public class CapitalStrategyAdvisedLine...
    public double capital(Loan loan) {
        return loan.getCommitment() * loan.getUnusedPercentage() *
                duration(loan) * riskFactorFor(loan);
    }

public class CapitalStrategyRevolver...
    public double capital(Loan loan) {
        return (loan.outstandingRiskAmount() * duration(loan) * riskFactorFor(loan))
            + (loan.unusedRiskAmount() * duration(loan) * unusedRiskFactor(loan));
    }

public class CapitalStrategyTermLoan...
    public double capital(Loan loan) {
        return loan.getCommitment() * duration(loan) * riskFactorFor(loan);
    }
    protected double duration(Loan loan) {
        return weightedAverageDuration(loan);
    }
    private double weightedAverageDuration(Loan loan)...
```

可以看出，CapitalStrategyAdvisedLine 的计算与 CapitalStrategyTermLoan 的计算是相同的，除了用贷款的未用额度（loan.getUnusedPercentage()）乘以结果的那个步骤。找到了这个具有少许变化的相似步骤序列意味着可以通过重构到 Template Method 泛化这个算法。我将在下面的步骤中完成这个重构，并在最后处理第三个类 CapitalStrategyRevolver。

(1) CapitalStrategyAdvisedLine 与 CapitalStrategyTermLoan 实现的 capital(...) 方法是本例中的相似方法。

根据 8.1.2 节，应该在 capital() 的实现上应用组合方法（7.1 节）重构，提取出同一方法或唯一方法。因为除了 CapitalStrategyAdvisedLine 的乘以 loan.getUnusedPercentage() 的步骤之外，capital() 中的公式是相同的，所以必须要选择是把这个步骤提取到它自己的唯一方法中，还是作为包含其他代码的方法的一部分。根据 8.1.2 节，两种方法都可行。在这种情况下，为银行编写贷款计算器的多年的经验帮助我做出了决定。建议信用额度贷款的风险金额是通过贷款的承诺额度和未用额度的相乘得到的（如，loan.getCommitment()*loan.getUnused Percentage()）。此外，我还知道计算风险调整资金的标准公式：

209

风险金额×期限×风险因素

这些知识使我把 CapitalStrategyAdvisedLine 的代码 loan.getCommitment()*loan.getUnusedPercentage() 重构到了它自己的方法 riskAmountFor() 中，同时也在 CapitalStrategyTermLoan 上执行了类似的步骤：

```java
public class CapitalStrategyAdvisedLine...
    public double capital(Loan loan) {
        return riskAmountFor(loan) * duration(loan) * riskFactorFor(loan);
    }
    private double riskAmountFor(Loan loan) {
        return loan.getCommitment() * loan.getUnusedPercentage();
    }
}

public class CapitalStrategyTermLoan...
    public double capital(Loan loan) {
        return riskAmountFor(loan) * duration(loan) * riskFactorFor(loan);
    }
    private double riskAmountFor(Loan loan) {
        return loan.getCommitment();
    }
}
```

在这一步中，领域知识明显地影响了我的重构决定。在 Eric Evans 的《领域驱动设计》[Evans] 一书中，他描述了领域知识通常是如何指导我们选择重构什么或怎么重构的。

(2) 在这一步中，要把同一方法上移到超类 CapitalStrategy 中。在当前情况下，riskAmountFor(...) 方法并不是同一方法，因为它的每个实现中的代码是不同的，所以可以直接进入下一步。

(3) 现在，需要确定任何唯一方法在每个子类中都具有相同的签名。唯一方法只有一个，riskAmountFor(...)，它在每个子类中已经具有了相同的签名，因此进入下一步。

(4) 现在，需要确定同一方法 capital(...) 在两个子类中都有相同的签名。签名确实相同，所以进入下一步。

(5) 因为每个子类中的 capital(...) 方法都有相同的签名和方法体，所以可以应用函数上移 [F] 重构把它上移到 CapitalStrategy 中。同时，还需要为唯一方法 riskAmountFor(...) 声明一个抽象方法：

210

8

```
public abstract class CapitalStrategy...
    public abstract double capital(Loan loan);
    public double capital(Loan loan) {
        return riskAmountFor(loan) * duration(loan) * riskFactorFor(loan);
    }
    public abstract double riskAmountFor(Loan loan);
```

现在，capital()方法就是 Template Method 了。对 CapitalStrategyAdvisedLine 和 CapitalStrategyTermLoan 的重构就结束了。

在处理 CapitalStrategyRevolver 中的资金计算之前，我想展示一下，如果在这次重构的步骤(1)中没有创建 riskAmountFor(...)方法的话，会是什么情况。在这种情况下，我会为 CapitalStrategyAdvisedLine 乘以 loan.getUnusedPercentage()的步骤创建一个唯一方法。我称之为 unusedPercentageFor(...)，并在 CapitalStrategy 中把它实现为一个钩子方法：

```
public abstract class CapitalStrategy...
    public double capital(Loan loan) {
        return loan.getCommitment() * unusedPercentageFor(loan) *
                duration(loan) * riskFactorFor(loan);
    }
    public abstract double riskAmountFor(Loan loan);

    protected double unusedPercentageFor(Loan loan) {  // 钩子方法
        return 1.0
    };
```

因为这个钩子方法返回 1.0，所以它对计算是没有影响的，除非这个方法被重写，就像被 CapitalStrategyAdvisedLine 重写这样：

```
public class CapitalStrategyAdvisedLine...
    protected double unusedPercentageFor(Loan loan) {
        return loan.getUnusedPercentage();
    };
```

这个钩子方法允许 CapitalStrategyTermLoan 继承它的 capital(...)计算，而不必实现 riskAmount(...)方法：

```
public class CapitalStrategyTermLoan...
    public double capital(Loan loan) {
        return loan.getCommitment() * duration(loan) * riskFactorFor(loan);
    }
    protected double duration(Loan loan) {
        return weightedAverageDuration(loan);
    }
    private double weightedAverageDuration(Loan loan)...
```

因此，这种方法也可以为 capital()计算产生 Template Method。然而，这种方法有几个缺点：

❑ 结果代码不能很好地表达风险调整资金公式；

❑ CapitalStrategy 3 个子类中的 2 个，CapitalStrategyTermLoan 和我们将要看到的 CapitalStrategyRevolver，继承了这个钩子方法的什么也不做的行为，这是因为这个 CapitalStrategyAdvisedLine 中的特殊步骤只属于这个类。

现在，让我们看看 CapitalStrategyRevolver 是如何利用新的 capital() 这一 Template Method 的。它原来的 capital() 方法是这样的：

```
public class CapitalStrategyRevolver...
    public double capital(Loan loan) {
        return (loan.outstandingRiskAmount() * duration(loan) * riskFactorFor(loan))
            + (loan.unusedRiskAmount() * duration(loan) * unusedRiskFactor(loan));
    }
```

其中，公式的前半部分与通用公式风险金额×期限×风险因素类似。公式的后半部分也很类似，不过它处理的是贷款的未使用部分。我们可以对这段代码做如下重构，使它可以利用 Template Method：

```
public class CapitalStrategyRevolver...
    public double capital(Loan loan) {
        return
            super.capital(loan)
            + (loan.unusedRiskAmount() * duration(loan) * unusedRiskFactor(loan));
    }

    protected double riskAmountFor(Loan loan) {
        return loan.outstandingRiskAmount();
    }
```

你可能会认为这个新实现并不比旧实现容易理解。可以肯定的是，公式中的某些重复确实被去除了。但是现在的公式会更易于遵循吗？我想是的，因为它表达了资金是根据通用公式与未用资金的和计算出来的。在 capital() 上应用提炼函数[F]重构可以使未用资金的添加变得更加清晰：

212

```
public class CapitalStrategyRevolver...
    public double capital(Loan loan) {
        return super.capital(loan) + unusedCapital(loan);
    }
    public double unusedCapital(Loan loan) {
        return loan.unusedRiskAmount() * duration(loan) * unusedRiskFactor(loan);
    }
```

8

213

8.2 提取 Composite

一个类层次结构中的多个子类实现了同一个 Composite。

提取一个实现该 Composite 的超类。

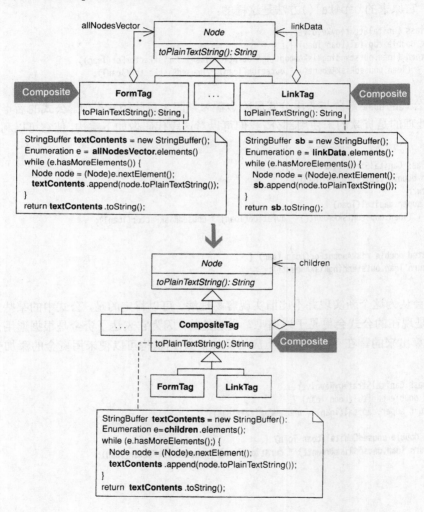

8.2.1 动机

Martin Fowler 解释过，在提炼超类[F]重构中，如果两个或多个类拥有相似的特性，就应该把这些共有的特性搬移到一个超类中。本节所讲的重构与之类似：它强调了其中的一种特殊情况，当相似属性是一个 Composite[DP]时，应该把它搬移到超类中去。

类层次结构中的子类往往会存储其他类的集合，并含有报告这些类信息的方法。当这些被存储的类恰好在同一个类层次结构中时，就很有可能需要通过重构到 Composite 去除大量的重复代码。

去除这种重复代码可以大大简化子类。在以前的一个项目中，我发现程序员不知道应该如何为系统添加新的行为，而绝大多数情况都是因为散布在众多子类中的、复杂的类处理逻辑。通过应用提取 Composite，子类代码就会变得简单，也使人们更容易理解如何编写新的子类。此外，提取出的超类，根据它所处理的 Composite 命名，也暗示开发人员其子类可以继承一些丰富的功能。

本重构与提炼超类[F]重构在本质上是一样的。只有在想要把共有的类处理逻辑上移到一个超类中的时候，我才会应用这个重构。因此，如果还有其他可以被上移到超类中的行为，但它与 Composite 无关的话，我就会应用提炼超类来实现上移逻辑。

优点与缺点
＋　去除重复的类存储逻辑和类处理逻辑。
＋　能够有效地表达类处理逻辑的可继承性。

8.2.2　做法

这里的做法基于提炼超类[F]重构的做法。

(1) 创建一个组合（composite），它是在重构之后会成为一个 Composite[DP]的类。适当地命名这个类，使其能反映出它所存储的类的类型（例如，CompositeTag）。

✔ 编译。

(2) 把每个含有子结点的类（child container，类层次结构中包含重复的子结点类处理代码的类）声明为组合类的子类。

✔ 编译。

(3) 在含有子结点的类中，找出这样的类处理方法，它在所有含有子结点的类中被完全复制或部分复制。完全重复的方法（purely duplicated method）在所有含有子结点的类中有相同的方法体，相同或不同的方法名。部分重复的方法（partially duplicated method）在所有含有子结点的类中有包含共有和独有代码的方法体，相同或不同的方法名。

无论找到了完全重复的方法，还是部分重复的方法，如果它的签名在所有含有子结点的类中不一致，应用函数改名[F]重构，统一它的签名。

对于完全重复的方法，应用上移字段[F]重构把该方法引用的类集合字段搬移到组合类中。如果它的名字并不是对所有含有子结点的类都有意义，就重命名这个字段。然后，应用函数上移[F]重构把该方法也搬移到组合类中。如果上移的方法依赖于含有子结点的类的构造函数中的代码，就把那些代码也上移到组合类的构造函数中。

对于部分重复的方法，考虑是否可以应用替换算法[F]重构统一所有含有子结点的类中的方法体。如果可以，就把它当作完全重复的方法进行重构。否则，应用提炼函数[F]重构提取出在所有含有子结点的类中都相同的代码，并应用函数上移[F]重构把它上移到组合类中。如果方法体遵循相同的步骤次序，只是有些步骤的实现不同，那么考虑是否可以应用形成 Template Method（8.1 节）重构。

✓ 在每个重构后，编译并通过测试。

(4) 对含有子结点的类中其他的包含完全重复和部分重复代码的类处理方法重复步骤(3)。

(5) 检查每个含有子结点的类的每段客户代码，考虑现在是否可以通过组合类的结构与含有子结点的类交互。如果可以，就改为使用组合类的接口。

✓ 在每个重构后，编译并通过测试。

8.2.3　示例

本次重构将基于开源项目 HTML Parser。在这个解析器解析 HTML 的时候，它会识别并创建代表 HTML 标签和文字的类。例如，这里有一些 HTML 代码：

```
<HTML>
    <BODY>
        Hello, and welcome to my Web page! I work for
        <A HREF="http://industriallogic.com">
            <IMG SRC="http://industriallogic.com/images/logo141x145.gif">
        </A>
    </BODY>
</HTML>
```

对于上述 HTML 代码，解析器会创建下列类型的对象：

❏ Tag（对应<BODY>标签）；
❏ StringNode（对应 String, "Hello, and welcome..."）；
❏ LinkTag（对应<A HREF="">标签）。

因为链接标签（<A HREF="">）包含一个图像标签（<IMG SRC="...">），你可能会好奇解析器会如何处理它。解析器会把这个图像标签处理为一个 ImageTag，它是 LinkTag 的子结点。一旦解析器注意到这个链接标签包含一个图像标签，它就会构造一个 ImageTag 对象，并把它当做 LinkTag 对象的子结点。

解析器中的其他标签，如 FormTag、TitleTag 等，也可以容纳子结点。随着对这些类的观察，不久我就发现了它们中的保存和处理子结点的重复代码。举例来说，考虑下面的代码：

```
public class LinkTag extends Tag...
    private Vector nodeVector;

    public String toPlainTextString() {
```

```
    StringBuffer sb = new StringBuffer();
    Node node;
    for (Enumeration e=linkData();e.hasMoreElements();) {
        node = (Node)e.nextElement();
        sb.append(node.toPlainTextString());
    }
    return sb.toString();
}

public class FormTag extends Tag...
    protected Vector allNodesVector;

    public String toPlainTextString() {
        StringBuffer stringRepresentation = new StringBuffer();
        Node node;
        for (Enumeration e=getAllNodesVector().elements();e.hasMoreElements();) {
            node = (Node)e.nextElement();
            stringRepresentation.append(node.toPlainTextString());
        }
        return stringRepresentation.toString();
    }
}
```

217

因为 FormTag 和 LinkTag 都包含子结点,都有一个用来存储子结点的 Vector,虽然这个 Vector
在每个类中的名字不同。这两个类都必须支持 toPlainTextString()操作,该操作输出标签子结点
的非 HTML 格式的文本,因此这两个类都包含遍历它们的子结点并产生纯文本的逻辑。而且,这
两个类中执行这一操作的代码几乎一模一样!事实上,在含有子结点的类中有好几个几乎一模一样
的方法,它们都充斥着重复代码。那么,就跟我一起应用提取 Composite 来重构这些代码吧。

(1) 首先,必须创建一个抽象类,它将成为所有含有子结点的类的超类。因为含有子结点的
类,如 LinkTag 和 FormTag,已经是 Tag 的子类了,所以应该创建如下的类:

```
public abstract class CompositeTag extends Tag {
    public CompositeTag(
        int tagBegin,
        int tagEnd,
        String tagContents,
        String tagLine) {
        super(tagBegin, tagEnd, tagContents, tagLine);
    }
}
```

(2) 现在,使所有含有子结点的类都继承 CompositeTag:

```
public class LinkTag extends CompositeTag
```

```
public class FormTag extends CompositeTag
```

```
// ...
```

需要注意的是,对于重构的剩余部分,我将只展示两个类的代码,LinkTag 和 FormTag,即
使原始代码中还有很多其他的类。

8

(3) 在所有含有子结点的类中寻找完全重复的方法后我发现，toPlainTextString() 是这样的方法。因为该方法在每个含有子结点的类中的签名都相同，所以不需要改变它的签名。接着，我们上移存储子结点的 Vector。使用 LinkTag 类来执行这一步骤：

```
public abstract class CompositeTag extends Tag...
    protected Vector nodeVector;  // pulled-up field

public class LinkTag extends CompositeTag...
    private Vector nodeVector;
```

我们希望 FormTag 使用这个刚刚上移的 Vector、nodeVector（是的，这是个很糟糕的名字，不过我会马上改掉它），所以，我把它的本地子节点 Vector 重命名为 nodeVector：

```
public class FormTag extends CompositeTag...
    protected Vector allNodesVector;
    protected Vector nodeVector;
...
```

然后，删除这个本地字段（因为 FormTag 继承了它）：

```
public class FormTag extends CompositeTag...
    protected Vector nodeVector;
```

现在，可以重命名组合类中的 nodeVector 了：

```
public abstract class CompositeTag extends Tag...
    protected Vector nodeVector;
    protected Vector children;
```

现在，可以把 toPlainTextString() 方法上移到 CompositeTag 中了。我先尝试使用一个自动化重构工具来上移该方法，但是不幸失败了，因为这两个方法在 LinkTag 和 FormTag 中并不完全一致。问题在于，LinkTag 通过 linkData() 方法获取它的子结点的迭代器，而 FormTag 通过 getAllNodesVector().elements() 获取其子节点的迭代器：

```
public class LinkTag extends CompositeTag
    public Enumeration linkData() {
        return children.elements();
    }

    public String toPlainTextString()...
        for (Enumeration e=linkData();e.hasMoreElements();)
            ...

public class FormTag extends CompositeTag...
    public Vector getAllNodesVector() {
        return children;
    }
    public String toPlainTextString()...
        for (Enumeration e=getAllNodesVector().elements();e.hasMoreElements();)
            ...
```

为了解决这个问题，必须要编写一个访问 CompositeTag 子结点的统一方法。使 LinkTag 和 FormTag 都实现一个相同的方法 children()，并把它上移到 CompositeTag 中：

```
public abstract class CompositeTag extends Tag...
    public Enumeration children() {
        return children.elements();
    }
```

现在，我的 IDE 中的自动化重构工具就可以很容易地把 toPlainTextString()上移到 CompositeTag 中了。运行测试，一切正常。

(4) 在这个步骤中要做的是对其他可以从含有子结点的类中上移到组合类中的方法重复步骤(3)。恰好有几个方法可以。我将展示其中的一个，它涉及一个名为 toHTML()的方法。这个方法输出给定结点的 HTML 代码。LinkTag 和 FormTag 都含有这个方法的独立实现。为了执行步骤(3)，必须先确定 toHTML()是完全重复的还是部分重复的。

让我们看看 LinkTag 是如何实现这个方法的：

```
public class LinkTag extends CompositeTag
    public String toHTML() {
        StringBuffer sb = new StringBuffer();
        putLinkStartTagInto(sb);
        Node node;
        for (Enumeration e = children();e.hasMoreElements();) {
            node = (Node)e.nextElement();
            sb.append(node.toHTML());
        }
        sb.append("</A>");
        return sb.toString();
    }

    public void putLinkStartTagInto(StringBuffer sb) {
        sb.append("<A ");
        String key,value;
        int i = 0;
        for (Enumeration e = parsed.keys();e.hasMoreElements();) {
            key = (String)e.nextElement();
            i++;
            if (key!=TAGNAME) {
                value = getParameter(key);
                sb.append(key+"=\""+value+"\"");
                if (i<parsed.size()-1) sb.append(" ");
            }
        }
        sb.append(">");
    }
```

在创建了一个缓冲对象后，putLinkStartTagInto(...)把开始标签的内容和任何可能存在的属性放到这个缓冲对象中。开始标签类似<A HREF="...">或<A NAME="...">，这里的 HREF 和 NAME 表示标签的属性。这个标签可能包含子标签，如 StringNode（如<A HREF="...">I'm a string node</A>）或子 ImageTag 实例。最后，还会有结束标签，</A>，它必须在返回标签的 HTML 表示之前添加到缓冲对象中。

让我们看看 FormTag 是如何实现 toHTML()方法的：

```
public class FormTag extends CompositeTag...
    public String toHTML() {
        StringBuffer rawBuffer = new StringBuffer();

        Node node,prevNode=null;
        rawBuffer.append("<FORM METHOD=\""+formMethod+"\" ACTION=\""+formURL+"\"");
        if (formName!=null && formName.length()>0)
            rawBuffer.append(" NAME=\""+formName+"\"");
        Enumeration e = children.elements();
        node = (Node)e.nextElement();
        Tag tag = (Tag)node;
        Hashtable table = tag.getParsed();
        String key,value;
        for (Enumeration en = table.keys();en.hasMoreElements();) {
            key=(String)en.nextElement();
            if (!(key.equals("METHOD")
                || key.equals("ACTION")
                || key.equals("NAME")
                || key.equals(Tag.TAGNAME))) {
                value = (String)table.get(key);
                rawBuffer.append(" "+key+"="+"\""+value+"\"");
            }
        }
        rawBuffer.append(">");
        rawBuffer.append(lineSeparator);
        for (;e.hasMoreElements();) {
            node = (Node)e.nextElement();
            if (prevNode!=null) {
                if (prevNode.elementEnd()>node.elementBegin()) {
                    // 这是新的一行
                    rawBuffer.append(lineSeparator);
                }
            }
            rawBuffer.append(node.toHTML());
            prevNode=node;
        }
        return rawBuffer.toString();
    }
```

[221]　　　这个实现与 LinkTag 的实现有相似之处也有不同之处。因此，根据之前在 8.7.2 节中的定义，toHTML()应该是一个部分重复的、含有子结点的类的方法。这就意味着下一步应该考虑是否可以通过应用替换算法[F]重构创建这个方法的单一实现。

　　事实上，这是可行的。它比看上去要容易，因为 toHTML()的两个版本在本质上都做了相同的 3 件事情：输出包含任何属性的开始标签，输出任何子标签，输出结束标签。知道了这些之后，就可以编写一个处理开始标签的通用方法，并把它上移到 CompositeTag 中：

```
public abstract class CompositeTag extends Tag...
    public void putStartTagInto(StringBuffer sb) {
        sb.append("<" + getTagName() + " ");
        String key,value;
```

```
        int i = 0;
        for (Enumeration e = parsed.keys();e.hasMoreElements();) {
            key = (String)e.nextElement();
            i++;
            if (key!=TAGNAME) {
                value = getParameter(key);
                sb.append(key+"=\""+value+"\"");
                if (i<parsed.size()) sb.append(" ");
            }
        }
        sb.append(">");
    }

public class LinkTag extends CompositeTag...
    public String toHTML() {
        StringBuffer sb = new StringBuffer();
        putStartTagInto(sb);
        ...


public class FormTag extends CompositeTag
    public String toHTML() {
        StringBuffer rawBuffer = new StringBuffer();
        putStartTagInto(rawBuffer);
        ...
```

　　重复类似的操作，为从子结点和结束结点获得 HTML 编写统一的方法。这些准备工作使我们可以把一个泛化的 toHTML() 上移到组合类中：

```
public abstract class CompositeTag extends Tag...
    public String toHTML() {
        StringBuffer htmlContents = new StringBuffer();
        putStartTagInto(htmlContents);
        putChildrenTagsInto(htmlContents);
        putEndTagInto(htmlContents);
        return htmlContents.toString();
    }
```

222

　　继续把子结点相关的方法搬移到 CompositeTag 中，我将省略这些细节，结束此步骤。

　　(5) 最后一步要检查含有子结点的类的客户代码，看看它们现在是否能通过 CompositeTag 的接口与含有子结点的类交互。在本例中，解析器本身的代码中并没有这样的情况，所以整个重构就结束了。

223

8

8.3　用 Composite 替换一/多之分

类使用不同的代码处理单一对象与多个对象。

用 Composite 能够产生既可以处理单一对象又可以处理多个对象的代码。

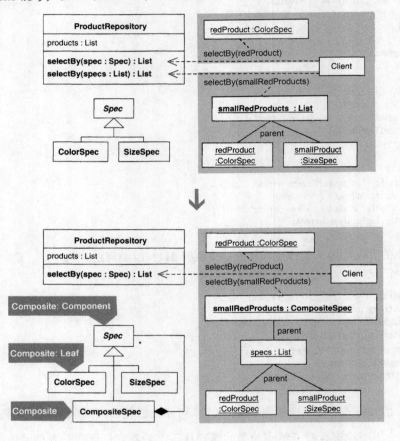

8.3.1　动机

如果一个类含有两个几乎一样的方法，唯一的区别就是一个用来处理单一对象，一个用来处理对象的集合，那么一/多之分就出现了。这种区分会导致如下问题。

❑ 重复代码。因为处理单一对象的方法和处理对象集合的方法做的事情是一样的，所以重复代码通常会散布在这两个方法中。虽然不实现 Composite[DP] 也有可能减少重复代码（详见示例小节），但是，即使减少了重复代码，这两个方法还是在执行相同的操作。

❑ 不一致的客户代码。无论是单一对象还是对象集合，客户代码总是希望能用统一的方法处理对象。然而，两个不同签名的处理方法迫使客户代码为方法传入不同类型的数据（例如，一个对象或对象的集合）。这使客户代码变得不一致，会增加其复杂度。

❑ 结果的合并。最好通过一个例子来解释。假设你想要找到所有颜色为红色、价钱低于$5.00 或颜色为蓝色、价钱高于$10.00 的产品。一种方法是调用 ProductRepository 的 selectBy(List specs)方法，它会返回包含结果的 List。下面是调用 selectBy(...) 的例子：

```
List redProductsUnderFiveDollars = new ArrayList();
redProductsUnderFiveDollars.add(new ColorSpec(Color.red));
redProductsUnderFiveDollars.add(new BelowPriceSpec(5.00));

List foundRedProductsUnderFiveDollars =
    productRepository.selectBy(redProductsUnderFiveDollars);
```

selectBy(List specs)的最大问题在于，它不能处理 OR 条件。因此如果想要找到所有红色、低于$5.00 或蓝色、高于$10.00 的产品，必须分别调用 selectBy(...)，然后再把结果合并：

```
List foundRedProductsUnderFiveDollars =
    productRepository.selectBy(redProductsUnderFiveDollars);

List foundBlueProductsAboveTenDollars =
    productRepository.selectBy(blueProductsAboveTenDollars);

List foundProducts = new ArrayList();
foundProducts.addAll(foundRedProductsUnderFiveDollars);
foundProducts.addAll(foundBlueProductsAboveTenDollars);
```

可以看出，这种方法十分笨拙、拖沓。

Composite 模式提供了一种更好的方法。它使得客户代码可以通过一个方法来处理一个或多个对象。这有很多好处。

❑ 再也没有散布在方法中的重复代码了，因为无论有多少对象，处理对象的方法只有一个。
❑ 客户代码以统一的方法与这个方法交互。
❑ 客户代码可以通过一次调用就获得处理一棵对象树所产生的结果，而不必调用多次，再合并结果。例如，为了找到低于$5.00 的红色产品或高于$10.00 的蓝色产品，客户代码只需创建并向处理方法传入如下 Composite：

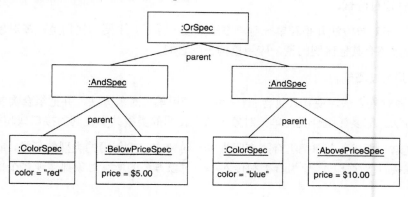

225

8

简而言之，用 Composite 替换一/多之分可以去除重复代码，统一客户代码的调用，还支持对象树的处理。不过，如果后两个特殊的好处对你的系统来说并不是都很重要，而且你可以去除含有一/多之分的方法中的大部分重复代码，那么实现 Composite 可能就不值了。

Composite 模式常见的一个缺点与类型安全有关。为了防止客户代码向 Composite 中添加非法的对象，Composite 代码必须包含对客户打算添加的对象的运行时检查。这个问题也会出现在集合中，因为客户代码也可以向集合添加非法对象。

优点与缺点
＋ 去除与处理一个或多个对象相关联的重复代码。
＋ 提供了处理一个或多个对象的统一方法。
＋ 支持处理多个对象的更丰富的方法（例如，OR 表达式）。
－ 可能会在 Composite 的构造过程中要求类型安全的运行时检查。

8.3.2 做法

在本节和示例一节中，处理一个对象的方法称为单一对象方法（one-object method），而处理对象集合的方法称为多对象方法（many-object method）。

(1) 多对象方法接收一个集合作为参数。创建一个新类，使它的一个构造函数可以接收集合，并为集合定义访问方法。这个组合类将会变成《设计模式》[DP]中所描述的 Composite。

在多对象方法中，声明并实例化组合类（例如，新创建的类）的一个实例。此外，在多对象方法中找出所有对集合的引用，并更新代码，使其通过组合类的访问方法获得集合。

✓ 编译并通过测试。

(2) 对多对象方法中与集合相关的代码应用提炼函数[F]重构。把提炼出来的方法声明为公共方法。然后，在提炼出来的方法上引用搬移函数[F]重构，把它搬移到组合类中。

✓ 编译并通过测试。

(3) 现在，多对象方法几乎和单一对象方法一模一样了。主要的区别是，多对象方法会实例化组合类。如果还有其他区别的话，应用重构去除它们。

✓ 编译并通过测试。

(4) 修改多对象方法，使其只包含一行代码：调用单一对象方法，并把组合类实例作为参数传递给这个方法。需要使组合类与单一对象方法中使用的类型共享相同的接口或超类。

为了实现这一要求，考虑把组合类声明为单一对象方法中使用的类型的子类，或创建新的接口（应用提炼接口[F]重构），使组合类和传入单一对象方法的所有对象都实现这个接口。

✓ 编译并通过测试。

(5) 因为多对象方法现在只包含一行代码，所以可以使用将方法内联化[F]重构使其内联化。

✓ 编译并通过测试。

(6) 对组合类应用封装集合[F]重构。这会为组合类添加一个 add(...)方法，客户代码调用这个方法替换向组合类的构造函数传入集合。此外，集合的访问方法现在应该返回一个不可改变的集合。

✓ 编译并通过测试。

8.3.3 示例

本节中的示例主要处理 Spec 实例，以及如何使用它们从 ProductRepository 获取想要的 Product 实例集合。示例还展示了用 Interpreter 替换隐式语言（8.7 节）重构中描述的 Specification 模式[Evans]。

让我们从 ProductRepository 的一些测试代码入手。在任何测试能够运行之前，必须先创建一个 ProductRepository（变量名为 repository）。出于对测试代码的考虑，我用玩具 Product 实例填充了这个 repository：

```
public class ProductRepositoryTest extends TestCase...
    private ProductRepository repository;

    private Product fireTruck =
        new Product("f1234", "Fire Truck",
            Color.red, 8.95f, ProductSize.MEDIUM);

    private Product barbieClassic =
        new Product("b7654", "Barbie Classic",
            Color.yellow, 15.95f, ProductSize.SMALL);

    private Product frisbee =
        new Product("f4321", "Frisbee",
            Color.pink, 9.99f, ProductSize.LARGE);
    private Product baseball =
        new Product("b2343", "Baseball",
            Color.white, 8.95f, ProductSize.NOT_APPLICABLE);

    private Product toyConvertible =
        new Product("p1112", "Toy Porsche Convertible",
            Color.red, 230.00f, ProductSize.NOT_APPLICABLE);

protected void setUp() {
    repository = new ProductRepository();
    repository.add(fireTruck);
    repository.add(barbieClassic);
    repository.add(frisbee);
    repository.add(baseball);
    repository.add(toyConvertible);
```

```
}
```

我们看到的第一个测试会通过调用 repository.selectBy(...)寻找某种颜色的 Product 实例：

```
public class ProductRepositoryTest extends TestCase...
    public void testFindByColor() {
        List foundProducts = repository.selectBy(new ColorSpec(Color.red));
        assertEquals("found 2 red products", 2, foundProducts.size());
        assertTrue("found fireTruck", foundProducts.contains(fireTruck));
        assertTrue(
            "found Toy Porsche Convertible",
            foundProducts.contains(toyConvertible));
    }
```

repository.selectBy(...)方法如下所示：

```
public class ProductRepository...
    private List products = new ArrayList();

    public Iterator iterator() {
        return products.iterator();
    }

    public List selectBy(Spec spec) {
        List foundProducts = new ArrayList();
        Iterator products = iterator();
        while (products.hasNext()) {
            Product product = (Product)products.next();
            if (spec.isSatisfiedBy(product))
                foundProducts.add(product);
        }
        return foundProducts;
    }
```

229   现在让我们来看看另一个测试，它调用一个不同的 repository.selectBy(...)方法。这个测试把几个 Spec 对象组装成一个 List，以便用来从 repository 中选择特殊种类的产品：

```
public class ProductRepositoryTest extends TestCase...
    public void testFindByColorSizeAndBelowPrice() {
        List specs = new ArrayList();
        specs.add(new ColorSpec(Color.red));
        specs.add(new SizeSpec(ProductSize.SMALL));
        specs.add(new BelowPriceSpec(10.00));
        List foundProducts = repository.selectBy(specs);
        assertEquals(
            "small red products below $10.00",
            0,
            foundProducts.size());
    }
```

这种基于 List 的 repository.selectBy(...)方法如下所示：

```
public class ProductRepository {
    public List selectBy(List specs) {
        List foundProducts = new ArrayList();
```

```
Iterator products = iterator();
while (products.hasNext()) {
    Product product = (Product)products.next();
    Iterator specifications = specs.iterator();
    boolean satisfiesAllSpecs = true;
    while (specifications.hasNext()) {
        Spec productSpec = ((Spec)specifications.next());
        satisfiesAllSpecs &= productSpec.isSatisfiedBy(product);
    }
    if (satisfiesAllSpecs)
        foundProducts.add(product);
}
return foundProducts;
}
```

可以看出，这种基于 List 的 selectBy(...)比那种单一 Spec 的 selectBy(...)方法复杂得多。如果比较一下这两种方法，就会注意到好多重复代码。Composite 可以帮助我们去除这些重复代码；不过，有另外一种不涉及 Composite 的方法也可以去除这些重复代码。考虑如下代码：

```
public class ProductRepository...
    public List selectBy(Spec spec) {
        Spec[] specs = { spec };
        return selectBy(Arrays.asList(specs));
    }

    public List selectBy(List specs)...
        // 与之前的实现相同
```

这个解决方案保留了更复杂的基于 List 的 selectBy(...)方法。不过，它也完全简化了单一 Spec 的 selectBy(...)方法，这大大减少了重复代码。唯一还剩下的重复代码就是存在两种 selectBy(...)方法。

因此，用这种解决方案代替重构到 Composite 是明智的吗？是，也不是。这全依赖于需要讨论的代码的需要。对于本示例代码所基于的系统来说，需要支持含有 OR、AND 和 NOT 条件的查询，如：

```
product.getColor() != targetColor ||
product.getPrice() < targetPrice
```

基于 List 的 selectBy(...)方法不支持这种查询。此外，只有一种 selectBy(...)方法是首选，这样客户代码就可以用统一的方式进行调用。因此，我决定重构到 Composite 模式，实现步骤如下。

(1) 基于 List 的 selectBy(...)方法是一种多对象方法。它接收如下参数：List specs。首先要创建一个新类，它包含 specs 参数的值，并提供相应的访问方法：

```
public class CompositeSpec {
    private List specs;

    public CompositeSpec(List specs) {
        this.specs = specs;
    }
```

230

8

```
    public List getSpecs() {
        return specs;
    }
}
```

然后，把基于 List 的 selectBy(...)方法搬移到新类中，并把代码更新为调用相应的访问方法：

```
public class ProductRepository...
    public List selectBy(List specs) {
        CompositeSpec spec = new CompositeSpec(specs);
        List foundProducts = new ArrayList();
        Iterator products = iterator();
        while (products.hasNext()) {
            Product product = (Product)products.next();
            Iterator specifications = spec.getSpecs().iterator();
            boolean satisfiesAllSpecs = true;
            while (specifications.hasNext()) {
                Spec productSpec = ((Spec)specifications.next());
                satisfiesAllSpecs &= productSpec.isSatisfiedBy(product);
            }
            if (satisfiesAllSpecs)
                foundProducts.add(product);
        }
        return foundProducts;
    }
}
```

编译并通过测试，确保所有的修改都能运行。

(2) 现在，在 selectBy(...)的专门处理 specs 的代码上应用提炼函数[F]重构：

```
public class ProductRepository...
    public List selectBy(List specs) {
        CompositeSpec spec = new CompositeSpec(specs);
        List foundProducts = new ArrayList();
        Iterator products = iterator();
        while (products.hasNext()) {
            Product product = (Product)products.next();
            if (isSatisfiedBy(spec, product))
                foundProducts.add(product);
        }
        return foundProducts;
    }

    public boolean isSatisfiedBy(CompositeSpec spec, Product product) {
        Iterator specifications = spec.getSpecs().iterator();
        boolean satisfiesAllSpecs = true;
        while (specifications.hasNext()) {
            Spec productSpec = ((Spec)specifications.next());
            satisfiesAllSpecs &= productSpec.isSatisfiedBy(product);
        }
        return satisfiesAllSpecs;
    }
```

通过编译及测试，应用搬移函数[F]重构把 isSatisfiedBy(...)方法搬移到 CompositeSpec 类中：

```
public class ProductRepository...
    public List selectBy(List specs) {
        CompositeSpec spec = new CompositeSpec(specs);
        List foundProducts = new ArrayList();
        Iterator products = iterator();
        while (products.hasNext()) {
            Product product = (Product)products.next();
            if (spec.isSatisfiedBy(product))
                foundProducts.add(product);
        }
        return foundProducts;
    }
public class CompositeSpec...
    public boolean isSatisfiedBy(Product product) {
        Iterator specifications = getSpecs().iterator();
        boolean satisfiesAllSpecs = true;
        while (specifications.hasNext()) {
            Spec productSpec = ((Spec)specifications.next());
            satisfiesAllSpecs &= productSpec.isSatisfiedBy(product);
        }
        return satisfiesAllSpecs;
    }
```

同样要确保通过编译和测试。

(3) 现在，两种 selectBy(...)方法已经几乎一模一样了。唯一的区别就是基于 List 的 selectBy(...)方法实例化了一个 CompositeSpec 的实例：

```
public class ProductRepository...
    public List selectBy(Spec spec) {
        // 相同代码
    }

    public List selectBy(List specs) {
        CompositeSpec spec = new CompositeSpec(specs);
        // 相同代码
    }
```

下一步骤会帮助我们去除这些重复代码。

(4) 现在，想要使基于 List 的 selectBy(...)方法调用单一 Spec 的 selectBy(...)方法，就像这样：

```
public class ProductRepository...
    public List selectBy(Spec spec)...

    public List selectBy(List specs) {
        return selectBy(new CompositeSpec(specs));
    }
```

232

这段代码不能通过编译，因为 CompositeSpec 没有与 selectBy(...)方法中所使用的 Spec 共享同一个接口。Spec 是一个抽象类，如下所示：

Spec
isSatisfiedBy(Product) : boolean

因为 CompositeSpec 已经实现了 Spec 中声明的 isSatisfiedBy(...) 方法，所以把 CompositeSpec 声明为 Spec 的子类不需要任何额外的改动：

```
public class CompositeSpec extends Spec...
```

现在可以通过编译了，测试代码也能通过。

(5) 因为基于 List 的 selectBy(...)方法现在仅仅包含调用单一 Spec 的 selectBy(...)方法这样一行代码，所以可以应用将方法内联化[F]重构使其内联化。原先调用基于 List 的 selectBy(...)方法的客户代码如今变成了调用单一 Spec 的 selectBy(...)方法。下面是这种变化的一个例子：

```
public class ProductRepositoryTest...
    public void testFindByColorSizeAndBelowPrice() {
        List specs = new ArrayList();
        specs.add(new ColorSpec(Color.red));
        specs.add(new SizeSpec(ProductSize.SMALL));
        specs.add(new BelowPriceSpec(10.00));
        List foundProducts = repository.selectBy(specs);
        List foundProducts = repository.selectBy(new CompositeSpec(specs));
        ...
```

现在，只有一个 selectBy(...)方法了，它接收 Spec 对象，如 ColorSpec、SizeSpec 或新的 CompositeSpec。这将会非常有用。不过，想要构造支持类似 product.getColor() != targColor || product.getPrice() < targetPrice 的产品搜索的 Composite 结构，还需要创建 NotSpec 和 OrSpec 类。这里不再展开介绍具体做法，你可以在用 Interpreter 替换隐式语言（8.7 节）重构中找到。

(6) 最后一步要对 CompositeSpec 中的集合应用封装集合[F]重构。这可以使 CompositeSpec 类型更安全（例如，防止客户代码添加类型不是 Spec 子类的对象）。

首先，定义 add(Spec spec)方法：

```
public class CompositeSpec extends Spec...
    private List specs;

    public void add(Spec spec) {
        specs.add(spec);
    }
```

然后，把 specs 初始化为一个空列表：

```
public class CompositeSpec extends Spec...
    private List specs = new ArrayList();
```

现在，有趣的事情来了。找出 CompositeSpec 的构造函数的所有调用者，并把它们更新为调用 CompositeSpec 的新的默认构造函数以及新的 add(...) 方法。下面给出这样一个调用者及其更新：

```
public class ProductRepositoryTest...
    public void testFindByColorSizeAndBelowPrice()...
        List specs = new ArrayList();
        CompositeSpec specs = new CompositeSpec();
        specs.add(new ColorSpec(Color.red));
        specs.add(new SizeSpec(ProductSize.SMALL));
        specs.add(new BelowPriceSpec(10.00));
        List foundProducts = repository.selectBy(specs);
        ...
```

编译并测试，确保改变能够运行。当更新完所有其他的调用者后，CompositeSpec 的接收 List 的构造函数就再也不会被调用了，因此删除这个构造函数：

```
public class CompositeSpec extends Spec...
    public CompositeSpec(List specs) {
        this.specs = specs;
    }
```

现在，更新 CompositeSpec 的 getSpecs(...) 方法，返回 specs 的不可改变的版本：

```
public class CompositeSpec extends Spec...{
    private List specs = new ArrayList();

    public List getSpecs()
        return Collections.unmodifiableList(specs);
    }
```

编译并通过测试，确保封装集合的实现运行正常。现在，CompositeSpec 就是 Composite 模式一个优良实现了：

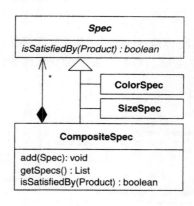

8.4   用 Observer 替换硬编码的通知

子类通过硬编码来通知另一个类的一个实例。

去除这些子类，并使其超类能够通知一个或多个实现了 Observer 接口的类。

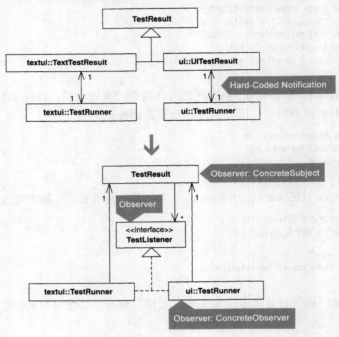

8.4.1   动机

想知道什么时候应该重构实现 Observer[DP]，首先要理解什么时候不需要 Observer。考虑类
Receiver 的一个实例，它会随着类 Notifier 的实例的变化而变化，如下图所示。

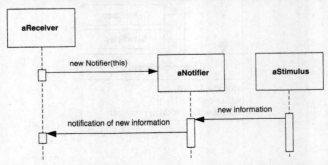

在这种情况下，Notifier 实例拥有对 Receiver 的引用，并且当它收到新信息的时候，通过
硬编码通知这个引用。只有在 Notifier 实例必须只通知 Receiver 实例的时候， Notifier 和
Receiver 之间的这种紧耦合才有意义。如果情况发生了变化，Notifier 实例现在必须能够通知

多个 Receiver 实例或其他类的实例，就必须改进设计。这正是 Kent Beck 和 Erich Gamma 的 JUnit 框架[Beck 和 Gamma]曾经历过的。当框架的客户代码需要不止一个参与者来观察 TestResult 实例的改变的时候，就需要将硬编码的通知重构为使用 Observer 模式（详见 8.4.3 节）。

　　Observer 模式的每次实现都会产生一个主题（作为通知源的类）与其观察者之间的松耦合。Observer 接口使这种松耦合成为可能。想要接收新信息的通知，类只需实现 Observer 接口，并把自己注册到一个主题。当发生改变时，主题会根据它所包含的实现了 Observer 接口的实例的集合依次通知这些实例。

　　作为主题的类必须含有一个添加 Observer 的方法，也可以含有一个删除 Observer 的方法。如果在一个主题实例的声明周期中没有删除 Observer 的必要的话，就不需要实现这个删除方法。虽然这看上去是基本的常识，但是许多程序员都会落入这个陷阱，他们往往会完全按照书中定义的死板结构来实现这个模式。

　　有两个常见的 Observer 实现的问题需要注意，这两个问题涉及串联通知和内存泄漏。串联通知发生在这样的情况下，主题通知了观察者，而这个观察者同时也是一个主题，它会通知其他的观察者，等等。这会产生过于复杂的设计，并使调试变得很难。Mediator[DP]模式可能会帮助我们改进这类代码。当一个观察者实例因为还在被一个主题所引用而没有被垃圾回收时，就会发生内存泄漏。如果能记住总是把观察者从它们的主题中删除，就可以避免内存泄漏。 237

　　我们会经常使用 Observer 模式。因为实现它并不困难，你可能在真正需要它之前就经不起诱惑想使用这个模式。不要受诱惑！即使先编写了硬编码的通知，在真正需要的时候，也总是可以把设计改进为使用 Observer。

优点与缺点

+　使主题及其观察者访问松散耦合。
+　支持一个或多个观察者。
−　当硬编码的通知已经足够的时候，会增加设计的复杂度。
−　当出现串联通知的时候，会增加代码的复杂度。
−　当观察者没有从它们的主题中被删除的时候，可能会造成内存泄漏。

8.4.2　做法

　　通知者（notifier）是这样一个类，它引用并给其他类发送通知。接收者（receiver）是这样一个类，它把自己注册到一个通知者，并从通知者那里接收信息。本重构详细描述了通过把通知者的超类变为主题（subject，在《设计模式》中被描述为 ConcreteSubject）来去除多余的通知者，以及把接收者转换为观察者（observer，在《设计模式》中被描述为 ConcreteObserver）的步骤。

　　(1) 如果一个通知者代表它的接收者执行定制的行为，而不是执行单纯的通知逻辑，应用搬移函数[F]重构把这些行为搬移到通知者的接收者中。这样,通知者就只包含通知方法(notification method,通知接收者的方法)了。

对所有通知者重复这一步骤。

✓ 编译并通过测试。

(2) 在接收者上应用提炼接口[F]重构,只选择被它的通知者调用的方法,产生观察者接口。如果其他通知者会调用不在观察者接口中的方法,把这些方法添加到观察者接口中,这样它就可以支持所有接收者了。

✓ 编译。

238

(3) 使每个接收者都实现观察者接口。然后,使每个通知者都只通过观察者接口与它的接收者交互。现在,每个接收者都是一个观察者。

✓ 编译并通过测试。

(4) 选择一个通知者,在其通知方法上应用函数上移[F]重构。这包含上移通知者的观察者接口引用,以及设置引用的代码。现在,通知者的超类就是这个主题了。

对所有通知者重复这一步骤。

✓ 编译。

(5) 更新每个通知者的观察者,使它们注册到主题并与其交互,而不是通知者,然后删除通知者。

✓ 编译并通过测试。

(6) 重构这个主题,使它包含观察者的一个集合,而不是仅仅一个观察者。这包含更新观察者注册自己到主题的方法。通常会在主题中创建一个添加观察者的方法(例如,addObserver(Observer observer))。最后,更新主题,使其通知方法通知观察者集合中的所有观察者。

✓ 编译并通过测试。

8.4.3 示例

本节代码简图描述了 Kent Beck 和 Erich Gamma 的 JUnit 测试框架[Beck 和 Gamma]的一小段设计。在 JUnit 2.x 中,作者定义了 TestResult 的两个子类,UITestResult 和 TextTestResult,两者都是收集参数(请参见 10.1 节)。

TestResult 子类从每个测试用例对象中收集信息(例如,测试通过还是失败),以便把这些信息报告给 TestRunner,这个类把测试结果显示在屏幕上。UITestResult 类被硬编码为一个 Java

Abstract Window Toolkit（AWT）的 TestRunner 报告信息，而 TextTestResult 类被硬编码为一
个基于命令行的 TestRunner 报告信息。我们来看看 UITestResult 类的部分代码，以及与相应的
TestRunner 的连接：

```
class UITestResult extends TestResult {
    private TestRunner fRunner;
    UITestResult(TestRunner runner) {
        fRunner= runner;
    }
    public synchronized void addFailure(Test test, Throwable t) {
        super.addFailure(test, t);
        fRunner.addFailure(this, test, t);  // 向 TestRunner 发出通知
    }
    ...
}


package ui;
public class TestRunner extends Frame {    // 基于 AWT 的 TestRunner
    private TestResult fTestResult;
    ...
    protected TestResult createTestResult() {
        return new UITestResult(this);   // 硬编码 UITestResult
    }
    synchronized public void runSuite() {
        ...
        fTestResult = createTestResult();
        testSuite.run(fTestResult);
    }
    public void addFailure(TestResult result, Test test, Throwable t) {
        ... // 在 AWT 图形窗口中显示失败
    }
}
```

对于 JUnit 发展过程的当前时期，这个设计非常简单完美，如果使用了 Observer 模式来编写
TestResult/TestRunner 的通知，设计就会变得不必要的复杂。然而，当 JUnit 的用户要求可以
在运行时使用多个对象观察一个 TestResult 的时候，情况就不同了。现在，TestRunner 实例和
TestResult 实例之间的硬编码的关系已经不足以满足需求了。为了使 TestResult 实例支持多个
观察者，需要实现 Observer 模式。

这种改变是重构还是功能增强呢？使 JUnit 的 TestRunner 实例依赖于一个 Observer 实现，
而不是硬编码到特定的 TestResult 子类，并不会改变它们的行为；这只会使它们与 TestResult
的耦合更加松散。另一方面，使 TestResult 类包含一个观察者的集合，而不仅仅是一个观察者，
是新的行为。因此，本例中的 Observer 实现既是重构（例如，行为不变的转换）也是功能增强。
不过，重构是本质上的工作，而功能增强（不仅仅支持单一观察者，还支持观察者的集合）只是
引入 Observer 模式的结果。

(1) 首先，要确保每个通知者只实现通知方法，而不代表接收者执行定制的行为。UITestResult
是这样的类，而 TextTestResult 不是。TextTestResult 使用 Java 的 System.out.println() 把

测试结果直接报告给控制台，而不是通知它的 TestRunner：

```
public class TextTestResult extends TestResult...
    public synchronized void addError(Test test, Throwable t) {
        super.addError(test, t);
        System.out.println("E");
    }
    public synchronized void addFailure(Test test, Throwable t) {
        super.addFailure(test, t);
        System.out.print("F");
    }
```

应用搬移函数[F]重构，使 TextTestResult 只包含单纯的通知方法，并把定制的行为搬移到相应的 TestRunner 中：

```
package textui;
public class TextTestResult extends TestResult...
    private TestRunner fRunner;
    TextTestResult(TestRunner runner) {
        fRunner= runner;
    }

    public synchronized void addError(Test test, Throwable t) {
        super.addError(test, t);
        fRunner.addError(this, test, t);
    }

    ...

package textui;
public class TestRunner...
    protected TextTestResult createTestResult() {
        return new TextTestResult(this);
    }

    // 搬移函数
    public void addError(TestResult testResult, Test test, Throwable t) {
        System.out.println("E");
    }

    ...
```

现在，TextTestResult 通知它的 TestRunner，后者把信息报告到屏幕。编译并通过测试，确保所有修改都能正常工作。

(2) 现在，要创建一个观察者接口，称为 TestListener。为了创建这个接口，在与 TextTest-Result 相关的 TestRunner 上应用提炼接口[F]重构。在选择应该在新接口中包含哪些方法的时候，必须知道 TextTestResult 会调用 TestRunner 的哪些方法。这些方法在下面的代码中以加粗体显示：

```
class TextTestResult extends TestResult...
    public synchronized void addError(Test test, Throwable t) {
        super.addError(test, t);
```

```
        fRunner.addError(this, test, t);
    }

    public synchronized void addFailure(Test test, Throwable t) {
        super.addFailure(test, t);
        fRunner.addFailure(this, test, t);
    }

    public synchronized void startTest(Test test) {
        super.startTest(test);
        fRunner.startTest(this, test);
    }
```

根据这些信息，可提取出如下接口：

```
public interface TestListener {
    public void addError(TestResult testResult, Test test, Throwable t);
    public void addFailure(TestResult testResult, Test test, Throwable t);
    public void startTest(TestResult testResult, Test test);
}
```

```
public class TestRunner implements TestListener...
```

现在来检查另一个通知者 UITestResult，看看它调用的 TestRunner 方法中是否有 TestListener 接口中没有的方法。确实有，在重写了 TestResult 的 endTest(...)方法中：

```
package ui;
class UITestResult extends TestResult...
    public synchronized void endTest(Test test) {
        super.endTest(test);
        fRunner.endTest(this, test);
    }
```

242

因此需要更新 TestListener，加入这个额外的方法：

```
public interface TestListener...
    public void endTest(TestResult testResult, Test test);
```

尝试编译，确保没有什么差错。但是，代码不能编译，因为对应 TextTestResult 的 TestRunner 实现了 TestListener 接口却没有声明 endTest(...)方法。没问题，在 TestRunner 中添加这个方法，一切就可以运行了：

8

```
public class TestRunner implements TestListener...
    public void endTest(TestResult testResult, Test test) {
    }
```

(3) 现在，需要使与 UITestResult 对应的 TestRunner 实现 TestListener，并使 TextTestResult 和 UITestResult 使用 TestListener 的接口与它们的 TestRunner 实例交互。下面是几处改动：

```
public class TestRunner extends Frame implements TestListener...
```

```
class UITestResult extends TestResult...
    protected TestListener fRunner;
```

```
    UITestResult(TestListener runner) {
        fRunner= runner;
    }
```

```
public class TextTestResult extends TestResult...
    protected TestListener fRunner;
```

```
    TextTestResult(TestListener runner) {
        fRunner= runner;
    }
```

编译并通过测试，确保这些改动能正确运行。

(4) 现在，对 TextTestResult 和 UITestResult 中的每个通知方法应用函数上移[F]重构。这个步骤有些诡异，因为将要上移的方法已经存在于 TextTestResult 和 UITestResult 的超类 TestResult 中了。为了正确地完成这一步骤,需要把 TestResult 子类中的代码合并到 TestResult 中。这会产生如下改动：

```
public class TestResult...
    protected TestListener fRunner;

    public TestResult(TestListener runner) {
        this();
        fRunner= runner;
    }
    public TestResult() {
        fFailures= new Vector(10);
        fErrors= new Vector(10);
        fRunTests= 0;
        fStop= false;
    }

    public synchronized void addError(Test test, Throwable t) {
        fErrors.addElement(new TestFailure(test, t));
        fRunner.addError(this, test, t);
    }

    public synchronized void addFailure(Test test, Throwable t) {
        fFailures.addElement(new TestFailure(test, t));
        fRunner.addFailure(this, test, t);
    }

    public synchronized void endTest(Test test) {
        fRunner.endTest(this, test);
    }

    public synchronized void startTest(Test test) {
        fRunTests++;
        fRunner.startTest(this, test);
    }

package ui;
class UITestResult extends TestResult {
```

```
}

package textui;
class TextTestResult extends TestResult {
}
```

这些改动可以通过编译。

(5) 现在更新 TestRunner 实例，使其直接与 TestResult 交互。例如，下面是对 textui.TestRunner 的改动：

```
package textui;
public class TestRunner implements TestListener...
    protected TestResult createTestResult() {
        return new TestResult(this);
    }

    protected void doRun(Test suite, boolean wait)...
        TestResult result= createTestResult();
```

对 ui.TestRunner 也做出类似改动。最后，删除 TextTestResult 和 UITestResult。编译并测试。编译可以通过，但不幸的是测试失败了。

让我们来研究一下代码——调试。我发现当 fRunner 字段未被初始化时，对 TestRunner 的改动会导致空指针异常。只有一个原因会导致这种情况，那就是代码调用了 TestResult 的原始构造函数，因为这个构造函数并不会初始化 fRunner。我为所有对 fRunner 的调用添加了如下条件逻辑，解决了这个问题：

```
public class TestResult...
    public synchronized void addError(Test test, Throwable t) {
        fErrors.addElement(new TestFailure(test, t));
        if (null != fRunner)
            fRunner.addError(this, test, t);
    }

    public synchronized void addFailure(Test test, Throwable t) {
        fFailures.addElement(new TestFailure(test, t));
        if (null != fRunner)
            fRunner.addFailure(this, test, t);
    }

    // ...
```

现在能够通过测试了。这两个 TestRunner 现在是主题 TestResult 的观察者。这样就可以删除 TextTestResult 和 UITestResult 了，因为它们已经不会再使用了。

(6) 最后一步涉及更新 TestResult，以便可以包含并通知一个或多个观察者。我声明了观察者的一个 List：

```
public class TestResult...
    private List observers = new ArrayList();
```

然后，提供一个方法使观察者可以把自己添加到观察者列表中：

```
public class TestResult...
    public void addObserver(TestListener testListener) {
        observers.add(testListener);
    }
```

接着，更新 TestResult 的通知方法，使它们可以处理观察者列表。下面展示了这种更新中的一个：

```
public class TestResult...
    public synchronized void addError(Test test, Throwable t) {
        fErrors.addElement(new TestFailure(test, t));
        for (Iterator i = observers.iterator();i.hasNext();) {
            TestListener observer = (TestListener)i.next();
            observer.addError(this, test, t);
        }
    }
```

245

最后，更新 TestRunner 实例，使它们使用新的 addObserver()方法，而不是调用 TestResult 的构造函数。下面是对 textui.TestRunner 类的改动：

```
package textui;
public class TestRunner implements TestListener...
    protected TestResult createTestResult() {
        TestResult testResult = new TestResult();
        testResult.addObserver(this);
        return testResult;
    }
```

编译并通过测试，这些改动可以正常运行。因此，可以删除 TestResult 中现在已不使用的构造函数了：

```
public class TestResult...
    public TestResult(TestListener runner) {
        this();
        fRunner= runner;
    }
```

至此，这次实现 Observer 模式的重构就完成了。现在，TestResult 的通知不再是硬编码到特定的 TestRunner 实例了，而且 TestResult 也可以处理其结果中的一个或多个观察者了。

246

8.5 通过 Adapter 统一接口

客户代码与两个类交互，其中的一个类具有首选的接口。

用一个 Adapter 统一接口。

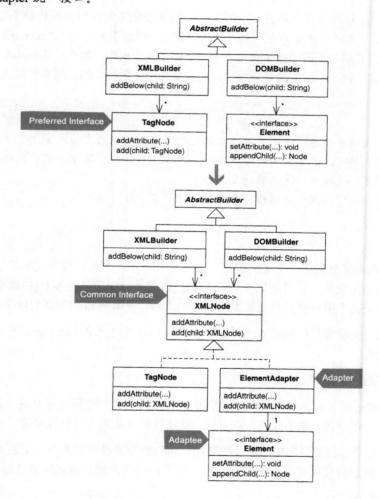

8.5.1 动机

当下面的条件都为真的时候，重构实现 Adapter[DP]就是有用的。

☐ 两个类所做的事情相同或相似，但是具有不同的接口。

☐ 如果类共享同一个接口，客户代码会更简单、更直接、更紧凑。

☐ 无法轻易改变其中一个类的接口，因为它是第三方类库的一部分，或者它是一个已经被
  其他客户代码广泛使用的框架的一部分，或者无法获得源代码。

8

247

当代码原本可以通过统一的接口与不同的类交互，而出于某种原因，实际代码并非如此的时候，坏味异曲同工的类（4.7 节）就出现了。解决这种问题的一个简单方法是重命名或搬移函数，直到接口相同。如果无法实现这种改动，比如，正在使用不能修改的代码（如第三方的类或接口，像 DOM 元素），就可能要考虑实现一个 Adapter 了。

重构到 Adapter 往往会使代码泛化，并为其他能够去除重复代码的重构铺平道路。在本节这种典型的情况下，会有不同的客户代码与不同的类交互。通过引入一个 Adapter 来统一不同类的接口，就泛化了客户代码与不同的类的交互方法。之后，其他重构，如形成 Template Method，就可以帮助我们去除客户代码中重复的处理逻辑。这通常会产生更简单的、更易于阅读的客户代码。

优点与缺点
＋　使客户代码可以通过相同的接口与不同的类交互，从而去除或减少了重复代码。
＋　使客户代码可以通过公共的接口与多个对象交互，从而简化了客户代码。
＋　统一了客户代码与不同的类的交互方式。
－　当类的接口可以改变的时候，会增加设计的复杂度。

8.5.2　做法

（1）客户代码更愿意使用一个类的接口，而不是另一个，而且，客户代码希望可以通过一个公共的接口与两个类交互。在具有客户代码首选接口的类上应用提炼接口[F]重构，生成一个公共接口。更新这个类中所有接收自身类型为参数的方法，使其参数类型变为这个公共接口。

剩下的做法将会使客户代码可以通过这个公共接口与被适配者（adaptee，不具有客户代码首选接口的类）交互。

✓　编译并通过测试。

（2）在使用被适配者的客户类中，应用提炼类[F]重构产生一个原生适配器（adapter，包含一个类型为被适配者的字段，该字段的获取方法，以及设置方法或可以设置其值的构造函数的类）。

（3）把客户类中所有类型为被适配者的字段、本地变量或参数的类型都更新为适配器。这包括更新被适配者的客户代码先从适配器获得被适配者的引用，然后再调用被适配者的方法。

✓　编译并通过测试。

（4）对任何客户代码（通过适配器的访问方法）调用相同被适配者方法的地方，应用提炼函数[F]重构，以便产生一个被适配者调用方法。用一个被适配者参数化这个被适配者调用方法，并使该方法使用这个参数调用被适配者的方法。例如，客户代码调用类型为 ElementAdapter 的被适配者 current：

```
ElementAdapter childNode = new ElementAdapter(...);
current.getElement().appendChild(childNode.getElement()); // invocation
```

把对 current 的调用提取成方法：

```
appendChild(current, childNode);
```

方法 appendChild(...)的代码如下：

```
private void appendChild(
    ElementAdapter parent, ElementAdapter childNode) {
    parent.getElement().appendChild(childNode.getElement());
}
```

✓ 编译并通过测试。为客户代码中所有对被适配者方法的调用，重复此步骤。

249

(5) 在被适配者调用方法上应用搬移函数[F]重构，把它从客户代码搬移到适配器中。客户代码中每处对这个被适配者方法的调用现在都应该通过这个适配器。

在把方法搬移到适配器中的时候，要把它变得与公共接口中的相应方法类似。如果被搬移函数的方法体需要客户代码中的值才能编译，要避免把它作为参数传入方法，因为这会使它的方法签名与公共接口中的相应方法的签名不同。无论何时，尽可能传入这个值，同时又不影响方法签名（例如，通过适配器的构造函数传入，或向适配器传入其他对象的引用，以便在运行时可以得到这个值）。如果不得不把缺少的值作为参数传入被搬移的方法，就需要修订公共接口中相应方法的签名，使两者签名相同。

✓ 编译并通过测试。

为所有的被适配者调用方法重复此步骤，直到适配器包含的方法与公共接口中的方法的签名完全相同。

(6) 更新适配器，使其正式地"实现"这个公共接口。因为实际工作已经完成了，这会是很简单的一步。把适配器中所有接收适配器类型的参数的方法修改为接收公共接口类型。

✓ 编译并通过测试。

(7) 更新客户代码，把所有类型为适配器的字段、本地变量和参数都改为使用公共接口类型。

✓ 编译并通过测试。

现在，客户代码就可以使用公共的接口与两个类交互了。如果想进一步去除客户代码中的重复代码，通常可以应用形成 Template Method（8.1 节）和用 Factory Method 引入多态创建（6.4 节）这样的重构。

8.5.3 示例

本示例与构建 XML 的代码（请参见 7.5 节、6.5 节和 6.4 节）有关。其中有两个构建类：XMLBuilder 和 DOMBuilder。这两个类都扩展自 AbstractBuilder，后者实现了 OutputBuilder 接口。

250

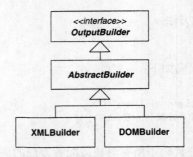

除了 XMLBuilder 与 TagNode 类之间的协作之外，XMLBuilder 和 DOMBuilder 中有很多相同的代码，而 DOMBuilder 与实现了 Element 接口的对象之间也有协作：

```java
public class DOMBuilder extends AbstractBuilder...
    private Document document;
    private Element root;
    private Element parent;
    private Element current;

    public void addAttribute(String name, String value) {
        current.setAttribute(name, value);
    }

    public void addBelow(String child) {
        Element childNode = document.createElement(child);
        current.appendChild(childNode);
        parent = current;
        current = childNode;
        history.push(current);
    }

    public void addBeside(String sibling) {
        if (current == root)
            throw new RuntimeException(CANNOT_ADD_BESIDE_ROOT);
        Element siblingNode = document.createElement(sibling);
        parent.appendChild(siblingNode);
        current = siblingNode;
        history.pop();
        history.push(current);
    }

    public void addValue(String value) {
        current.appendChild(document.createTextNode(value));
    }
```

下面是 XMLBuilder 中的相似代码：

```java
public class XMLBuilder extends AbstractBuilder...
    private TagNode rootNode;
    private TagNode currentNode;

    public void addChild(String childTagName) {
        addTo(currentNode, childTagName);
```

251

```
    }

    public void addSibling(String siblingTagName) {
        addTo(currentNode.getParent(), siblingTagName);
    }

    private void addTo(TagNode parentNode, String tagName) {
        currentNode = new TagNode(tagName);
        parentNode.add(currentNode);
    }

    public void addAttribute(String name, String value) {
        currentNode.addAttribute(name, value);
    }

    public void addValue(String value) {
        currentNode.addValue(value);
    }
```

为了节省篇幅，这些方法以及未被列出的许多其他方法，在 XMLBuilder 和 DOMBuilder 中几乎一模一样，只是一个构建类使用 TagNode，另一个使用 Element。本次重构的目的是为 TagNode 和 Element 创建一个公共的接口，这样就可以去除构建类方法中的重复代码了。

(1) 首先要创建一个公共接口。我选择基于 TagNode 类来创建这个接口，因为它的接口是客户代码的首选。TagNode 大概拥有 10 种方法，其中的 5 种是公共的。公共接口只需要其中的 3 种方法。应用提炼接口[F]重构，获得期望的结果：

```
public interface XMLNode {
    public abstract void add(XMLNode childNode);
    public abstract void addAttribute(String attribute, String value);
    public abstract void addValue(String value);
}

public class TagNode implements XMLNode...
    public void add(XMLNode childNode) {
        children().add(childNode);
    }
    // ...
```

编译并通过测试，确保这些改动能正常工作。

(2) 现在来看看 DOMBuilder 类。为了产生 Element 的适配器，应该在 DOMBuilder 上应用提炼类[F]重构。这会产生如下类：

```
public class ElementAdapter {
    Element element;

    public ElementAdapter(Element element) {
        this.element = element;
    }

    public Element getElement() {
        return element;
```

```
      }
   }
```

(3) 现在更新 DOMBuilder 中所有 Element 字段，使其使用 ElementAdapter 类型，并更新所有需要相应更新的代码：

```
public class DOMBuilder extends AbstractBuilder...
   private Document document;
   private ElementAdapter rootNode;
   private ElementAdapter parentNode;
   private ElementAdapter currentNode;

   public void addAttribute(String name, String value) {
      currentNode.getElement().setAttribute(name, value);
   }
   public void addChild(String childTagName) {
      ElementAdapter childNode =
         new ElementAdapter(document.createElement(childTagName));
      currentNode.getElement().appendChild(childNode.getElement());
      parentNode = currentNode;
      currentNode = childNode;
      history.push(currentNode);
   }

   public void addSibling(String siblingTagName) {
      if (currentNode == root)
         throw new RuntimeException(CANNOT_ADD_BESIDE_ROOT);
      ElementAdapter siblingNode =
         new ElementAdapter(document.createElement(siblingTagName));
      parentNode.getElement().appendChild(siblingNode.getElement());
      currentNode = siblingNode;
      history.pop();
      history.push(currentNode);
   }
```

253

(4) 现在，为每个被 DOMBuilder 调用的被适配者方法创建一个被适配者调用方法。应用提炼函数[F]重构，确保每个提炼出的方法都接受一个被适配者作为参数，并在方法体中使用这个被适配者：

```
public class DOMBuilder extends AbstractBuilder...
   public void addAttribute(String name, String value) {
      addAttribute(currentNode, name, value);
   }

   private void addAttribute(ElementAdapter current, String name, String value) {
      currentNode.getElement().setAttribute(name, value);
   }

   public void addChild(String childTagName) {
      ElementAdapter childNode =
         new ElementAdapter(document.createElement(childTagName));
      add(currentNode, childNode);
      parentNode = currentNode;
```

```
            currentNode = childNode;
            history.push(currentNode);
        }

        private void add(ElementAdapter parent, ElementAdapter child) {
            parent.getElement().appendChild(child.getElement());
        }

        public void addSibling(String siblingTagName) {
            if (currentNode == root)
                throw new RuntimeException(CANNOT_ADD_BESIDE_ROOT);
            ElementAdapter siblingNode =
                new ElementAdapter(document.createElement(siblingTagName));
            add(parentNode, siblingNode);
            currentNode = siblingNode;
            history.pop();
            history.push(currentNode);
        }

        public void addValue(String value) {
            addValue(currentNode, value);
        }

        private void addValue(ElementAdapter current, String value) {
            currentNode.getElement().appendChild(document.createTextNode(value));
        }
```

(5) 现在, 可以应用搬移函数[F]重构把每个被适配者调用方法搬移到 ElementAdapter 中了。
我希望被搬移的方法与公共接口 XMLNode 中的相应方法尽可能相似。这很容易实现, 除了 |254|
addValue(...), 我将过会儿搞定它。下面是搬移 addAttribute(...)和 add(...)方法后的结果:

```
    public class ElementAdapter {
        Element element;

        public ElementAdapter(Element element) {
            this.element = element;
        }

        public Element getElement() {
            return element;
        }

        public void addAttribute(String name, String value) {
            getElement().setAttribute(name, value);
        }

        public void add(ElementAdapter child) {
            getElement().appendChild(child.getElement());
        }
    }
```

下面列出了本次搬移导致的 DOMBuilder 中的改动:

```
public class DOMBuilder extends AbstractBuilder...
    public void addAttribute(String name, String value) {
        currentNode.addAttribute(name, value);
    }

    public void addChild(String childTagName) {
        ElementAdapter childNode =
            new ElementAdapter(document.createElement(childTagName));
        currentNode.add(childNode);
        parentNode = currentNode;
        currentNode = childNode;
        history.push(currentNode);
    }

    // ...
```

把 addValue(...) 方法搬移到 ElementAdapter 会略微诡异一些，因为它依赖于 DOMBuilder 的一个字段 document：

```
public class DOMBuilder extends AbstractBuilder...
    private Document document;

    public void addValue(ElementAdapter current, String value) {
        current.getElement().appendChild(document.createTextNode(value));
    }
```

我不想为 ElementAdapter 中的 addValue(...) 方法传入一个 Document 类型的参数，因为如果这样做了，这个方法就与它的目标方法，XMLNode 中的 addValue(...) 方法，大相径庭了：

```
public interface XMLNode...
    public abstract void addValue(String value);
```

这里，我决定通过构造函数为 ElementAdapter 传入 Document 的一个实例：

```
public class ElementAdapter...
    Element element;
    Document document;

    public ElementAdapter(Element element, Document document) {
        this.element = element;
        this.document = document;
    }
```

然后，我对 DOMBuilder 做出必要的修改，使其调用已更新的构造函数。现在，可以很容易地搬移 addValue(...) 了：

```
public class ElementAdapter...
    public void addValue(String value) {
        getElement().appendChild(document.createTextNode(value));
    }
```

(6) 现在，使 ElementAdapter 实现 XMLNode 接口。这是非常直接的一个步骤，只是对 add(...) 方法的一个很小的修改，使其调用 getElement() 方法，后者并不是 XMLNode 接口的一部分：

```
public class ElementAdapter implements XMLNode...
    public void add(XMLNode child) {
        ElementAdapter childElement = (ElementAdapter)child;
        getElement().appendChild(childElement.getElement());
    }
```

(7) 最后，更新 DOMBuilder，以便把其中所有的 ElementAdapter 字段、本地变量和参数修改为 XMLNode 类型：

```
public class DOMBuilder extends AbstractBuilder...
    private Document document;
    private XMLNode rootNode;
    private XMLNode parentNode;
    private XMLNode currentNode;

    public void addChild(String childTagName) {
        XMLNode childNode =
            new ElementAdapter(document.createElement(childTagName), document);
        ...
    }
    protected void init(String rootName) {
        document = new DocumentImpl();
        rootNode = new ElementAdapter(document.createElement(rootName), document);
        document.appendChild(((ElementAdapter)rootNode).getElement());
        ...
    }
```

現在，通过适配 DOMBuilder 中的 Element，XMLBuilder 和 DOMBuilder 中的代码就足够相似到被上移到 AbstractBuilder 中了。应用形成 Template Method（8.1 节）重构和用 Factory Method 引入多态创建（6.4 节）重构来实现代码上移。下面的类图展示了重构结果：

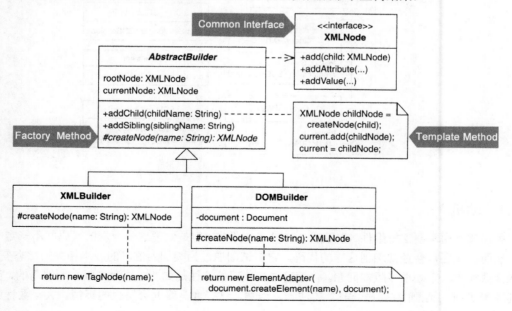

8.6　提取 Adapter

一个类适配了多个版本的组件、类库、API 或其他实体。

为组件、类库、API 或其他实体的每个版本提取一个 Adapter。

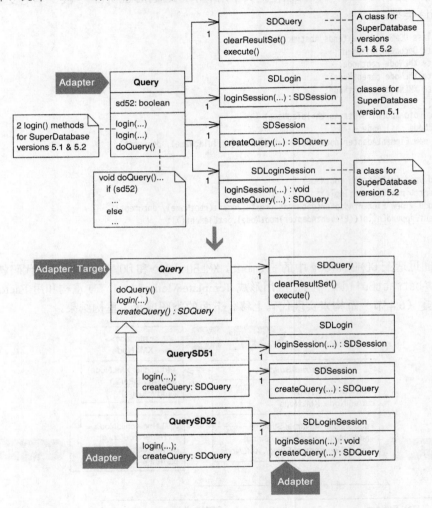

258

8.6.1　动机

　　虽然软件通常要支持组件、类库或 API 的多个版本，但是处理这些版本的代码并不一定一团糟。然而，我还是会经常遇到这样的代码，它们试图通过为类加入过多的版本相关的状态变量、构造函数和方法来处理多版本问题。伴随着这些代码的往往是如"这是为 X 版本所编写的，当升级到版本 Y 时，请删除这些代码！"的注释。当然，这好像是终究会发生的事情。大多数程序员并不会删除 X 版本的代码,以免他们不知道的一些东西会依赖于这些代码。因此,注释也不会被删除,代码中就残留了未删除代码所支持的多个版本。

考虑另外一种做法:对于所需要支持的东西的每个版本,创建一个单独的类。这个类名甚至可以包含它所支持的版本号,以便显式地指出它所支持的版本。这些类就是 Adapter[DP]。Adapter 实现了一个公共的接口,并负责正确地执行某些代码的一个(而且通常仅仅一个)版本中的功能。Adapter 可以使客户代码很容易地从类库或 API 的一个版本转入另一个版本。并且,程序员通常依赖于运行时信息,使用正确的 Adapter 来配置他们的程序。

我经常会重构实现 Adapter。我喜欢 Adapter,因为它们允许我决定如何与其他人的代码交互。在飞速变化的当今世界,Adapter 帮助我远离了那些非常有用但是经常改变的 API,这种 API 往往来自开源世界。

在某些情况下,Adapter 可能会适配得太多。例如,客户代码需要访问被适配者的行为,而它又不能访问这个行为,因为它只能通过 Adapter 来访问被适配者。在这种情况下,必须重新设计 Adapter,使其适应客户代码的需求。

那些依赖于组件、类库或 API 的多个版本的系统的代码中往往会分布着许多版本相关的逻辑(这是解决方案蔓延坏味的明显征兆,4.6 节)。虽然我们并不想因为过早地重构实现 Adapter 而使设计复杂化,但是,如果发现了复杂性、传播的制约性或由于处理多版本的代码产生的维护问题,就应该应用这一重构。

Adapter 与 Facade

人们总是容易混淆 Adapter 模式和 Facade 模式[DP]。这两个模式都可以使代码易于使用,但是它们的应用级别不尽相同:Adapter 用来适配对象,Facade 用来适配整个子系统。

Facade 通常用来与遗留系统进行交互。举例来说,考虑这样一个组织,它拥有一个年代久远的、两百万行代码的 COBOL 系统,并且这个系统还在不断地为该组织创造数量可观的收入。这种系统可能非常难以扩展或维护,因为它从来没有被重构过。但是,因为它包含重要的功能,新系统必须依赖于它。

在这种情况下,Facade 就可以大显身手了。它们可以为新系统提供设计粗糙或高度复杂的遗留代码的更简单的视图。这些新系统可以与 Facade 对象交互,后者则完成与遗留代码交互的所有复杂工作。

此后,开发团队可以通过简单地编写新的 Facade 实现来重写整个遗留子系统。其过程如下:

❏ 从遗留系统中识别出子系统;

❏ 为子系统编写 Facade;

❏ 编写调用 Facade 的新客户程序;

❏ 用新技术创建每个 Facade 的不同版本;

❑ 通过测试确保新旧 Facade 的功能一致；

❑ 更新客户代码，使其使用新的 Facade；

❑ 对下一个子系统重复此过程。

优点与缺点

+ 隔离了不同版本的组件、类库或 API 之间的不同之处。

+ 使类只负责适配代码的一个版本。

+ 避免频繁地修改代码。

− 如果某个重要行为在 Adapter 中不可用的话，那么客户代码将无法执行这一重要行为。

260

8.6.2 做法

根据现有代码的结构，可以使用不同的方法实现这一重构。例如，如果有一个类使用许多条件逻辑来处理多版本问题，可以反复应用用多态替换条件式[F]重构，为每个版本创建一个 Adapter。如果有一个类与代码简图中的类相似，已经存在一个含有版本特定变量和方法的 Adapter 类支持类库的多个版本，就需要使用另一种方法提取出多个 Adapter。下面，我将给出针对后一种情况的做法。

(1) 识别出负担过重的适配器（overburdened adapter），即适配了太多版本的类。

(2) 针对负担过重的适配器所支持的多个版本中的一个版本，应用提炼子类[F]重构或提炼类[F]重构，产生一个新的适配器。把只用于这个版本的实例变量和方法复制或搬移到新的适配器中。

为了完成这一步，可能需要把负担过重的适配器中的一些私有成员声明为公开的或受保护的。此外，还可能要通过新适配器的构造函数初始化一些实例变量，这将引起对新构造函数的调用者的更新。

✓ 编译并通过测试。

(3) 重复步骤(2)直到负担过重的适配器中不再含有版本相关的代码为止。

(4) 应用函数上移[F]和形成 Template Method（8.1 节）之类的重构，去除新适配器中的重复代码。

✓ 编译并通过测试。

8.6.3 示例

将在本例中重构的代码，也是本节开始处代码简图中描述的代码，它基于一段真实的代码，使用第三方类库对数据库进行查询。为了避免不必要的麻烦，我把这个类库的名字改为 SD，表示 SuperDatabase。

（1）首先，识别出因支持 SuperDatabase 的多个版本而负担过重的适配器。这里，Query 类提供了对 SuperDatabase 的 5.1 版和 5.2 版的支持。

在下面的代码清单中，注意其中版本相关的实例变量、重复的 login() 方法以及 doQuery() 中的条件代码：

```
public class Query...
    private SDLogin sdLogin; // SD 5.1 版所需
    private SDSession sdSession; // SD 5.1 版所需
    private SDLoginSession sdLoginSession; // SD 5.2 版所需
    private boolean sd52; // 告之是否在 SD 5.2 版下运行
    private SDQuery sdQuery; // SD 5.1 & 5.2 版所需

    // SD 5.1 版的 login()
    // 注意，当所有应用转换到 5.2 版时，要删除这个方法
    public void login(String server, String user, String password) throws QueryException {
        sd52 = false;
        try {
            sdSession = sdLogin.loginSession(server, user, password);
        } catch (SDLoginFailedException lfe) {
            throw new QueryException(QueryException.LOGIN_FAILED,
                                     "Login failure\n" + lfe, lfe);
        } catch (SDSocketInitFailedException ife) {
            throw new QueryException(QueryException.LOGIN_FAILED,
                                     "Socket fail\n" + ife, ife);
        }
    }

    // 5.2 版的 login()
    public void login(String server, String user, String password,
                      String sdConfigFileName) throws QueryException {
        sd52 = true;
        sdLoginSession = new SDLoginSession(sdConfigFileName, false);
        try {
            sdLoginSession.loginSession(server, user, password);
        } catch (SDLoginFailedException lfe) {
            throw new QueryException(QueryException.LOGIN_FAILED,
                                     "Login failure\n" + lfe, lfe);
        } catch (SDSocketInitFailedException ife) {
            throw new QueryException(QueryException.LOGIN_FAILED,
                                     "Socket fail\n" + ife, ife);
        } catch (SDNotFoundException nfe) {
            throw new QueryException(QueryException.LOGIN_FAILED,
                                     "Not found exception\n" + nfe, nfe);
        }
    }

    public void doQuery() throws QueryException {
        if (sdQuery != null)
            sdQuery.clearResultSet();
        if (sd52)
            sdQuery = sdLoginSession.createQuery(SDQuery.OPEN_FOR_QUERY);
        else
```

```
            sdQuery = sdSession.createQuery(SDQuery.OPEN_FOR_QUERY);
            executeQuery();
        }
```

（2）因为 Query 还没有子类，所以我决定应用提炼子类[F]重构，把处理 5.1 版 SuperDatabase 查询的代码隔离出来。首先，定义这个子类并创建一个构造函数：

```
class QuerySD51 extends Query {
    public QuerySD51() {
        super();
    }
}
```

然后，找出所有调用 Query 构造函数的客户代码，把其中适当的代码修改为调用 QuerySD51 构造函数。例如，下面的客户代码使用一个 Query 类型的字段 query：

```
public void loginToDatabase(String db, String user, String password)...
    query = new Query();
    try   {
        if (usingSDVersion52()) {
            query.login(db, user, password, getSD52ConfigFileName());  // 登录到 SD 5.2
        } else {
            query.login(db, user, password); // 登录到 SD 5.1
        }
        ...
    } catch(QueryException qe)...
```

把它改为：

```
public void loginToDatabase(String db, String user, String password)...
    query = new Query();
    try   {
        if (usingSDVersion52()) {
            query = new Query();
            query.login(db, user, password, getSD52ConfigFileName()); // 登录到 SD 5.2
        } else {
            query = new QuerySD51();
            query.login(db, user, password);  // 登录到 SD 5.1
        }
        ...
    } catch(QueryException qe) {
```

接着，应用下移方法[F]重构和下移字段[F]重构，用 QuerySD51 需要的方法和实例变量装配这个类。在这一步中，需要仔细考虑调用 Query 中公共方法的客户代码，因为如果把像 login() 这种公共方法从 Query 搬移到 QuerySD51 的话，调用代码就无法调用这个公共方法了，除非把它的类型改为 QuerySD51。因为不想对客户代码做出这种改动，就得慎重执行每一步，有些时候会复制或修改公共方法，而不是将其从 Query 中完全删除。这会产生重复代码，但是我现在并不关心——在重构的最后一步中，我们将去除这些重复代码。

```
class Query...
    private SDLogin sdLogin;
    private SDSession sdSession;
    protected SDQuery sdQuery;

    // 这是 SD 5.1 版的 login()方法
    public void login(String server, String user, String password) throws QueryException {
        // 这个方法什么事情也不做
    }

    public void doQuery() throws QueryException {
        if (sdQuery != null)
            sdQuery.clearResultSet();
        if (sd52)
            sdQuery = sdLoginSession.createQuery(SDQuery.OPEN_FOR_QUERY);
        else
            sdQuery = sdSession.createQuery(SDQuery.OPEN_FOR_QUERY);
        executeQuery();
    }
}

class QuerySD51 {
    private SDLogin sdLogin;
    private SDSession sdSession;

    public void login(String server, String user, String password) throws QueryException {
        sd52 = false;
        try {
            sdSession = sdLogin.loginSession(server, user, password);
        } catch (SDLoginFailedException lfe) {
            throw new QueryException(QueryException.LOGIN_FAILED,
                                     "Login failure\n" + lfe, lfe);
        } catch (SDSocketInitFailedException ife) {
            throw new QueryException(QueryException.LOGIN_FAILED,
                                     "Socket fail\n" + ife, ife);
        }
    }

    public void doQuery() throws QueryException {
        if (sdQuery != null)
            sdQuery.clearResultSet();
        if (sd52)
            sdQuery = sdLoginSession.createQuery(SDQuery.OPEN_FOR_QUERY);
        else
        sdQuery = sdSession.createQuery(SDQuery.OPEN_FOR_QUERY);
        executeQuery();
    }
}
```

编译并测试 QuerySD51 是否能工作。没问题。

(3) 接下来，重复步骤(2)，创建 QuerySD52。同时，把 Query 声明为抽象类，把 doQuery()
声明为抽象方法。下图展示了当前代码的结构：

264

8

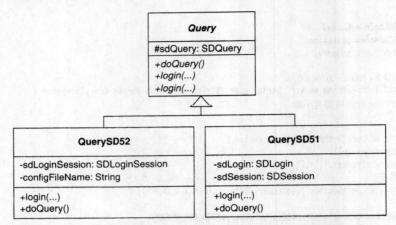

现在，Query 中已经没有版本相关的代码了，但是还有一些重复代码。

(4) 现在让我们来去除这些重复代码。doQuery()的两个实现中就有一些重复代码：

```
abstract class Query…
    public abstract void doQuery() throws QueryException;

class QuerySD51...
    public void doQuery() throws QueryException {
        if (sdQuery != null)
            sdQuery.clearResultSet();

        sdQuery = sdSession.createQuery(SDQuery.OPEN_FOR_QUERY);
        executeQuery();
    }

class QuerySD52...
    public void doQuery() throws QueryException {
        if (sdQuery != null)
            sdQuery.clearResultSet();

        sdQuery = sdLoginSession.createQuery(SDQuery.OPEN_FOR_QUERY);
        executeQuery();
    }
```

这两个方法都简单地初始化了 sdQuery 实例，只是方式不同。这就意味着可以应用用 Factory Method 引入多态创建（6.4 节）重构和形成 Template Method（8.1 节）重构来创建 doQuery()的单一超类版本：

```
public abstract class Query...
    protected abstract SDQuery createQuery();         // Factory Method [DP]

    public void doQuery() throws QueryException {      // Template Method [DP]
        if (sdQuery != null)
            sdQuery.clearResultSet();
        sdQuery = createQuery();                       // 调用这个 Factory Method
        executeQuery();
```

```
    }
class QuerySD51...
    protected SDQuery createQuery() {
        return sdSession.createQuery(SDQuery.OPEN_FOR_QUERY);
    }

class QuerySD52...
    protected SDQuery createQuery() {
        return sdLoginSession.createQuery(SDQuery.OPEN_FOR_QUERY);
    }
```

编译并测试了这些改动之后，我们得面对一个更为明显的代码重复问题：Query 仍然拥有 SD 5.1 和 SD 5.2 的 login()方法，虽然它们不再做任何事情（真正的登录工作由子类处理）。这两个 login()方法的签名几乎一模一样，除了一个参数：

```
// SD 5.1 版的 login()方法
public void login(String server, String user, String password) throws QueryException...

// SD 5.2 版的 login()方法
public void login(String server, String user,
                  String password, String sdConfigFileName) throws QueryException...
```

我决定通过 QuerySD52 的构造函数提供 sdConfigFileName 信息，这样就可以统一 login() 方法的签名了：

```
class QuerySD52...
    private String sdConfigFileName;
    public QuerySD52(String sdConfigFileName) {
        super();
        this.sdConfigFileName = sdConfigFileName;
    }
```

现在，Query 就只包含一个抽象的 login()方法了：

```
abstract class Query...
    public abstract void login(String server, String user,
                               String password) throws QueryException...
```

客户代码也被更新为：

```
public void loginToDatabase(String db, String user, String password)...
    if (usingSDVersion52())
        query = new QuerySD52(getSD52ConfigFileName());
    else
        query = new QuerySD51();

    try {
        query.login(db, user, password);
        ...
    } catch(QueryException qe)...
```

因为 Query 是一个抽象类，我决定把它重命名为 AbstractQuery，这可以更清楚地表达它的性质。但是这个重命名会导致客户代码的修改，要把声明为 Query 类型的变量改为 AbstractQuery

类型。我可不想这么做，因此，在 AbstractQuery 上应用提炼接口[F]重构，获得 Query 接口，并用 AbstractQuery 实现它：

```
interface Query {
    public void login(String server, String user, String password) throws QueryException;
    public void doQuery() throws QueryException;
}

abstract class AbstractQuery implements Query...
    public abstract void login(String server, String user,
                               String password) throws QueryException...
```

现在，AbstractQuery 的子类负责实现 login()，而 AbstractQuery 甚至根本不用声明 login() 方法，因为它是一个抽象类。

编译并通过测试，一切都预期地运行。现在，SuperDatabase 的每个版本都被完全适配了。代码量减少了，同时也用更统一的方法处理各个版本，这些都将易于：

- ❑ 观察不同版本之间的相同和不同之处；
- ❑ 删除对年代久远的、不再被使用的版本的支持；
- ❑ 添加对新版本的支持。

267

8.6.4 变体

用匿名内部类进行适配

Java 的第一个版本（JDK 1.0）中包含一个称为 Enumeration 的接口，用来遍历 Vector 和 Hashtable 之类的集合。之后，更加完善的集合类被加入到了 JDK 中，其中就包括一个称为 Iterator 的新接口。为了能够兼容使用 Enumeration 接口的代码，JDK 提供了如下的 Creation Method，它使用 Java 的匿名内部类机制用 Enumeration 适配了 Iterator：

```
public class Collections...
    public static Enumeration enumeration(final Collection c) {
        return new Enumeration() {
            Iterator i = c.iterator();

            public boolean hasMoreElements() {
                return i.hasNext();
            }
            public Object nextElement() {
                return i.next();
            }
        };
    }
```

268

8.7 用 Interpreter 替换隐式语言

类中的许多方法组合成了一种隐式语言的元素。

为隐式语言的元素定义类，这样就可以通过类实例组合，形成易理解的表达式。

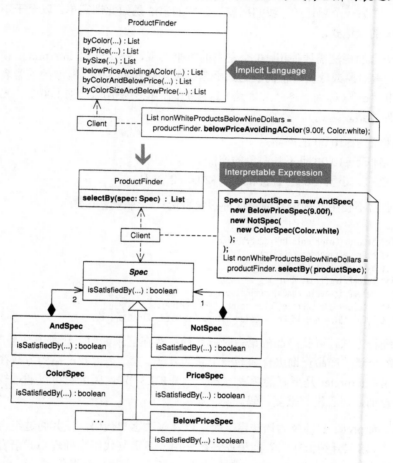

8.7.1 动机

Interpreter[DP]可用来解释简单的语言。所谓简单的语言，是指其语法能用少量的类建模的语言。典型的做法是，使用 Composite[DP]结构对语法类的实例进行组合，从而形成简单语言的句子和表达式。

Interpreter 模式把程序员分成了两类：愿意实现它的和不愿意实现它的。不过，无论你是否熟悉解析树和抽象语法树（parse trees and abstract syntax trees）、终结表达式和非终结表达式（terminal and nonterminal expressions），实现 Interpreter 仅仅比实现 Composite 复杂一点点。问题是要清楚什么时候才需要使用 Interpreter。

如果语言很复杂或很简单，那么就不需要使用 Interpreter。对于复杂的语言，使用支持解析、语法定义以及解释的工具（如 JavaCC）往往是最好的选择。例如，在一个项目中，我的同事和我使用解析器生成器产生了包含 20 多个类的语法——这对于使用 Interpreter 模式手动编程来说，实在是太多了。在另一个项目中，我们所使用语言的语法是如此地简单，以至于不需要使用任何类来解释语言中的表达式。

如果一个语言的语法需要使用 10 个左右的类来实现，那么使用 Interpreter 模式进行建模就是有帮助的。搜索对象或数据库值的表达式经常会使用这样的语法。典型的搜索表达式会使用像 "and"，"not" 和 "or"（称为非终结表达式）这样的词，也会使用像 "$10.00"、"small" 和 "blue" 这样的值（称为终结表达式）。例如：

❏ 找出价格低于$10.00 的产品。

❏ 找出价格低于$10.00 且不是白色的产品。

❏ 找出蓝色的、小型号的、且价格低于$20.00 的产品。

开发人员通常不使用显式语言编写这种搜索表达式。考虑这个类：

```
ProductFinder…
    public List byColor(Color colorOfProductToFind)...
    public List byPrice(float priceLimit)...
    public List bySize(int sizeToFind)...
    public List belowPrice(float price) ...
    public List belowPriceAvoidingAColor(float price)...
    public List byColorAndBelowPrice(Color color, float price)...
    public List byColorSizeAndBelowPrice(Color color, int size, float price)...
```

使用这种编程方法，寻找产品的语言是隐式的：存在但未说明。这种方法会产生两个问题。第一，必须为每个新的产品查询组合编写一个新的方法。第二，寻找产品的方法往往会包含很多重复代码。使用 Interpreter 是更好的解决方案（参见 8.7.3 节），因为它可以通过较少的类支持多种不同的产品查询，而且没有重复代码。

重构实现 Interpreter 会涉及为语法定义类，以及修改客户代码，使其通过组合类的实例来表示语言的表达式。这些开销值得吗？如果原系统使用许多重复代码来处理隐式语言表达式的组合爆炸，如刚才展示的 ProductFinder 类中的那么多查询方法，就很值得。

有两个模式会频繁地使用 Interpreter：Specification[Evans]模式和 Query Object[Fowler, PEAA] 模式。这两个模式都使用简单语法和对象组合来建模搜索表达式。它们为搜索表达式与其表示法的分离提供了很有用的方法。例如，Query Object 用一种通用的方法建模查询，当想要执行实际的数据库查询时，可以把它转换成 SQL 表示法（或其他表示法）。

系统会经常使用 Interpreter 来实现行为的动态配置。例如，系统可能会从用户界面接收用户的查询参数，然后动态地产生表示这一查询的可解释的对象结构。这样，Interpreter 就可以提供更强大的功能和灵活性，若系统的行为都是静态的，不能动态配置的话，这种灵活性是不可能达到的。

优点与缺点
＋ 比隐式语言更好的支持语言元素的组合。
＋ 不需要新的代码来支持语言元素的新组合。
＋ 允许行为的运行时配置。
－ 会产生定义语法和修改客户代码的开销。
－ 如果语言很复杂，则需要很多的编程工作。
－ 如果语言本身就很简单，则会增加设计的复杂度。

271

8.7.2　做法

以下做法明显带有，在 Specification 和 Query Object 模式的环境中使用 Interpreter 的色彩，因为我所编写或遇到的大部分 Interpreter 实现都是这两个模式的实现。在这种环境下，往往使用大量的对象选择方法来建模隐式语言，每种对象选择方法都遍历一个集合来选择特定的对象集合。

(1) 找出这样的对象选择方法，它依赖于一个条件参数（例如，double targetPrice）来寻找对象的集合。为这个条件参数创建一个具体规格类（concrete specification），它通过构造函数接收这个参数值，并提供对这个值的访问方法。在对象选择方法中，声明并实例化一个具体规格类的实例，并更新代码，使其通过具体规格类的访问方法获取查询条件。

根据其具体功能，命名这个具体规格类（例如，ColorSpec 通过颜色查找产品）。

如果对象选择方法依赖于多个查询条件来寻找对象，则需对每个查询条件应用本步骤和步骤(2)。在步骤(4)中，我们将会把具体规格组合成组合规格。

✓ 编译并通过测试，确保对象的选择仍然正常。

(2) 在对象选择方法的条件语句上应用提炼函数[F]重构，产生一个称为 isSatisfiedBy()的方法，它返回布尔值。现在，应用搬移函数[F]重构，把这个方法搬移到具体规格类中。

对具体规格类应用提炼超类[F]重构，创建一个规格超类。把这个超类声明为抽象类，并在其中声明一个抽象方法 isSatisfiedBy(...)。

✓ 编译并通过测试，确保对象的选择仍然正常。

(3) 对类似的对象选择方法重复步骤(1)和步骤(2)，也包括那些依赖于对象查询条件的方法。

(4) 如果有一个对象选择方法依赖于多个具体规格（例如，这个方法在它的对象选择逻辑中实例化并使用多个具体规格），则需要改进步骤(1)，创建一个组合规格类（composite specification，一个由多个具体规格类组合而成的类，在对象选择方法中实例化）。可以通过构造函数将具体规

8

272

格类传入组合规格类，或者，如果具体规格类的数量很多的话，可以在组合规格类中编写一个 add(...)方法。

　　然后，在对象选择方法的条件语句上应用步骤(2)，把逻辑搬移到组合规格类的 isSatisfiedBy (...)方法中。使组合规格类扩展规格超类。

　　(5) 现在，每种对象选择方法都仅仅使用一个规格对象（例如，一个具体规格类或一个足够规格类）。此外，除了规格实例的创建代码，每个对象选择方法都是相同的。在每个对象选择方法中的相同代码上应用提炼函数[F]重构，去除对象选择方法中的重复代码。把提取出的方法命名为 selectBy(...)，使其只接收一个类型为规格接口的参数，并返回对象的一个集合（例如，public List selectBy(Spec spec)）。

　　✓ 编译并通过测试。

　　调整所有对象选择方法，使其调用 selectBy(...)方法。

　　✓ 编译并通过测试。

　　(6) 对每个对象选择方法应用使方法内联化[F]重构。

　　✓ 编译并通过测试。

8.7.3　示例

　　代码简图和动机小节已经对本示例做了一些介绍，它来自一个库存关系系统。这个系统的 Finder 类（AccountFinder、InvoiceFinder、ProductFinder 等）最终感染了组合爆炸（4.11 节）坏味，必须把它重构到 Specification 模式。这没什么价值，因为 Finder 类并没有暴露出任何问题；问题在于，证明重构到 Specification 模式是明智之举的时刻可能会到来。

　　首先，让我们来观察测试代码和本重构要处理的 ProductFinder 代码。先看测试代码。在测试能够运行之前，需要一个包含 Product 对象的 ProductRepository 对象和了解该 ProductRepository 的 ProductFinder 对象：

```
public class ProductFinderTests extends TestCase...
    private ProductFinder finder;
private Product fireTruck =
    new Product("f1234", "Fire Truck",
        Color.red, 8.95f, ProductSize.MEDIUM);

private Product barbieClassic =
    new Product("b7654", "Barbie Classic",
        Color.yellow, 15.95f, ProductSize.SMALL);

private Product frisbee =
    new Product("f4321", "Frisbee",
        Color.pink, 9.99f, ProductSize.LARGE);
```

```
private Product baseball =
    new Product("b2343", "Baseball",
        Color.white, 8.95f, ProductSize.NOT_APPLICABLE);

private Product toyConvertible =
    new Product("p1112", "Toy Porsche Convertible",
        Color.red, 230.00f, ProductSize.NOT_APPLICABLE);

protected void setUp() {
    finder = new ProductFinder(createProductRepository());
}

private ProductRepository createProductRepository() {
    ProductRepository repository = new ProductRepository();
    repository.add(fireTruck);
    repository.add(barbieClassic);
    repository.add(frisbee);
    repository.add(baseball);
    repository.add(toyConvertible);
    return repository;
}
```

以上的"玩具"代码可以令测试代码通过。当然了，真正生产代码会使用真正的产品对象，后者通过对象－关系映射逻辑获取。

现在，观察几个简单的测试，以及令这些测试通过的实现代码。testFindByColor()方法检查 ProductFinder.byColor(...)方法是否找到红色玩具，而 testFindByPrice()方法检查 ProductFinder.byPrice(...)是否准确找到具有给定价格的玩具：

```
public class ProductFinderTests extends TestCase...
    public void testFindByColor() {
        List foundProducts = finder.byColor(Color.red);
        assertEquals("found 2 red products", 2, foundProducts.size());
        assertTrue("found fireTruck", foundProducts.contains(fireTruck));
        assertTrue(
            "found Toy Porsche Convertible",
            foundProducts.contains(toyConvertible));
    }
public void testFindByPrice() {
    List foundProducts = finder.byPrice(8.95f);
    assertEquals("found products that cost $8.95", 2, foundProducts.size());
    for (Iterator i = foundProducts.iterator(); i.hasNext();) {
        Product p = (Product) i.next();
        assertTrue(p.getPrice() == 8.95f);
    }
}
```

下面是满足这些测试的实现代码：

```
public class ProductFinder...
    private ProductRepository repository;

    public ProductFinder(ProductRepository repository) {
```

```
        this.repository = repository;
    }

    public List byColor(Color colorOfProductToFind) {
        List foundProducts = new ArrayList();
        Iterator products = repository.iterator();
        while (products.hasNext()) {
            Product product = (Product) products.next();
            if (product.getColor().equals(colorOfProductToFind))
                foundProducts.add(product);
        }
        return foundProducts;
    }
    public List byPrice(float priceLimit) {
        List foundProducts = new ArrayList();
        Iterator products = repository.iterator();
        while (products.hasNext()) {
            Product product = (Product) products.next();
            if (product.getPrice() == priceLimit)
                foundProducts.add(product);
        }
        return foundProducts;
    }
```

这两个方法中有很多的重复代码。在本次重构中，我们将去除这些重复代码。同时，我们会观察更多的测试和涉及组合爆炸问题的代码。下面，一个测试关注通过颜色、尺寸和价格下线查找 Product 实例，而另一个测试关注通过颜色和价格上限查找 Product 实例：

```
public class ProductFinderTests extends TestCase...
    public void testFindByColorSizeAndBelowPrice() {
        List foundProducts =
            finder.byColorSizeAndBelowPrice(Color.red, ProductSize.SMALL, 10.00f);
        assertEquals(
            "found no small red products below $10.00",
            0,
            foundProducts.size());

        foundProducts =
            finder.byColorSizeAndBelowPrice(Color.red, ProductSize.MEDIUM, 10.00f);
        assertEquals(
            "found firetruck when looking for cheap medium red toys",
            fireTruck,
            foundProducts.get(0));
    }

    public void testFindBelowPriceAvoidingAColor() {
        List foundProducts =
            finder.belowPriceAvoidingAColor(9.00f, Color.white);
        assertEquals(
            "found 1 non-white product < $9.00",
            1,
            foundProducts.size());
```

```
assertTrue("found fireTruck", foundProducts.contains(fireTruck));

foundProducts = finder.belowPriceAvoidingAColor(9.00f, Color.red);
assertEquals(
    "found 1 non-red product < $9.00",
    1,
    foundProducts.size());
assertTrue("found baseball", foundProducts.contains(baseball));
}
```

下面展示了针对这些测试的实现代码:

```
public class ProductFinder...
    public List byColorSizeAndBelowPrice(Color color, int size, float price) {
        List foundProducts = new ArrayList();
        Iterator products = repository.iterator();
        while (products.hasNext()) {
            Product product = (Product) products.next();
            if (product.getColor() == color
                && product.getSize() == size
                && product.getPrice() < price)
                foundProducts.add(product);
        }
        return foundProducts;
    }
    public List belowPriceAvoidingAColor(float price, Color color) {
        List foundProducts = new ArrayList();
        Iterator products = repository.iterator();
        while (products.hasNext()) {
            Product product = (Product) products.next();
            if (product.getPrice() < price && product.getColor() != color)
                foundProducts.add(product);
        }
        return foundProducts;
    }
```

|276|

　　我们又一次看到了很多重复代码,因为每个特定的查找方法都遍历相同的仓库,并选择那些与特定条件相匹配的 Product 实例。现在可以开始重构了。

　　(1) 第一步要找出选择逻辑依赖于条件参数的对象选择方法。ProductFinder 的 byColor (Color colorOfProductToFind)方法满足这个要求:

```
public class ProductFinder...
    public List byColor(Color colorOfProductToFind) {
        List foundProducts = new ArrayList();
        Iterator products = repository.iterator();
        while (products.hasNext()) {
            Product product = (Product) products.next();
            if (product.getColor().equals(colorOfProductToFind))
                foundProducts.add(product);
        }
        return foundProducts;
    }
```

为条件参数 Color colorOfProductToFind 创建一个具体规格类。我把这个类称为 ColorSpec。它需要包含一个 Color 字段，并提供它的访问方法：

```
public class ColorSpec {
    private Color colorOfProductToFind;

    public ColorSpec(Color colorOfProductToFind) {
        this.colorOfProductToFind = colorOfProductToFind;
    }

    public Color getColorOfProductToFind() {
        return colorOfProductToFind;
    }
}
```

现在，可以为 byColor(...)方法添加一个 ColorSpec 类型的变量，用对规格类的访问方法的引用来替换对参数 colorOfProductToFind 的引用：

```
public List byColor(Color colorOfProductToFind) {
    ColorSpec spec = new ColorSpec(colorOfProductToFind);
    List foundProducts = new ArrayList();
    Iterator products = repository.iterator();
    while (products.hasNext()) {
        Product product = (Product) products.next();
        if (product.getColor().equals(spec.getColorOfProductToFind()))
            foundProducts.add(product);
    }
    return foundProducts;
}
```

完成这些改动之后，编译并运行测试。下面给出其中的一个测试：

```
public void testFindByColor() {
    List foundProducts = finder.byColor(Color.red);
    assertEquals("found 2 red products", 2, foundProducts.size());
    assertTrue("found fireTruck", foundProducts.contains(fireTruck));
    assertTrue("found Toy Porsche Convertible", foundProducts.contains(toyConvertible));
}
```

(2) 现在，应用提炼函数[F]重构，把 while 循环中的条件语句提取成 isSatisfiedBy(...) 方法：

```
public List byColor(Color colorOfProductToFind) {
    ColorSpec spec = new ColorSpec(colorOfProductToFind);
    List foundProducts = new ArrayList();
    Iterator products = repository.iterator();
    while (products.hasNext()) {
        Product product = (Product) products.next();
        if (isSatisfiedBy(spec, product))
            foundProducts.add(product);
    }
    return foundProducts;
}
```

```
private boolean isSatisfiedBy(ColorSpec spec, Product product) {
    return product.getColor().equals(spec.getColorOfProductToFind());
}
```

现在，可以应用搬移函数[F]重构把 isSatisfiedBy(...)方法搬移到 ColorSpec 中：

```
public class ProductFinder...
    public List byColor(Color colorOfProductToFind) {
        ColorSpec spec = new ColorSpec(colorOfProductToFind);
        List foundProducts = new ArrayList();
        Iterator products = repository.iterator();
        while (products.hasNext()) {
            Product product = (Product) products.next();
            if (spec.isSatisfiedBy(product))
                foundProducts.add(product);
        }
        return foundProducts;
    }
public class ColorSpec...
    boolean isSatisfiedBy(Product product) {
        return product.getColor().equals(getColorOfProductToFind());
    }
```

278

最后，对 ColorSpec 应用提炼超类[F]重构，创建规格超类：

```
public abstract class Spec {
    public abstract boolean isSatisfiedBy(Product product);
}
```

使 ColorSpec 扩展这个超类：

```
public class ColorSpec extends Spec...
```

编译并通过测试，仍然通过使用给定的颜色正确的选择 Product 实例。一切正常。

(3) 现在，对类似的对象选择方法重复步骤(1)和步骤(2)。这包括使用查询条件的方法（例如，多查询条件）。例如，byColorAndBelowPrice(...)方法接收两个参数作为查询条件，从仓库中选择 Product 实例：

```
public List byColorAndBelowPrice(Color color, float price) {
    List foundProducts = new ArrayList();
    Iterator products = repository.iterator();
    while (products.hasNext()) {
        Product product = (Product)products.next();
        if (product.getPrice() < price && product.getColor() == color)
            foundProducts.add(product);
    }
    return foundProducts;
}
```

通过实现步骤(1)和步骤(2)，我创建了 BelowPriceSpec 类：

```
public class BelowPriceSpec extends Spec {
    private float priceThreshold;
```

```
    public BelowPriceSpec(float priceThreshold) {
        this.priceThreshold = priceThreshold;
    }
    public boolean isSatisfiedBy(Product product) {
        return product.getPrice() < getPriceThreshold();
    }
    public float getPriceThreshold() {
        return priceThreshold;
    }
}
```

279

现在，创建新版本的 byColorAndBelowPrice(...)方法，它使用两个具体规格类：

```
public List byColorAndBelowPrice(Color color, float price) {
    ColorSpec colorSpec = new ColorSpec(color);
    BelowPriceSpec priceSpec = new BelowPriceSpec(price);
    List foundProducts = new ArrayList();
    Iterator products = repository.iterator();
    while (products.hasNext()) {
        Product product = (Product)products.next();
        if (colorSpec.isSatisfiedBy(product) &&
            priceSpec.isSatisfiedBy(product))
            foundProducts.add(product);
    }
    return foundProducts;
}
```

(4) byColorAndBelowPrice(...)方法在它的对象选择逻辑中使用查询条件（color 和 price）。
我希望这个方法和其他类似的方法使用组合规格类，而不是几个单独的规格类。为了达到这个目的，
我将实现改进的步骤(1)和未改进的步骤(2)。下面是经过改进的步骤(1)的 byColorAndBelowPrice
(...)方法：

```
public List byColorAndBelowPrice(Color color, float price) {
    ColorSpec colorSpec = new ColorSpec(color);
    BelowPriceSpec priceSpec = new BelowPriceSpec(price);
    AndSpec spec = new AndSpec(colorSpec, priceSpec);

    List foundProducts = new ArrayList();
    Iterator products = repository.iterator();
    while (products.hasNext()) {
        Product product = (Product)products.next();
        if (spec.getAugend().isSatisfiedBy(product) &&
            spec.getAddend().isSatisfiedBy(product))
            foundProducts.add(product);
    }
    return foundProducts;
}
```

AndSpec 类如下：

```
public class AndSpec {
   private Spec augend, addend;

   public AndSpec(Spec augend, Spec addend) {
      this.augend = augend;
      this.addend = addend;
   }
   public Spec getAddend() {
      return addend;
   }
   public Spec getAugend() {
      return augend;
   }
}
```

280

在实现了步骤(2)之后，代码变为：

```
public List byColorAndBelowPrice(Color color, float price) {
   ...
   AndSpec spec = new AndSpec(colorSpec, priceSpec);

   while (products.hasNext()) {
      Product product = (Product)products.next();
      if (spec.isSatisfiedBy(product))
         foundProducts.add(product);
   }
   return foundProducts;
}

public class AndSpec extends Spec...
   public boolean isSatisfiedBy(Product product) {
      return getAugend().isSatisfiedBy(product) &&
         getAddend().isSatisfiedBy(product);
   }
```

现在就有了一个组合规范类了，它可以用 AND 操作符把两个具体规范类连接起来。在另外
一个称为 belowPriceAvoidingAColor(...) 的对象选择方法中，含有更复杂的条件逻辑：

8

```
public class ProductFinder...
   public List belowPriceAvoidingAColor(float price, Color color) {
      List foundProducts = new ArrayList();
      Iterator products = repository.iterator();
      while (products.hasNext()) {
         Product product = (Product) products.next();
         if (product.getPrice() < price && product.getColor() != color)
            foundProducts.add(product);
      }
      return foundProducts;
   }
```

这段代码使用了两个组合规格类（AndProductSpecification 和 NotProductSpecification）
和两个具体规格类。方法中的条件逻辑可以用下图描述：

281

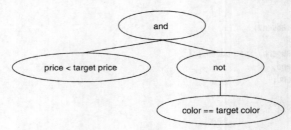

首先要产生 NotSpec 类：

```java
public class NotSpec extends Spec {
   private Spec specToNegate;

   public NotSpec(Spec specToNegate) {
      this.specToNegate = specToNegate;
   }
   public boolean isSatisfiedBy(Product product) {
      return !specToNegate.isSatisfiedBy(product);
   }
}
```

然后改进条件逻辑，以便使用 AndSpec 和 NotSpec：

```java
public List belowPriceAvoidingAColor(float price, Color color) {
   AndSpec spec =
      new AndSpec(
         new BelowPriceSpec(price),
         new NotSpec(
            new ColorSpec(color)
         )
      );

   List foundProducts = new ArrayList();
   Iterator products = repository.iterator();
   while (products.hasNext()) {
      Product product = (Product) products.next();
      if (spec.isSatisfiedBy(product))
         foundProducts.add(product);
   }
   return foundProducts;
}
```

这样，belowPriceAvoidingAColor(...)方法就重构好了。我将继续替换对象选择方法中的逻辑，直到所有对象选择方法都使用一个具体规格类或组合规格类为止。

(5) 现在，所有对象选择方法的方法体都是一样的了，除了规格对象的创建逻辑：

```java
Spec spec = ...create some spec
List foundProducts = new ArrayList();
Iterator products = repository.iterator();
while (products.hasNext()) {
   Product product = (Product) products.next();
   if (spec.isSatisfiedBy(product))
```

```
        foundProducts.add(product);
    }
    return foundProducts;
```

这就意味着可以对每个对象选择方法中除了规格对象创建逻辑以外的代码应用提炼函数[F]
重构，产生 selectBy(...)方法。我决定在 belowPrice(...)方法上执行这步操作：

```
public List belowPrice(float price) {
    BelowPriceSpec spec = new BelowPriceSpec(price);
    return selectBy(spec);
}

private List selectBy(ProductSpecification spec) {
    List foundProducts = new ArrayList();
    Iterator products = repository.iterator();
    while (products.hasNext()) {
        Product product = (Product)products.next();
        if (spec.isSatisfiedBy(product))
            foundProducts.add(product);
    }
    return foundProducts;
}
```

编译并通过测试，确保一切正常运行。现在，使 ProductFinder 中的其他对象选择方法都调
用这个 selectBy(...)方法。例如下面的 belowPriceAvoidingAColor(...)方法：

```
public List belowPriceAvoidingAColor(float price, Color color) {
    ProductSpec spec =
        new AndProduct(
            new BelowPriceSpec(price),
            new NotSpec(
                new ColorSpec(color)
            )
        );
    return selectBy(spec);
}
```

(6) 现在，可以应用使方法内联化[F]重构内联化每个对象选择方法了：

```
public class ProductFinder...
    public List byColor(Color colorOfProductToFind) {
        ColorSpec spec = new ColorSpec(colorOfProductToFind));
        return selectBy(spec);
    }

public class ProductFinderTests extends TestCase...
    public void testFindByColor()...
        List foundProducts = finder.byColor(Color.red);
        ColorSpec spec = new ColorSpec(Color.red));
        List foundProducts = finder.selectBy(spec);
```

编译并通过测试，确保一切正常运行。然后，对每个对象选择方法重构步骤(6)，并结束本次
重构。

第 9 章

保　护

9

　　有些重构能够改进对现有代码的保护，但不能改变现有代码的行为。本章中的 3 个重构正是这样。应用这些重构的动机可能是改进对现有代码的保护，或者是标准的重构动机，如减少重复代码或简化澄清代码。

　　用类替换类型代码（9.1 节）重构帮助我们保护字段，使其避免不正确或不安全的赋值。当这个字段控制着在运行时被执行的行为时，这一点尤其重要，因为不正确的赋值可能会导致对象进入非法的状态。用类替换类型代码（9.1 节）重构使用一个类，而不是一个枚举，来限制可以被赋给字段的值。枚举会提供实现这个重构的更好方法，或甚至使这个重构过时吗？绝对不能。类和枚举之间的主要区别是，可以为类添加行为。这很重要，因为随着一系列重构的应用，在用类替换类型代码（9.1 节）重构过程中产生的类可能需要扩展以包含更多的行为。这正是应用用 State 替换状态改变条件语句（7.4 节）重构的过程中会发生的事。

　　如果想要控制一个类可以被实例化多少对象，用 Singleton 限制实例化（9.2 节）重构就会很有用处。应用这个重构的典型动机是减少内存使用量或改进性能。重构到 Singleton[DP] 模式的一个很不好的动机是使一段代码能够访问很难达到的信息（请参见 6.6 节）。一般而言，只有在性能分析程序（profiler）告诉你这么做值得的时候，才应该应用用 Singleton 限制实例化（9.2 节）重构。

　　引入 Null Object（9.3 节）重构可以帮助我们使用另一种方法让代码避免使用 null 值。如果代码中包含很多相同的逻辑来检查相同的 null 值，那么就可以把它重构到使用 Null Object[Woolf]，从而简化代码。

9.1 用类替换类型代码

字段的类型（如，String 或 int）无法保护它免受不正确的赋值和非法的等同性比较。

把字段的类型声明为类，从而限制赋值和等同性比较。

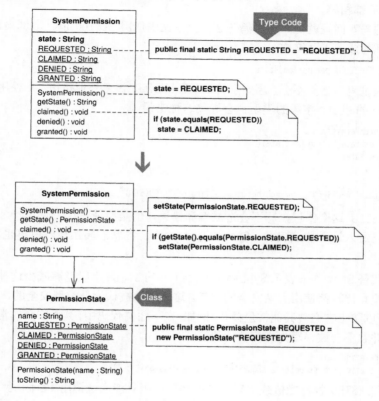

9.1.1 动机

把类型代码重构成一个类的主要动机，就是使代码变得类型安全。达到这一目的的一种方法，是限制可能被用来对字段或变量赋值或比较的值。考虑下面这段类型不安全的代码：

```
public void testDefaultsToPermissionRequested() {
    SystemPermission permission = new SystemPermission();
    assertEquals(permission.REQUESTED, permission.state());
    assertEquals("REQUESTED", permission.state());
}
```

代码创建了一个 SystemPermission 对象。这个对象的构造函数把它的 state 字段设置为 SystemPermission.REQUESTED 状态：

```
public SystemPermission() {
    state = REQUESTED;
}
```

286

9

SystemPermission 中的其他方法把 state 设置为不同的系统许可状态，如 GRANTED 和 DENIED。由于每个状态类型都是使用 String 常量定义的（如 public final static String REQUESTED="REQUESTED"），并且 state 也被定义为 String 类型，代码中的两个断言声明都可以通过，因为通过调用 permission.state() 得到 state 字段，与 SystemPermission.REQUESTED 和字符串"REQUESTED"都相等。

这有什么问题吗？问题就是，不提倡在这种上下文中使用 String 值。举例来说，假设一个断言声明被意外地写成了下面这样：

```
assertEquals("REQEUSTED", permission.state());
```

这个断言会通过吗？当然不会，因为字符串"REQEUSTED"被意外地拼错了！使用 String 作为 SystemPermission 的 state 字段的类型也会导致这种错误：

```
public class SystemPermission...
    public void setState(String newState){
        state = newState;
    }

permission.setState("REQESTED"); // another misspelling of "REQUESTED"
```

这里，"REQESTED"这个错误拼写不会造成编译错误，但是会使 SystemPermission 实例进入非法的状态。一旦进入这个非法状态，SystemPermission 的状态转换逻辑就再也不会使它离开这个非法状态了。

使用一个类代替 String 来表示 SystemPermission 的 state 字段能够减少这种错误，因为它会确保所有的赋值和比较都使用类型安全的常量。这些常量被认为是类型安全的，因为它们的类型是一个类，这可以防止它们被其他常量模仿。例如，在下面的代码中，类型安全的常量 REQUESTED 处在一个类中，并且不会被误写为任何其他的值：

```
public class PermissionState {
    public final static PermissionState REQUESTED = new PermissionState();
```

想要使用 REQUESTED 执行赋值或比较操作的客户代码只能通过调用 Permission.REQUESTED 获得它的引用。

使用一个类来获得一系列常量的类型安全性被 Joshua Bloch 描述为 Type-Safe Enum 模式 [Bloch]。Joshua 很好地解释了这个模式，以及如何解决与其相关的序列化/反序列化问题。对通常被称为"枚举"的东西提供自然支持的语言，看上去可能使这个重构变得毫无用处。事实并不是这样的，当执行了这个重构之后，还会需要经常扩展代码来支持更多的行为，这对枚举来说是不可能的。例如，用 State 替换状态改变条件语句（7.4 节）重构的做法的第一步就是基于本重构、而不能基于语言级的枚举。

优点与缺点
＋　更好地避免非法赋值和比较。
－　比使用不安全类型要求更多的代码。

9.1.2 做法

在下面的步骤中，类型不安全的常量（type-unsafe constant）是使用原生类型或非类类型定义的常量，如 String 或 int。

(1) 识别类型不安全的字段（type-unsafe field），即被声明为原生类型或非类类型，并被一系列类型不安全的常量赋值或比较的字段。应用自封装字段[F]重构，自封装这些类型不安全的字段。

✓ 编译并通过测试。

288

(2) 创建一个新类，这个具体类不久就会代替类型不安全的字段使用的类型。根据将要存储的类型命名这个类。此刻，不要为这个新类提供任何构造函数。

(3) 选择一个用来对类型不安全的字段赋值和/或比较的常量值，并通过创建新类的实例常量，在新类中定义这个常量的新版本。在 Java 中，通常把这个常量声明为 public final static。

对每个用来对类型不安全的字段赋值和/或比较的常量值重复以上步骤。

✓ 编译。

现在，已经在新类中定义了一系列的常量。如果防止客户代码添加新常量是很重要的，就为新类声明单一的私有构造函数，或者，如果编程语言允许的话，把新类标记为 final。

(4) 在声明类型不安全的字段的类中，创建一个类型安全的字段（type-safe field），这个字段的类型是步骤(2)中生成的新类。为字段创建一个设置方法。

(5) 在所有对类型不安全的字段赋值的地方，添加相似的对类型安全的字段的赋值语句，使用新类中相应的常量。

✓ 编译。

(6) 修改类型不安全的字段的获取方法，使其从类型安全的字段获得返回值。这要求新类中的常量能够返回正确的值。

✓ 编译并通过测试。

(7) 在声明类型不安全的字段的类中，删除类型不安全的字段、它的设置方法，以及所有对设置方法的调用。

✓ 编译并通过测试。

9

(8) 找出所有对类型不安全的常量的引用，并把它们替换为对新类中相应常量的调用。作为本步骤的一部分，修改类型不安全的字段的获取方法，使其返回新类类型，并对访问方法的调用做适当的修改。

曾经依赖于原生类型的等同性逻辑现在依赖于新类实例的比较。编程语言可能已经提供了实现这种等同性逻辑的默认方法。如果没有，编写代码并确保等同性逻辑正确使用新类的实例。

289

✓ 编译并通过测试。

删除不再使用的类型不安全的常量。

9.1.3 示例

本示例处理访问软件系统的许可请求，已出现在本节的代码简图中，也在 9.1.1 节中提到过。我们从阅读 SystemPermission 类的相关部分开始：

```java
public class SystemPermission {
    private String state;
    private boolean granted;

    public final static String REQUESTED = "REQUESTED";
    public final static String CLAIMED = "CLAIMED";
    public final static String DENIED = "DENIED";
    public final static String GRANTED = "GRANTED";

    public SystemPermission() {
        state = REQUESTED;
        granted = false;
    }
    public void claimed() {
        if (state.equals(REQUESTED))
            state = CLAIMED;
    }
    public void denied() {
        if (state.equals(CLAIMED))
            state = DENIED;
    }
    public void granted() {
        if (!state.equals(CLAIMED)) return;
        state = GRANTED;
        granted = true;
    }
    public boolean isGranted() {
        return granted;
    }
    public String getState() {
        return state;
    }
}
```

290

(1) SystemPermission 中的类型不安全的字段称为 state。它被同样定义在 SystemPermission 中的一系列 String 常量赋值和比较。重构的目标是通过把它的类型声明为一个类而不是 String，使 state 类型安全。

首先来自封装 state：

```
public class SystemPermission...
    public SystemPermission() {
        setState(REQUESTED);
        granted = false;
    }

    public void claimed() {
        if (getState().equals(REQUESTED))
            setState(CLAIMED);
    }

    private void setState(String state) {
        this.state = state;
    }

    public String getState() {  // 注意，这个方法已经存在
        return state;
    }

    // ...
```

这个改动很小，很容易就通过了编译和测试。

(2) 创建一个新类，并命名为 PermissionState，因为它将要代表 SystemPermission 实例的状态。

```
public class PermissionState {
}
```

(3) 选择一个用来对类型不安全的字段赋值或比较的常量值，并在 PermissionState 中创建一个常量表示法。其做法是在 PermissionState 中声明一个 public final static 的 PermissionState 实例：

```
public final class PermissionState {
    public final static PermissionState REQUESTED = new PermissionState();
}
```

对 SystemPermission 中的每个常量重复这一步骤，产生如下代码：

```
public class PermissionState {
    public final static PermissionState REQUESTED = new PermissionState();
    public final static PermissionState CLAIMED = new PermissionState();
    public final static PermissionState GRANTED = new PermissionState();
    public final static PermissionState DENIED = new PermissionState();
}
```

新代码可以通过编译。

现在，我需要决定是否想要防止客户代码扩展或实例化 PermissionState，以便确保它仅有的实例就是它自己的 4 个常量。对本例而言，我不需要这么严格的类型安全性，因此没有声明私有构造函数，或把新类声明为 final。

(4) 接下来，使用 PermissionState 类型，在 SystemPermission 中创建一个类型安全的字段。

同时也为它创建设置方法：

```
public class SystemPermission...
    private String state;
    private PermissionState permission;

    private void setState(PermissionState permission) {
        this.permission = permission;
    }
```

(5) 现在，必须找出所有对类型不安全的字段 state 的赋值声明，并为类型安全的字段 permission 编写类似的赋值声明：

```
public class SystemPermission...
    public SystemPermission() {
        setState(REQUESTED);
        setState(PermissionState.REQUESTED);
        granted = false;
    }

    public void claimed() {
        if (getState().equals(REQUESTED)) {
            setState(CLAIMED);
            setState(PermissionState.CLAIMED);
        }
    }

    public void denied() {
        if (getState().equals(CLAIMED)) {
            setState(DENIED);
            setState(PermissionState.DENIED);
        }
    }

    public void granted() {
        if (!getState().equals(CLAIMED))
            return;
        setState(GRANTED);
        setState(PermissionState.GRANTED);
        granted = true;
    }
```

确定改动能够通过测试。

(6) 然后，修改 state 的获取方法，使其从类型安全的字段获得返回值。因为 state 的访问方法返回一个 String，我不得不使 permission 也能够返回一个 String。首先修改 PermissionState，使其支持返回每个常量名字的 toString()方法：

```
public class PermissionState {
    private final String name;

    private PermissionState(String name) {
        this.name = name;
```

```
    }

    public String toString() {
        return name;
    }

    public final static PermissionState REQUESTED = new PermissionState("REQUESTED");
    public final static PermissionState CLAIMED = new PermissionState("CLAIMED");
    public final static PermissionState GRANTED = new PermissionState("GRANTED");
    public final static PermissionState DENIED = new PermissionState("DENIED");
}
```

现在，可以更新 state 的获取方法了：

```
public class SystemPermission...
    public String getState() {
        return state;
        return permission.toString();
    }
```

编译并通过测试，一切仍旧正常工作。

(7) 现在，可以删除类型不安全的字段 state，SystemPermission 中对其私有设置方法的调用，以及设置方法本身了：

```
public class SystemPermission...
    private String state;
    private PermissionState permission;
    private boolean granted;

    public SystemPermission() {
        setState(REQUESTED);
        setState(PermissionState.REQUESTED);
        granted = false;
    }

    public void claimed() {
        if (getState().equals(REQUESTED)) {
            setState(CLAIMED);
            setState(PermissionState.CLAIMED);
        }
    }

    public void denied() {
        if (getState().equals(CLAIMED)) {
            setState(DENIED);
            setState(PermissionState.DENIED);
        }
    }

    public void granted() {
        if (!getState().equals(CLAIMED))
            return;
        setState(GRANTED);
```

```
    setState(PermissionState.GRANTED);
    granted = true;
}

private void setState(String state) {
    this.state = state;
}
```

通过测试确保 SystemPermission 仍旧正常工作。

(8) 现在，把引用 SystemPermission 的类型不安全的常量的所有代码替换为引用 PermissionState 的常量值。例如，SystemPermission 的 claimed()方法仍然引用"REQUESTED" 这一类型不安全的常量：

```
public class SystemPermission...
    public void claimed() {
        if (getState().equals(REQUESTED))   // equality logic with type-unsafe constant
            setState(PermissionState.CLAIMED);
    }
```

把上面的代码更新为：

```
public class SystemPermission...
    public PermissionState getState() {
        return permission.toString();
    }
public void claimed() {
    if (getState().equals(PermissionState.REQUESTED)) {
        setState(PermissionState.CLAIMED);
}
```

在 SystemPermission 中完成所有类似修改。此外，更新 getState()的所有调用者，使它们就只使用 PermissionState 常量。例如，下面使需要更新的测试方法：

```
public class TestStates...
    public void testClaimedBy() {
        SystemPermission permission = new SystemPermission();
        permission.claimed();
        assertEquals(SystemPermission.CLAIMED, permission.getState());
    }
```

把此代码修改为：

```
public class TestStates...
    public void testClaimedBy() {
        SystemPermission permission = new SystemPermission();
        permission.claimed();
        assertEquals(PermissionState.CLAIMED, permission.getState());
    }
```

完成所有类似修改之后，编译并通过测试，确保新的类型安全的等同性逻辑能够正常工作。

最后，可以很安全地删除 SystemPermission 的类型不安全的常量了，因为它们再也不会被使用到：

```
public class SystemPermission...
    public final static String REQUESTED = "REQUESTED";
    public final static String CLAIMED = "CLAIMED";
    public final static String DENIED = "DENIED";
    public final static String GRANTED = "GRANTED";
```

现在，SystemPermission 中对 permission 字段的赋值和 permission 字段的等同性比较逻辑就是类型安全的了。

295

9

9.2   用 Singleton 限制实例化

代码创建了一个对象的多个实例，并导致内存使用过多和系统性能下降。

用一个 Singleton 替换多个实例。

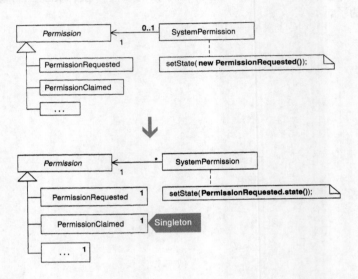

9.2.1   动机

如果想成为优秀的软件设计者，就不要做不成熟的代码优化。经过不成熟优化的代码比未优化的代码更难于重构。一般而言，在优化之前，你会发现更多可以改进的地方。

如果习惯于使用 Singleton[DP]模式，因为它会"使你的代码变得更高效"，那么就是在做不成熟的优化。你已经感染了 Singletonitis，最好采纳内联 Singleton（6.6 节）重构中的建议。另一方面，有些时候应该重构到 Singleton，如下面这些情况。

296

- ❑ 系统的用户不住地抱怨系统的性能。
- ❑ 性能分析程序指出可以通过避免一次又一次地实例化某个对象来改进性能。
- ❑ 希望被共享的对象不包含状态，或包含可共享的状态。

我的同事和我分析了一个安全权限处理系统的性能。该系统使用了 State[DP]模式（参见 7.4 节）。每次状态转换都会导致一个新的 State 对象的实例化。我们对系统进行分析，以便查看内存使用情况和性能。结果显示，虽然 State 对象的实例化并不是系统中最大的瓶颈，但是在重负载的情况下，它确实会降低性能。

基于上面的研究，我们确定，重构到 Singleton 以便限制无状态的 State 对象的实例化是有意义的。这也是本重构背后的主要思想：等待限制实例化的好理由，如果找到了这样的理由，就重构到 Singleton。当然，在实现了 Singleton 后，我们也做了分析，内存使用情况得到了很大的改进。

对于其他不涉及改进性能的重构到 Singleton 的理由，参见内联 Singleton（6.6 节）重构中给出的 Kent Beck、Ward Cunningham 和 Martin Fowler 的看法。

优点与缺点
＋　改进性能。
－　从任何地方都可以很容易地访问。在很多情况下，这可能会是设计的缺点（参见 6.6 节）。
－　当对象含有不能共享的状态的时候，本重构就无效了。

9.2.2　做法

在执行本重构之前，要确定将要转换成 Singleton 的对象不包含状态或包含可共享的状态。因为大多数成为 Singleton 的类都有一个构造函数，所以这里的做法假设类中已经有了一个构造函数。

(1) 识别多实例类（multiple instance class），即被一个或多个客户代码实例化多次的类。应用用 Creation Method 替换构造函数（6.1 节）重构的做法，即使此类只含有一个构造函数。新 Creation Method 的返回值的类型也应该是这个多实例类。

✓ 编译并通过测试。

(2) 声明一个单件字段（singleton field），即多实例类中的私有的、静态的、类型为多实例类的字段。如果可能的话，把它初始化为多实例类的一个实例。

可能无法初始化这个字段，因为如果要这么做，需要在运行时从客户代码处传入参数。在这种情况下，只定义这个字段即可，无需初始化。

✓ 编译。

(3) 令 Creation Method 返回单件字段的值。如果它只能被迟实例化（lazy instantiation），那么就在 Creation Method 中基于传入的参数实现迟实例化。

✓ 编译并通过测试。

9.2.3　示例

本示例基于用 State 替换状态改变条件语句（7.4 节）重构中的安全代码例子。如果研究了那次重构所产生的代码，就会发现每个 State 实例都是一个 Singleton。然而，这些 State 的 Singleton 实例并不是因性能问题而创建的；它们是执行用类替换类型代码（9.1 节）重构的结果。

在最开始在安全代码项目上重构到 State 模式的时候，我并没有应用用类替换类型代码（9.1 节）重构。那时我还不知道那个重构会把重构到 State 模式的后几个步骤简化到什么程度。重构到 State 模式的前几个步骤涉及在每次需要的时候实例化 Permission 的子类，而不考虑 Singleton 模式。

在那个项目上，我的同事和我分析了代码的性能，并发现了好几个可以优化的地方。其中一个地方涉及状态类的频繁实例化。因此，作为整体性能改进的一部分，我们把重复实例化 Permission 子类的代码重构成了使用 Singleton 模式。下面描述具体步骤。

(1) 系统中共有 6 个 State 类，每个都是多实例类，因为客户代码都多次实例化它们。在本例中，我将处理 PermissionRequested 类，其代码如下：

```
public class PermissionRequested extends Permission {
    public static final String NAME= "REQUESTED";

    public String name() {
        return NAME;
    }

    public void claimedBy(SystemAdmin admin, SystemPermission permission) {
        permission.willBeHandledBy(admin);
        permission.setState(new PermissionClaimed());
    }
}
```

PermissionRequested 并没有定义构造函数，它使用 Java 的默认构造函数。因此做法中的第一步是把构造函数转换成 Creation Method，所以我定义如下 Creation Method：

```
public class PermissionRequested extends Permission...
    public static Permission state() {
        return new PermissionRequested();
    }
```

可以看出，这里使用了 Permission 作为 Creation Method 的返回类型。这是因为我希望所有的客户代码都通过 State 子类的超类与它们交互。同时，我还把构造函数的所有调用者更新为调用这个 Creation Method：

```
public class SystemPermission...
    private Permission state;
    public SystemPermission(SystemUser requestor, SystemProfile profile) {
        this.requestor = requestor;
        this.profile = profile;
        state = new PermissionRequested();
        state = PermissionRequested.state();
        ...
    }
```

编译并通过测试，确保这些细小的改动没有破坏任何东西。

(2) 现在，创建单件字段，PermissionRequested 中的类型为 Permission 的私有静态字段，并用 PermissionRequested 的一个实例初始化它。

```
public class PermissionRequested extends Permission...
    private static Permission state = new PermissionRequested();
```

编译，确保语法正确。

(3) 最后，改变 state() 这个 Creation Method，使其返回 state 字段的值：

```
public class PermissionRequested extends Permission...
    public static Permission state() {
        return state;
}
```

　　再一次编译并通过测试，均运行正常。现在对余下的 State 类重复这些步骤，直到它们都变成 Singleton。之后，运行性能分析程序来查看本次重构对内存使用情况和性能的影响。果然有所改进。不然的话，我也许会决定撤销这些操作，因为相比 Singleton 而言，我宁愿使用普通对象。

300

9

9.3 引入 Null Object

代码中到处都是处理 null 字段或变量的重复逻辑。

将 null 逻辑替换为一个 Null Object，一个提供正确 null 行为的对象。

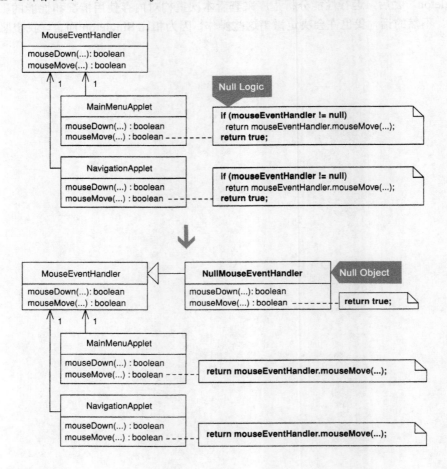

9.3.1 动机

如果客户代码调用了一个 null 字段或变量的方法，就可能会产生异常，系统可能会崩溃，或者类似的事情可能会发生。为了使系统避免遭受这种有害的行为，我们通常会编写检查代码来防止调用 null 字段或变量，如果可能的话，还会编写特定的行为来处理 null 的情况：

```
if (someObject != null)
    someObject.doSomething();
else
    performAlternativeBehavior();
```

在系统的一两个地方重复这种 null 逻辑并不会导致什么问题，但是在多个地方重复这种逻辑就会使系统产生许多不必要的代码。与没有考虑 null 逻辑的代码相比，满是这种逻辑的代码通常需要更多的时间去理解，并需要更多思考才能扩展。null 逻辑也不能提供对新代码的 null 保护。因此，如果编写了新代码，而且程序员忘记了编写 null 逻辑，null 错误就可能会发生。

Null Object 模式[①]提供了这种问题的解决方案。它可以保证对字段或变量的调用永远是安全，这样就不需要检查字段或变量是否为 null 了。窍门是在正确的时间用正确的对象对字段或变量赋值。如果字段或变量可以为 null，就可以让它引用 Null Object 的实例，后者提供什么也不做、默认或无害的行为。随后，字段或变量可以被赋值到不是 Null Object 的对象上。在这发生之前，所有的调用都会安全地发送到 Null Object。

向系统中引入 Null Object 应该会减少代码的数量，或至少保持代码量不变。如果与只使用 null 逻辑相比，它显著地增加了代码的行数，那就说明并不需要使用 Null Object。Kent Beck 在他的 *Test-Driven Development* [Beck, TDD]一书中讲过一个关于这一点的故事。他曾经向他的编程搭档 Erich Gamma 建议过重构到 Null Object，Erich Gamma 很快就算出了重构前后代码行数的差别，并解释了与它们已经编写的 null 逻辑相比，重构到 Null Object 会如何增加很多行代码。

Java 的 AWT 本可以受益于 Null Object 的使用。它的某些组件，如面板或对话框，可以包含通过布局管理器（如 FlowLayout、GridLayout 等）布局的界面部件。把布局请求转发到布局管理器的代码包含对布局管理器是否为空的检查（if (layoutManager != null)）。更好的设计是使用 NullLayout 作为使用布局管理器的所有组件的默认布局管理器。如果这些组件的默认布局管理器是 NullLayout，向布局管理器转发请求的代码就无需关心它在使用 NullLayout 还是真正的布局管理器了。

Null Object 的存在并不能保证不会编写 null 逻辑。例如，如果程序员并不知道 Null Object 已经使代码避免了 null 的问题，可能就会为不可能是 null 的代码编写 null 逻辑。最后，如果程序员期望在某种情况下返回 null，并编写了很重要的代码来处理这种情况，Null Object 的实现可能会导致预料之外的行为。

我这个重构的版本提供了处理通用情况的做法，扩展了 Martin Flower 的引入 Null Object [F] 重构：一个类中到处都是检查某个字段的 null 逻辑，因为这个类的实例可能会在这个字段被赋值为非 null 值之前使用它。对于这种代码，本节中给出的重构到 Null Object 的做法与 Martin 的重构做法不尽相同。

通常（虽然并非总是）应通过子类或实现接口来实现 Null Object，如下图所示。

---

① Bruce Anderson 恰当地把这个模式称为 active nothing[Anderson]，因为一个 Null Object 主动执行什么也不做的操作。Martin Fowler 描述了 Null Object 是一种更广泛的模式 Special Case 的一个示例[Fowler，PEAA]。Ralph Johnson 和 Bobby Woolf 描述了如何使用如 Strategy[DP]、Proxy[DP]、Iterator[DP]等模式的 null 版本来去除 null 检查[Woolf]。

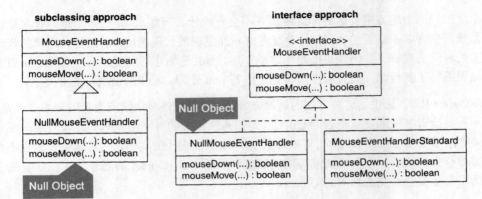

通过子类创建 Null Object 需要重写所有继承下来的公共方法，以提供适当的 null 行为。这种做法的一个风险是，如果超类中增加了新的方法，程序员必须记得在 Null Object 中用 null 行为重写这个方法。如果他们忘记了，Null Object 就会继承超类的实现逻辑，这会在运行时导致预料之外的行为。使 Null Object 实现一个接口而不是成为子类可以去除这个风险。

优点与缺点
＋ 不需要重复的 null 逻辑就可以避免 null 错误。
＋ 通过最小化 null 测试简化了代码。
－ 当系统不太需要 null 测试的时候，会增加设计的复杂度。
－ 如果程序员不知道 Null Object 的存在，就会产生多余的 null 测试。
－ 使维护变得复杂。拥有超类的 Null Object 必须重写所有新继承到的公共方法。

9.3.2　做法

这些做法假设代码中分散着相同的 null 逻辑，因为一个字段或局部变量可能在还是 null 的时候被引用。如果 null 逻辑是因为别的原因而存在的话，请考虑应用 Martin Flower 的引入 Null Object [F]重构的做法。下面步骤中的术语源类（source class）指代的是希望避免 null 的类。

(1) 在源类上应用提炼子类[F]重构，或使新类实现源类实现的接口来创建一个 null 对象。如果决定令 null 对象实现一个接口，但接口并不存在，就在源类上应用提炼接口[F]重构，创建这个接口。

✓ 编译。

(2) 寻找 null 检查（null check，如果不是 null 则调用源类实例的方法，或者如果是 null 则执行特定行为的代码）。在 null 对象中重写被调用的方法，使它实现特定行为。

✓ 编译。

(3) 对与源类相关联的其他 null 检查重复步骤(2)。

(4) 找出一次或多次出现 null 检查的类，并用 null 对象的实例初始化 null 检查中引用的字段或本地变量。在类实例寿命的最早时刻（例如，紧随类的实例化）执行这一初始化操作。

这些代码不应该影响已经存在的把字段或本地变量赋值为源类实例的代码。新代码只是在其他赋值之前简单地执行了赋值到 null 对象的操作。

　✓ 编译。

(5) 在步骤(4)中选中的类中，删除所有出现的 null 检查。

　✓ 编译并通过测试。

(6) 对每个含有一次或多次 null 检查的类重复步骤(4)和步骤(5)。

如果系统创建了很多 null 对象的实例，就可能需要使用性能分析程序来确定是否需要应用用 Singleton 限制实例化（9.2 节）重构。

9.3.3　示例

在大部分人还在使用 Netscape 2/3 或 IE 3（它们都支持 Java 1.0 版本）的时候，我的公司赢得了创建一个著名音乐和电视网站的 Java 版的投标。这个网站的特色是含有许多 applet，其中包括可单击的菜单和子菜单、生动的宣传广告、音乐新闻以及大量很酷的图形。主页面被分为 3 个部分，其中的 2 个部分含有 applet。

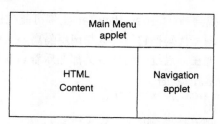

当用户与这些 applet 进行交互时，公司的员工需要很容易地控制 applet 的行为。员工们希望能够控制 applet 的行为，而不必在每次修改一个小功能的时候都要叫程序员来帮忙。我们可以通过使用 Command 模式[DP]，以及创建并使用定制的鼠标事件处理类 MouseEventHandler，来满足他们的需求。当用户移动鼠标或单击图像映射区域的时候，MouseEventHandler 的实例可以被配置（通过脚本）为执行 Command。

305

9

示例的背景：Java 1.0 中的鼠标事件

在 Java 1.0 中，Java applet 的鼠标事件模型依赖于继承。如果希望一个 applet 接收并处理鼠标事件，就需要实现 java.applet.Applet 的子类，并重写所需要的鼠标事件方法，如下图所示。

+mouseDown(evt: Event, x: int, y: int): boolean
+mouseMove(evt: Event, x: int, y: int): boolean
+mouseUp(evt: Event, x: int, y: int): boolean
...

myApplet

+mouseDown(evt: Event, x: int, y: int): boolean
+mouseUp(evt: Event, x: int, y: int): boolean

一旦 applet 被实例化并在网页中运行，它的鼠标事件方法就会在对用户的鼠标移动或单击的响应中被调用。

这些代码工作得很好，只是有一个问题。在起始过程中，我们的 applet 会加载到浏览器窗口中并初始化它们自己。初始化流程的一部分包括实例化并配置 MouseEventHandler 的对象。为了通知每个 MouseEventHandler 实例一个 applet 的那些区域是可单击的，以及当这些区域被单击时运行哪些 Command，我们需要读取数据并把它传入每个实例。虽然加载这些数据并不需要很长时间，但是这的确给窗口留下了一些时间，在这些时间里，我们的 MouseEventHandler 实例还没有做好接收鼠标事件的准备。如果在我们定制的鼠标事件处理类被完全实例化并配置之前，一个用户碰巧在一个 applet 上移动或单击了鼠标，浏览器就会在控制台中输出错误，applet 就会变得不稳定。

有一种简单的解决方案：找到 MouseEventHandler 实例可能在仍是 null 时（例如，还没有被实例化）被调用的所有代码，编写代码把它们与这些调用隔离。这可以解决起始过程中的问题，然而我们并不喜欢这种设计。现在，系统中的许多类都充斥着 null 检查：

```
public class NavigationApplet extends Applet...
  public boolean mouseMove(Event event, int x, int y) {
    if (mouseEventHandler != null)
      return mouseEventHandler.mouseMove(graphicsContext, event, x, y );
    return true;
  }

  public boolean mouseDown(Event event, int x, int y) {
    if (mouseEventHandler != null)
      return mouseEventHandler.mouseDown(graphicsContext, event, x, y );
    return true;
  }

  public boolean mouseUp(Event event, int x, int y) {
    if (mouseEventHandler != null)
      return mouseEventHandler.mouseUp(graphicsContext, event, x, y );
    return true;
  }
```

```
public boolean mouseExit(Event event, int x, int y) {
  if (mouseEventHandler != null)
    return mouseEventHandler.mouseExit(graphicsContext, event, x, y );
  return true;
}
```

为了去除这些 null 检查，我们对 applet 进行了重构，使它们在起始过程中使用 NullMouse-
EventHandler，然后在准备好之后，转换成使用 MouseEventHandler 实例。下面是我们在修改中
所遵循的步骤。

(1) 应用提炼子类[F]重构，定义 NullMouseEventHandler，它是我们自己的鼠标事件处理类
的子类：

```
public class NullMouseEventHandler extends MouseEventHandler {
  public NullMouseEventHandler(Context context) {
    super(context);
  }
}
```

代码可以通过编译，因此继续下面的步骤。

(2) 接着，找到一个 null 检查，像这个：

```
public class NavigationApplet extends Applet...
  public boolean mouseMove(Event event, int x, int y) {
    if (mouseEventHandler != null)  // null check
      return mouseEventHandler.mouseMove(graphicsContext, event, x, y);
    return true;
  }
```

上面的 null 检查中被调用的方法是 mouseEventHandler.mouseMove(...)。当 mouseEvent-
Handler 等于 null 时执行的代码就是做法指导我们用来在 NullMouseEventHandler 中重写
mouseMove(...)的代码。这很容易实现：

```
public class NullMouseEventHandler...
  public boolean mouseMove(MetaGraphicsContext mgc, Event event, int x, int y) {
    return true;
  }
```

新方法可以通过编译。

(3) 对代码中所有出现这个 null 检查的地方重复步骤(2)。在 3 个不同的类中的许多方法中都
找到了这个 null 检查。在完成这一步骤之后，NullMouseEventHandler 就包含了许多新方法。下
面是其中的几个：

```
public class NullMouseEventHandler...
  public boolean mouseDown(MetaGraphicsContext mgc, Event event, int x, int y) {
    return true;
  }

  public boolean mouseUp(MetaGraphicsContext mgc, Event event, int x, int y) {
    return true;
```

307

9

```
    }

    public boolean mouseEnter(MetaGraphicsContext mgc, Event event, int x, int y) {
      return true;
    }

    public void doMouseClick(String imageMapName, String APID) {
    }
```

以上代码可以通过编译。

(4) 然后，把 mouseEventHandler、NavigationApplet 类中的 null 检查所引用的字段初始化为 NullMouseEventHandler 的一个实例：

```
public class NavigationApplet extends Applet...
    private MouseEventHandler mouseEventHandler = new NullMouseEventHandler(null);
```

传入 NullMouseEventHandler 构造函数的 null 被进一步传递给了其超类 MouseEventHandler 的构造函数。因为不想把 null 传来传去，所以修改了 NullMouseEventHandler 的构造函数，使它来完成这一工作：

```
public class NullMouseEventHandler extends MouseEventHandler {
    public NullMouseEventHandler(Context context) {
      super(null);
    }
}

public class NavigationApplet extends Applet...
    private MouseEventHandler mouseEventHandler = new NullMouseEventHandler();
```

(5) 有趣的部分来了。删除如 NavigationApplet 的类中的所有 null 检查：

```
public class NavigationApplet extends Applet...
    public boolean mouseMove(Event event, int x, int y) {
      if (mouseEventHandler != null)
        return mouseEventHandler.mouseMove(graphicsContext, event, x, y );
      return true;
    }

    public boolean mouseDown(Event event, int x, int y) {
      if (mouseEventHandler != null)

        return mouseEventHandler.mouseDown(graphicsContext, event, x, y);
      return true;
    }

    public boolean mouseUp(Event event, int x, int y) {
      if (mouseEventHandler != null)
        return mouseEventHandler.mouseUp(graphicsContext, event, x, y);
      return true;
    }

    // ...
```

　　然后，编译并测试这些改动是否能够工作。这回，我们没有自动测试代码，所以不得不在浏览器中运行网站，并重复地尝试在 NavigationApplet 这一 applet 的起始及开始运行的过程中引起鼠标的问题。一切都运行正常。

　　(6) 对含有相同 null 检查的其他类重复步骤(4)和步骤(5)，直到去除所有这些 null 检查为止。

　　因为系统只使用了 NullMouseEventHandler 的两个实例，所以不必把它实现为 Singleton[DP]。

309
~
310

第 10 章

聚集操作

10

软件系统中的很多代码都是用来聚集信息的。本章中重构的目标就是改进这些在一个对象中或几个对象间聚集信息的代码。

Collecting Parameter[Beck, SBPP]是这样一个对象，它会访问不同的方法，以便从中聚集信息。被访问的方法可能处于一个或多个对象中。每个被访问的方法都会为 Collecting Parameter 提供信息。在访问了所有的相关方法之后，我们就可以从 Collecting Parameter 中获取聚集的信息。

将聚集操作搬移到 Collecting Parameter（10.1 节）重构通常与组合方法（7.1 节）重构一起使用。当拥有一个很长的、包含很多行用来聚集信息的代码的方法时，应用这两个重构的组合会达到最好的效果。应该把接收并写入 Collecting Parameter 的代码提炼成方法，这样就可以把原方法分解为几个小部分，每一部分处理聚集的一小块。

Collecting Parameter 模式的能力是从几个对象中聚集信息，从这一点上来看，它与 Visitor[DP]模式很相似。不同的是如何聚集这些信息。被 Visitor 访问的对象把自己传入 Visitor 的实例，而被 Collecting Parameter 访问的对象通过简单地调用 Collecting Parameter 上的方法来为它提供信息。如果需要从许多不同的对象（例如，具有不同接口的对象）中聚集很多不同的信息，Visitor 或许会比 Collecting Parameter 提供更清爽的设计。实际上，我经常会遇到可以从将聚集操作搬移到 Collecting Parameter（10.1 节）重构中受益的代码，也经常会遇到需要将聚集操作搬移到 Visitor（10.2 节）重构的代码。

与 Collecting Parameter 不同，Visitor 只适用于从多个对象中聚集信息，而不适用于一个对象的情况。它也更适用于从不同的对象中聚集信息，而不适用于相似的对象（例如，共享相同接口的对象）。因为 Visitor 实现起来要比 Collecting Parameter 复杂，所以在考虑使用 Visitor 之前，最好先考虑是否可以使用 Collecting Parameter。

虽然 Visitor 模式适用于某些类型的聚集，但是绝不是说它只适用于聚集。例如，Visitor 可以访问一个对象结构，并在访问的过程中为结构添加对象。即使是为了聚集信息，我也很少使用 Visitor，因此我没有介绍其他到 Visitor 的重构；它们太少见了。

10.1　将聚集操作搬移到 Collecting Parameter

有一个很大的方法将信息聚集到一个局部变量中。

把结果聚集到一个 Collecting Parameter 中，将它传入被提炼出的方法。

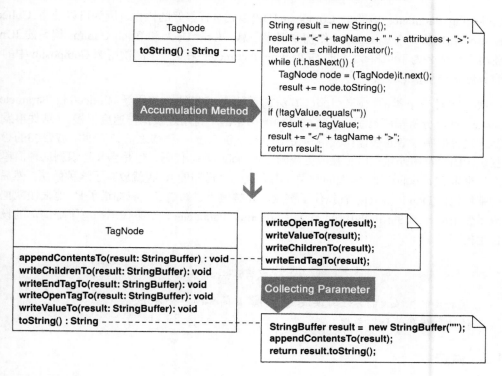

10.1.1　动机

Kent Beck 在他的经典著作 *Smalltalk Best Practice Patterns* 中定义了 Collecting Parameter 模式。Collecting Parameter 是一个对象，我们把它传入不同的方法中，以便从这些方法中收集信息。这个模式经常与 Composed Method[Beck，SBPP]模式（参见 7.1 节）一起使用。

为把一个很大的方法分解成 Composed Method，通常必须确定如何从被 Composed Method 调用的方法中聚集信息。除了使每种方法返回一个结果并把这些结果整合为最终结果这种方法外，还可以为每个方法传入 Collecting Parameter，从而把结果渐进地聚集出来。这些方法把它们的信息写入到 Collecting Parameter 中，后者会聚集所有的结果。

Collecting Parameter 也可能会被传入到多个对象的方法中。如果是访问多个对象，Collecting Parameter 可以使用两种方式聚集信息。一种方式是每个对象回调 Collecting Parameter 上的方法，从而把数据传递给它；另一种方式是对象把自己传入到 Collecting Parameter 中，后者调用这些对

313

10

象上的回调方法获取数据。

Collecting Parameter 通常用来从具有特定接口的特定类中聚集数据。如果必须从含有不同数据、并具有不同的数据访问接口的类中聚集数据的话，Collecting Parameter 就不适用了。在这种情况下，Visitor 可能是更好的解决方案（参见 10.2 节）。

Collecting Parameter 能够与 Composite[DP]模式进行很好的协作，因为可以使用 Collecting Parameter 递归地从一个 Composite 结构中聚集信息。Kent Beck 和 Erich Gamma 编写的 JUnit 框架就使用了一个名为 TestResult 的 Collecting Parameter 来从一个测试用例 Composite 中的每个测试聚集测试结果信息。

一次，在对一个类的 toString()方法的重构中，我结合使用了 Collecting Parameter 和 Composite。性能分析程序显示，这个 toString()中的字符串连接操作速度很慢。（这件事发生在编译器开发者把字符串连接操作变得和使用 StringBuffer 一样快之前。）因此，我最初的想法是把这些缓慢的字符串连接代码替换成更快的 StringBuffer 代码，但是当我意识到这种简单的替换会产生很多 StringBuffer 实例的时候（因为代码是递归的），我就放弃了这种做法。然后，我那时的编程伙伴 Don Roberts，就抓住了键盘，并喊道"我知道了，我知道了！"他很快就把代码重构成了使用单一的 StringBuffer 作为 Collecting Parameter。结果代码拥有了更简单的设计，可读性也提高了。

优点与缺点
＋ 帮助我们把很大的方法转换成更小的、更简单的多个方法。
－ 使结果代码运行得更快。

314

10.1.2　做法

(1) 识别聚集方法（accumulation method），即把信息聚集成结果的方法。这个结果，通常是一个本地变量，将会变成一个 Collecting Parameter。如果结果的类型不允许在方法间迭代地收集数据，就改变它的类型。例如，Java 的 String 不允许在方法间收集结果，因此使用 StringBuffer（详见 10.1.3 节）。

✓ 编译。

(2) 在聚集方法中，找到信息聚集的步骤，并应用提炼函数[F]重构，把它提炼到一个私有方法中。确保这个方法的返回类型为 void，并把结果作为参数传入方法。在提炼出的方法中，把信息写入结果。

✓ 编译并通过测试。

(3) 对信息聚合的每一步重复步骤(2)，直到原来的代码被替换为对提炼出的、接收并写入结果的方法的调用为止。现在，聚集方法应该包含三行代码：

❑ 实例化结果；

❑ 把结果传入多个方法的第一个方法中；

❑ 获得结果中收集的信息。

✓ 编译并通过测试。

对步骤(2)和步骤(3)的应用，实际上是在聚集方法以及提炼出的多个方法上应用了组合方法[F]重构（7.1 节）。

10.1.3　示例

本例将展示如果把基于 Composite 的代码重构成使用 Collecting Parameter。我从一个能够建模 XML 树的 Composite 开始（完整的示例请参见 7.5 节）。

Composite 是使用单一的类 TagNode 来建模的，这个类含有一个 toString()方法。这个 toString()方法递归地遍历 XML 树中的结点，并产生它所找到的内容的最终 String 表示。它用 11 行代码完成了许多工作。在下面展示的步骤中，我将重构这个 toString()方法，使它变得更简单、更易于理解。

[315]

(1) 下面的 toString()方法递归地从 Composite 结构中聚集信息，并把结果存储到一个名为 result 的变量中：

```
class TagNode...
    public String toString() {
        String result = new String();
        result += "<" + tagName + " " + attributes + ">";
        Iterator it = children.iterator();
        while (it.hasNext()) {
            TagNode node = (TagNode)it.next();
            result += node.toString();
        }
        if (!value.equals(""))
            result += value;
        result += "</" + tagName + ">";
        return result;
    }
```

把 result 的类型改为 StringBuffer：

StringBuffer result = new StringBuffer("");

改动可以通过编译。

(2) 识别出信息聚集的第一个步骤：把一个 XML 开始标签以及任何属性连接到 result 变量的代码。在这些代码上应用提炼函数[F]重构如下，因此这行代码：

```
result += "<" + tagName + " " + attributes + ">";
```

被提炼为：

10

```
private void writeOpenTagTo(StringBuffer result) {
   result.append("<");
   result.append(name);
   result.append(attributes.toString());
   result.append(">");
}
```

原来的代码现在是这样：

```
StringBuffer result = new StringBuffer("");
writeOpenTagTo(result);
...
```

编译并通过测试，确保一切正常。

(3) 接着，我想继续对 toString() 方法的其他部分应用提炼函数[F]重构。我把重点放在把子 XML 结点添加到 result 的代码上。这些代码包含一个递归步骤（已用粗体突出）：

```
class TagNode...
   public String toString()...
      Iterator it = children.iterator();
      while (it.hasNext()) {
         TagNode node = (TagNode)it.next();
         result += node.toString();
      }
      if (!value.equals(""))
         result += value;
      ...
   }
```

这个递归步骤意味着 Collecting Parameter 需要被传入到 toString() 方法中。但是这会产生一个问题，如下面代码所示：

```
private void writeChildrenTo(StringBuffer result) {
   Iterator it = children.iterator();
   while (it.hasNext()) {
      TagNode node = (TagNode)it.next();
      node.toString(result); // can't do this because toString() doesn't take arguments.
   }
   ...
}
```

因为 toString() 方法不接收 StringBuffer 作为参数，所以不能简单地提炼这个方法。我不得不寻找另一种解决方案。我决定使用一个辅助方法来解决这个问题，该辅助方法会执行原本由 toString() 方法执行的操作，但是会接收一个 StringBuffer 作为 Collecting Parameter：

```
public String toString() {
   StringBuffer result = new StringBuffer("");
   appendContentsTo(result);
   return result.toString();
}

private void appendContentsTo(StringBuffer result) {
   writeOpenTagTo(result);
```

317

```
    ...
  }
```

现在，可以在 appendContentsTo()方法中处理递归了：

```
private String appendContentsTo(StringBuffer result) {
   writeOpenTagTo(result);
   writeChildrenTo(result);
   ...
   return result.toString();
}

private void writeChildrenTo(StringBuffer result) {
   Iterator it = children.iterator();
   while (it.hasNext()) {
      TagNode node = (TagNode)it.next();
      node.appendContentsTo(result);   // 现在可以进行递归调用了
   }
   if (!value.equals(""))
      result.append(value);
}
```

当我凝视 writeChildrenTo()方法的时候，意识到它处理了两个步骤：递归地添加子结点，以及当标签存在值的时候为标签添加这个值。为了把这两个单独的步骤独立出来，我把处理值的代码提炼到了它自己的方法中：

```
private void writeValueTo(StringBuffer result) {
   if (!value.equals(""))
      result.append(value);
}
```

最后，我又提炼出一个写入 XML 结束标签的方法，并结束这次重构。最终代码如下所示：

```
public class TagNode...
   public String toString() {
      StringBuffer result = new StringBuffer("");
      appendContentsTo(result);
      return result.toString();
   }

   private void appendContentsTo(StringBuffer result) {
      writeOpenTagTo(result);
      writeChildrenTo(result);
      writeValueTo(result);
      writeEndTagTo(result);
   }
   private void writeOpenTagTo(StringBuffer result) {
      result.append("<");
      result.append(name);
      result.append(attributes.toString());
      result.append(">");
   }

   private void writeChildrenTo(StringBuffer result) {
```

318

10

```
    Iterator it = children.iterator();
    while (it.hasNext()) {
        TagNode node = (TagNode)it.next();
        node.appendContentsTo(result);
    }
}

private void writeValueTo(StringBuffer result) {
    if (!value.equals(""))
        result.append(value);
}

private void writeEndTagTo(StringBuffer result) {
    result.append("</");
    result.append(name);
    result.append(">");
}
}
```

　　编译，运行测试，一切正常。现在，toString()方法就非常简单了，同时，appendContentsTo()
方法也是 Composed Method 的一个很好的例子（请参见 7.1 节）。

10.2 将聚集操作搬移到 Visitor

一个方法从不同的类中聚集信息。

把聚集工作搬移到一个能够访问每个类以便聚集信息的 Visitor 中。

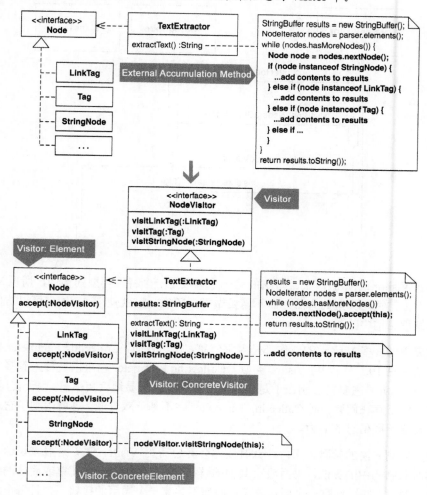

10.2.1 动机

Ralph Johnson,《设计模式》[DP]的四个作者之一曾经说过,"大多时候你并不需要 Visitor,但是一旦你需要 Visitor,那就是真的需要 Visitor 了。"那么,什么时候你会真的需要 Visitor 呢?在回答这个问题之前,让我们先复习一下什么是 Visitor。

Visitor 是在一个对象结构上执行某种操作的一个类。Visitor 访问的类通常是互不相同的,也就是说它们包含独特的信息，并为这些信息提供独特的接口。通过使用双分派（double-dispatch），Visitor 可以很容易的与不同的类进行交互。这意味着类集合中的每个类都接收一个 Visitor 实例作为参数（通过一个"接受"方法：accept(Visitor visitor)），然后回调这个 Visitor，把自己传入相应的访问方法中，如下图所示。

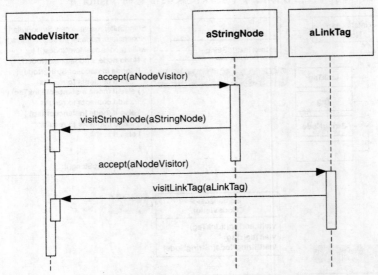

因为传入 Visitor 的 visit(...)方法的第一个参数是一个特殊类型的实例，所以 Visitor 可以调用这个实例上的特定类型的方法，而不需要做类型转换。这就使得 Visitor 可以访问统一继承结构或不同继承结构中的类。

真实世界中的许多 Visitor 的工作都是聚集信息。在这方面，Collecting Parameter 模式也是非常有用的（请参见 10.1 节）。与 Visitor 类似，Collecting Parameter 也可以被传入到多个对象，并从中聚集信息。两者最主要的区别在于是否能从不同类中很容易地聚集信息。由于使用了双分派，Visitor 在这方面不存在问题；而 Collecting Parameter 并不基于双分派，这就限制了它从拥有不同接口的类中收集不同信息的能力。

现在我们回到先前的问题上来：什么时候你会真的需要 Visitor 呢？一般来说，当你有很多运行在不同对象结构中的算法，并且没有其他的解决方案比 Visitor 更简单或简洁的时候，你就需要 Visitor。例如，假设你有三个域对象，它们都不共享一个通用的接口，并且每个对象的代码都产生不同的 XML 表示。

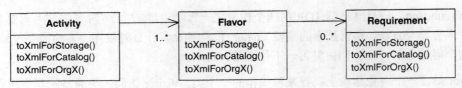

这个设计有什么不对？主要的问题是，每当出现一个新的 XML 表示的时候，都不得不为每个域类添加一个新的 toXml 方法。此外，toXml 方法还使域类中充满了负责表示的代码，而这些代码最好与领域逻辑分离，特别是当这种代码很多的时候。在 10.2.2 节中，我把这些 toXml 方法称为内部聚集方法（internal accumulation method），因为它们处在使用聚集操作的类的内部。重构到 Visitor 会把这种设计变为如下图所示的设计。

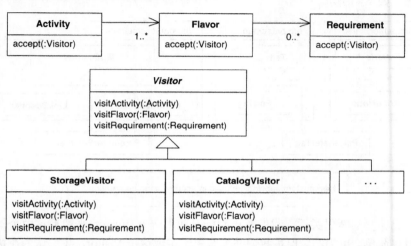

在这个新设计中，领域类可以被任何适当的 Visitor 表示出来。此外，原本堆积在域类中的复杂的表示逻辑现在被封装到了适当的 Visitor 中。

另一种需要 Visitor 的情况是当你有很多外部聚集方法（external accumulation method）的时候。典型情况下，这种方法使用 Iterator[DP]模式，并通过对不同对象的类型转换来访问特殊信息：

```
public String extractText()...
    while (nodes.hasMoreNodes()) {
        Node node = nodes.nextNode();
        if (node instanceof StringNode) {
            StringNode stringNode = (StringNode)node;
            results.append(stringNode.getText());
        } else if (node instanceof LinkTag) {
            LinkTag linkTag = (LinkTag)node;
            if (isPreTag)
                results.append(link.getLinkText());
            else
                results.append(link.getLink());
        } else if ...
    }
```

如果对象类型转换不频繁的话，那么通过这种转换来访问它们的特殊接口是可以接受的。然而，如果这种转换变得很频繁，就值得考虑更好的设计。Visitor 能提供更好的解决方案吗？也许能——除非你的互不相同的类含有坏味异曲同工的类[F]。在后一种情况下，你可能会重构这些类，使它们拥有统一的接口，因此可以不使用转型或实现 Visitor 而聚集信息。另一方面，如果你不能通过一个通用的接口把互不相同的类变得类似，并且还有很多的外部聚集方法，重构到 Visitor 就可能会是更好的解决方案。本节开始处的代码简图以及示例一节就展示了这种情况。

最后，有时，你可能既没有外部聚集方法也没有内部聚集方法，但是把现有代码替换为 Visitor 仍然可以改进你的设计。在 HTML Parser 那个项目中，我们曾经通过编写两个新的子类完成了信息聚集的步骤，如下图所示。

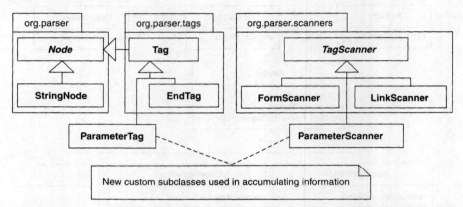

研究了自己编写的新子类后，我们意识到可以使用一个 Visitor 来替换这两个子类，而且可以使代码变得更简单、更简洁。但是我们并没有急于实现这个 Visitor，我们认为在执行这个并不简单的重构之前，需要更进一步的理由。当我们在 HTML Parser 的客户代码中找到了几个外部聚集方法的时候，这个理由就出现了。这阐明了在决定要重构到 Visitor 时应该进行的思考，因为这个重构绝不是简单的转换。

如果还未实现 Visitor 必须访问的类集合会频繁增长，那么通常的建议是避免使用 Visitor 解决方案，因为它涉及为每个新的可访问的类编写一个接受方法以及在 Visitor 中编写想用的访问方法。另一方面，最好不要教条主义地遵守这条规则。当我考虑在 HTML Parser 项目上重构到 Visitor 的时候，我发现 Visitor 需要访问的类的初始集合过大，变化得也过于频繁。在做了进一步调查后，我决定只有类的一个子集真正需要访问；其余的类可以通过使用它们超类的访问方法访问。

有些程序员反对使用 Visitor 模式，但他们的理由站不住脚。例如，一位程序员告诉我说它不喜欢 Visitor，因为它"会破坏封装性"。换句话说，如果 Visitor 不能在一个被访问者上执行它的操作，因为这个被访问者的一个或多个方法不是公共的，那么这些方法必须被声明为公共方法（因此破坏了封装性），才能使 Visitor 正常工作。这不假。但是许多 Visitor 的实现并不要求改变被访问者的可见性（参见 10.2.3 节），而且，即使需要改变几处的可见性，危及被访问者封装性的代价也比不使用 Visitor 的代价要低很多。

另一个反对 Visitor 模式的理由是它会使代码变得过于复杂和晦涩。一位程序员曾说过，"访问循环并不能告诉你代码真正执行了什么"。"访问循环"是那些迭代对象结构中的被访问者并把

Visitor 传入每个被访问者的代码。访问循环确实不能展示出具体的 Visitor 究竟做了什么，但是如果你理解 Visitor 模式，你就能搞清楚访问循环做了什么。因此，Visitor 实现的复杂或晦涩很大程度上依赖于程序员本人或开发团队对这个模式的熟悉程度。此外，如果系统中真的需要 Visitor，它就会把过分复杂或晦涩的代码变得简单。

Visitor 模式的能力和复杂性是把双刃剑。当你需要 Visitor 的时候，你就真的需要它，正如 Ralph 所说的那样。不幸的是，有太多的程序员为了错误的目的而使用 Visitor，像炫耀自己或是陶醉于模式中。在重构到 Visitor 之前，一定要考虑是否有更简单的解决方案，并且一定明智地使用这个模式。

优点与缺点

+ 调节多个算法，使其适用于不同的对象结构。
+ 访问相同或不同继承结构中的类。
+ 调用不同类上的类型特定方法，无需类型转换。
− 当可以使用通用接口把互不相同的类变成相似类的时候，会增加代码的复杂度。
− 新的可访问类需要新的接收方法，每个 Visitor 中需要新的访问方法。
− 可能会破坏被访问类的封装性。

10.2.2　做法

聚集方法会从互不相同的类中收集信息。外部聚集方法存在于这些互不相同的类之外的类中，而内部聚集方法存在于这些互不相同的类中。在本节中，将会看到针对内部和外部聚集方法的做法。此外，我也提供了 Visitor 替换重构的做法，在既没有内部聚集方法，也没有外部聚集方法的情况下，仍然可以通过这种把聚集代码重写成 Visitor 的做法获得更好的设计。

1. 外部聚集方法

在本重构中，包含聚集方法的类称为主类（host）。使主类扮演 Visitor 的角色可行吗？如果你的主类已经扮演了太多的角色，那么请在本重构之前应用用方法对象替换方法[F]重构把聚集方法提炼到一个新的主类中。

(1) 在聚集方法中，找出被聚集逻辑多次引用的任何本地变量。把这些本地变量转换成主类的字段。

✓ 编译并通过测试。

(2) 在针对一个聚集源（accumulation source）的聚集逻辑上应用提炼函数[F]重构，聚集源是含有被聚集信息的类。调整提炼出的方法，使它接受一个聚集源类型的参数。并把提炼出的方法命名为 accept(...)。

325

在针对其他聚集源的聚集逻辑重复这一步骤。

✓ 编译并通过测试。

(3) 在 accept(...)方法的方法体上应用提炼函数[F]重构，产生一种称为 visitClassName() 的方法，其中 ClassName 是与该 accept(...)方法相关联的聚集源的名字。这个新方法会接收一个聚集源类型的参数（例如，visitEndTag(EndTag endTag)）。

对每个 accept(...)方法重复这一步骤。

(4) 应用搬移函数[F]重构，把每个 accept(...)方法都搬移到相应的聚集源中。现在，accept(...)方法将接收一个主类类型的参数。

✓ 编译并通过测试。

(5) 在聚集方法中，在对 accept(...)的每个调用上应用将方法内联化[F]重构。

✓ 编译并通过测试。

(6) 对聚集源的超类和/或接口应用统一接口（11.2 节）重构，这样也许可以多态地调用 accept(...)方法。

(7) 泛化聚集方法，使其多态地调用每个聚集源的 accept(...)方法。

✓ 编译并通过测试。

(8) 在主类上应用提炼接口[F]重构，产生一个访问者接口（visitor interface），这个接口声明了主类将要实现的访问方法。

(9) 修改 accept(...)方法每次出现时的签名，使其使用访问者接口。

✓ 编译并通过测试。

现在，主类就是一个 Visitor 了。

2．内部聚集方法

当聚集方法存在于包含聚集信息的互不相同的类中的时候，请使用这种做法。这种做法假设这些互不相同的类是一个类继承接口的一部分，因为这种情况很常见。这种做法的步骤很大程度上基于论文 *A Refactoring Tool for Smalltalk* [Roberts, Brant, and Johnson]中定义的做法。

(1) 通过创建一个新类来创建一个访问者。考虑在类的名字中使用 visitor 这个词。

✓ 编译。

(2) 识别被访问者（visitee），即访问者将要从中聚集数据的类。在访问者中添加一种称为 visitClassName(...)的方法，其中 ClassName 是被访问者的类名（例如，visitor. visitEndTag(...)）。把获取方法的返回值类型声明为 void，并使它接收一个被访问者作为参数

（例如，public void visitStringNode(StringNode stringNode)）。

对类继承结构中将被访问者从中聚集信息的每个类重复这一步骤。

✓ 编译。

(3) 在每个被访问者中，在每种聚集方法的方法体上应用提炼函数[F]重构，使其调用一种将称为接受方法（accept method）的新方法。使接受方法在所有类中的签名都一致，这样每种聚集方法就都使用相同的代码调用其接受方法。

✓ 编译并通过测试。

(4) 现在，每个类中的聚集方法都是一致的了。应用函数上移[F]重构，把它搬移到类继承结构中的超类当中。

✓ 编译并通过测试。

(5) 应用添加参数[F]重构，为接受方法的每个实现添加一个访问者类型的参数。修改聚集方法，使其在调用接受方法时，传入访问者的一个新的实例。

✓ 编译。

(6) 在被访问者的接受方法上应用搬移函数[F]重构，从而为访问者产生访问方法。现在，接受方法调用一种访问方法，后者接收一个被访问者类型的参数。

例如，假设有个被访问者称为 StringNode，有个访问者称为 Visitor，我们就会产生如下代码：

```
class StringNode...
    void accept(Visitor visitor) {
        visitor.visitStringNode(this);
    }

class Visitor {
    void visitStringNode(StringNode stringNode)…
}
```

对每个被访问者重复这一步骤。

✓ 编译并通过测试。

3. Visitor替换（Visitor Replacement）

本重构假设你既没有内部聚集方法，也没有外部聚集方法，然而如果使用 Visitor 进行替换，代码将变得更好。

(1) 通过创建一个新类来创建一个具体访问者。考虑在这个类的名字中使用 visitor 这个词。

如果创建了第二个具体访问者，那么请在第一个具体访问者上应用提炼超类[F]重构，从而创建一个抽象访问者，并且修改所有被访问者（在步骤(2)中定义）中的消息签名，使其接受这个抽象访问者，而不是具体访问者。在应该提炼超类[F]重构的时候，不要上移任何具体访问者特有的，也不通用于所有具体访问者的数据或方法。

(2) 识别被访问者，即具体访问者将要从中聚集数据的类。在具体访问者中添加一个称为 visitClassName 的方法，其中 ClassName 是被访问者的名字（例如，concreteVisitor.visit-EndTag(...)）。把访问方法的返回值类型声明为 void，并使它接收一个被访问者作为参数（例如，public void visitStringNode(StringNode stringNode)）。

(3) 为同一个被访问者（步骤(2)中的）添加一个公共的接受方法，它接收一个具体访问者（或抽象访问者，如果有的话）作为参数。令这个方法的方法体回调具体访问者的访问方法，并传入这个被访问者的引用。

例如：

```
class Tag...
   public void accept(NodeVisitor nodeVisitor){
   nodeVisitor.visitTag(this)
   }
```

(4) 对每个被访问者重复步骤(2)和步骤(3)。现在，就拥有了具体访问者的框架了。

(5) 在具体访问者中实现一个公共方法，用来获取聚集的结果。使聚集结果为空或 null。

✓ 编译。

(6) 在聚集方法中，为具体访问者定义一个本地字段并进行实例化。然后，找出从每个被访问者中聚集信息的聚集方法代码，添加调用每个被访问者的接受方法的代码，并传入具体访问者的实例。之后，更新聚集方法，使其使用具体访问者的聚集结果，而不是原来的结果。最后这一步会使得代码不能通过测试。

(7) 实现具体访问者中的每个访问方法的方法体。这一步很大，而且没有统一的做法，因为具体情况会各不相同。在把聚集方法中的代码复制到访问方法中时，通过以下几点进行调整：

❑ 确保每种访问方法都能够从它的被访问者中获得必要的数据/逻辑。

❑ 在具体访问者中声明并初始化会被两个或更多访问方法使用的字段。

❑ 把必要的数据（在聚集中使用的）从聚集方法传入到具体访问者的构造函数中（例如，TagAccumulatingVisitor 聚集匹配字符串 tagNameToFind 的所有标签实例，这个字符串就是构造函数参数所提供的）。

✓ 编译并通过测试，聚集方法返回的聚集结果现在是正确的了。

(8) 尽可能多地从聚集方法中删除旧代码。

✓ 编译并通过测试。

(9) 现在，代码应该会迭代一个对象集群，并为每个被访问者的接受方法传入具体访问者。如果某些被迭代的对象没有接受方法，就在这些类中（或它们的基类中）定义什么都不做的接受方法，这样迭代代码在调用接受方法时就无需区分对象了。

✓ 编译并通过测试。

(10) 在聚集方法的迭代代码上应用提炼函数[F]重构,创建一个本地接受方法。这个新方法应该接收具体访问者作为它的唯一参数,迭代一个对象集群,并把具体访问者传入每个对象的接受方法。

(11) 把这个本地接受方法搬移到一个更适合它的地方,比如其他客户代码能够很容易地访问的类。

✓ 编译并通过测试。

10.2.3 示例

想要在真实世界中找到重构到 Visitor 确实有意义的情况需要很大的耐心。在重构一个开源的、流 HTML Parser 的代码时,我找到了很多这样的例子。我将要在这里讨论的重构发生在一个外部聚集方法上。为了帮助你理解这次重构,我需要简单介绍一下这个解析器是如何工作的。

当这个解析器解析 HTML 或 XML 时,它会辨认标签和字符串。例如,考虑下面的 HTML:

```
<HTML>
    <BODY>
        Hello, and welcome to my Web page! I work for
        <A HREF="http://industriallogic.com">
            <IMG SRC="http://industriallogic.com/images/logo141x145.gif">
        </A>
    </BODY>
</HTML>
```

在解析这段 HTML 的时候,解析器可以辨认出如下几个对象:

❑ Tag (对应<BODY>标签);
❑ StringNode (对应 String, "Hello, and welcome...");
❑ LinkTag (对应<A HREF="...">...</A>标签);
❑ ImageTag (对应<IMG SRC="...">标签);
❑ EndTag (对应</BODY>标签)。

解析器的使用者通常会从 HTML 或 XML 文档中聚集信息。TextExtractor 类提供了一种从文档中聚集文本数据的简单方法。该类的核心是一个称为 extractText()的方法:

```
public class TextExtractor...
    public String extractText() throws ParserException {
        Node node;
        boolean isPreTag = false;
        boolean isScriptTag = false;
        StringBuffer results = new StringBuffer();
```

330

10

```
        parser.flushScanners();
        parser.registerScanners();

        for (NodeIterator e = parser.elements(); e.hasMoreNodes();) {
            node = e.nextNode();
            if (node instanceof StringNode) {
                if (!isScriptTag) {
                    StringNode stringNode = (StringNode) node;
                    if (isPreTag)
                        results.append(stringNode.getText());
                    else {
                        String text = Translate.decode(stringNode.getText());
                        if (getReplaceNonBreakingSpace())
                            text = text.replace('\u00a0', ' ');
                        if (getCollapse())
                            collapse(results, text);
                        else
                            results.append(text);
                    }
                }
            } else if (node instanceof LinkTag) {
                LinkTag link = (LinkTag) node;
                if (isPreTag)
                    results.append(link.getLinkText());
                else
                    collapse(results, Translate.decode(link.getLinkText()));
                if (getLinks()) {
                    results.append("<");
                    results.append(link.getLink());
                    results.append(">");
                }
            } else if (node instanceof EndTag) {
                EndTag endTag = (EndTag) node;
                String tagName = endTag.getTagName();
                if (tagName.equalsIgnoreCase("PRE"))
                    isPreTag = false;
                else if (tagName.equalsIgnoreCase("SCRIPT"))
                    isScriptTag = false;
            } else if (node instanceof Tag) {
                Tag tag = (Tag) node;
                String tagName = tag.getTagName();
                if (tagName.equalsIgnoreCase("PRE"))
                    isPreTag = true;
                else if (tagName.equalsIgnoreCase("SCRIPT"))
                    isScriptTag = true;
            }
        }
        return (results.toString());
    }
```

331

这段代码迭代解析器返回的所有结点，判定每个结点的类型（使用 Java 的 instanceof 操作符），然后执行类型转换，并在一些本地变量和用户可配置的布尔开关项的帮助下，从每个结点中聚集数据。

为了决定是否要重构这段代码或如何重构，我考虑下面几个问题：

- Visitor 的实现会提供很简单、更简洁的解决方案吗？
- Visitor 的实现会引起解析器的其他地方或客户代码中的类似重构吗？
- 有比 Visitor 更简单的解决方案吗？例如，可以使用一种通用方法从每个结点聚集信息吗？
- 现有的代码足够简单了吗？

我很快就确定，不能使用一个通用的聚集方法从每个结点聚集信息。比如，这段代码通过调用两个不同的方法收集 LinkTag 的全部文本或仅仅收集它的链接（例如，URL）。我还确定，没有简单的办法可以避免所有的 instanceof 调用和类型转换，除非使用 Visitor。那么这值得吗？我觉得值得，因为使用 Visitor 还可以改进解析器的其他地方和客户代码。

在开始重构之前，我必须决定 TextExtractor 类是否应该扮演 Visitor 的角色，还是应该从中提炼出一个新类来搬移 Visitor 的角色。在本例中，因为 TextExtractor 只承担文本提取的责任，所以我认为它会是一个很好的 Visitor。做出选择之后，我就开始了本次重构。

332

(1) 聚集方法 extractText() 含有 3 个被条件声明的多个分支引用的本地变量。我把这 3 个本地变量转换成 TextExtractor 的字段：

```
public class TextExtractor...
    private boolean isPreTag;
    private boolean isScriptTag;
    private StringBuffer results;

    public String extractText()...
        boolean isPreTag = false;
        boolean isScriptTag = false;
        StringBuffer results = new StringBuffer();
        ...
```

编译并通过测试，确保这些改动正常运行。

(2) 现在，我在针对 StringNode 类型的第一段聚集代码上应用提炼函数[F]重构：

```
public class TextExtractor...
    public String extractText()...
        ...
        for (NodeIterator e = parser.elements(); e.hasMoreNodes();) {
            node = e.nextNode();
            if (node instanceof StringNode) {
                accept(node);
            } else if (...

    private void accept(Node node) {
        if (!isScriptTag) {
            StringNode stringNode = (StringNode) node;
```

10

```
            if (isPreTag)
                results.append(stringNode.getText());
            else {
                String text = Translate.decode(stringNode.getText());
                if (getReplaceNonBreakingSpace())
                    text = text.replace('\u00a0', ' ');
                if (getCollapse())
                    collapse(results, text);
                else
                    results.append(text);
            }
        }
    }
```

目前，accept()方法把node参数类型转换为StringNode。我应该为每个聚集源创建accept()方法，因此必须把这个方法定制为接收StringNode类型的参数：

```
public class TextExtractor...
    public String extractText()...
        ...
        for (NodeIterator e = parser.elements(); e.hasMoreNodes();) {
            node = e.nextNode();
            if (node instanceof StringNode) {
                accept((StringNode)node);
            } else if (...

    private void accept(StringNode stringNode)...
        if (!isScriptTag) {
            StringNode stringNode = (StringNode) node;
            ...
```

编译并通过测试之后，对其他所有的聚集源重复以上步骤。这会产生如下代码：

```
public class TextExtractor...
    public String extractText()...

        for (NodeIterator e = parser.elements(); e.hasMoreNodes();) {
            node = e.nextNode();
            if (node instanceof StringNode) {
                accept((StringNode)node);
            } else if (node instanceof LinkTag) {
                accept((LinkTag)node);
            } else if (node instanceof EndTag) {
                accept((EndTag)node);
            } else if (node instanceof Tag) {
                accept((Tag)node);
            }
        }
        return (results.toString());
    }
```

(3) 现在，在 accept(StringNode stringNode)方法的方法体上应用提炼函数[F]重构，产生 visitStringNode()方法：

```
public class TextExtractor...
    private void accept(StringNode stringNode) {
        visitStringNode(stringNode);
    }

    private void visitStringNode(StringNode stringNode) {
        if (!isScriptTag) {
            if (isPreTag)
                results.append(stringNode.getText());
        else {
            String text = Translate.decode(stringNode.getText());
            if (getReplaceNonBreakingSpace())
                text = text.replace('\u00a0', ' ');
            if (getCollapse())
                collapse(results, text);
            else
                results.append(text);
        }
    }
}
```

编译并通过测试之后，对其他所有的 accept()方法重复以上步骤，产生如下代码：

```
public class TextExtractor...
    private void accept(Tag tag) {
        visitTag(tag);
    }
    private void visitTag(Tag tag)...

    private void accept(EndTag endTag) {
        visitEndTag(endTag);
    }
    private void visitEndTag(EndTag endTag)...

    private void accept(LinkTag link) {
        visitLink(link);
    }
    private void visitLink(LinkTag link)...

    private void accept(StringNode stringNode) {
        visitStringNode(stringNode);
    }
    private void visitStringNode(StringNode stringNode)...
```

(4) 接下来，我应用搬移函数[F]重构，把每种 accept()方法搬移到相应的聚集源中。例如，这个方法：

```
public class TextExtractor...
    private void accept(StringNode stringNode) {
        visitStringNode(stringNode);
    }
```

将被搬移到 StringNode：

```
public class StringNode...
    public void accept(TextExtractor textExtractor) {
        textExtractor.visitStringNode(this);
    }
```

并将其调整为调用 StringNode，像这样：

```
public class TextExtractor...
    private void accept(StringNode stringNode) {
        stringNode.accept(this);
    }
```

这一转换需要修改 TextExtractor，把它的 visitStringNode(...)方法声明为 public。编译并通过测试之后，重复以上步骤，把针对 Tag、EndTag 和 Link 的 accept()方法都搬移到这些类中。

(5) 现在，就可以对 extractText()中的每个 accept()调用应用使方法内联化[F]重构了：

```
public class TextExtractor...
    public String extractText()...
        for (NodeIterator e = parser.elements(); e.hasMoreNodes();) {
            node = e.nextNode();
            if (node instanceof StringNode) {
                ((StringNode)node).accept(this);
            } else if (node instanceof LinkTag) {
                ((LinkTag)node).accept(this);
            } else if (node instanceof EndTag) {
                ((EndTag)node).accept(this);
            } else if (node instanceof Tag) {
                ((Tag)node).accept(this);
            }
        }
        return (results.toString());
    }

    private void accept(Tag tag) {
        tag.accept(this);
    }
    private void accept(EndTag endTag) {
        endTag.accept(this);
    }

    private void accept(LinkTag link) {
        link.accept(this);
    }

    private void accept(StringNode stringNode) {
        stringNode.accept(this);
    }
```

编译并通过测试，确保一切正常。

(6) 现在，我希望 extractText()多态地调用 accept()，而不是不得不对 node 进行类型转换才能为每个聚集源调用适当的 accept()方法。为此,我对与 StringNode、LinkTag、Tag 和 EndTag
相关的超类和接口应用统一接口 (11.2 节) 重构:

```
public interface Node...
    public void accept(TextExtractor textExtractor);

public abstract class AbstractNode implements Node...
    public void accept(TextExtractor textExtractor) {
    }
```

(7) 现在,就可以修改 extractText(),使其动态地调用 accept()方法了:

```
public class TextExtractor...
    public String extractText()
        ...
        for (NodeIterator e = parser.elements(); e.hasMoreNodes();) {
            node = e.nextNode();
            node.accept(this);
        }
```

编译并通过测试,确保一切正常。

(8) 现在,从 TextExtractor 提炼出一个访问者接口,像这样:

```
public interface NodeVisitor {
    public abstract void visitTag(Tag tag);
    public abstract void visitEndTag(EndTag endTag);
    public abstract void visitLinkTag(LinkTag link);
    public abstract void visitStringNode(StringNode stringNode);
}

public class TextExtractor implements NodeVisitor...
```

(9) 最后一步是修改每个 accept()方法,使其接收 NodeVisitor 类型的参数,而不是
TextExtractor 类型:

```
public interface Node...
    public void accept(NodeVisitor nodeVisitor);

public abstract class AbstractNode implements Node...
    public void accept(NodeVisitor nodeVisitor) {
    }

public class StringNode extends AbstractNode...
    public void accept(NodeVisitor nodeVisitor) {
        nodeVisitor.visitStringNode(this);
    }
```

337

10

// ...

编译并通过测试,确保 TextExtractor 现在像 Visitor 一样优雅地工作。本次重构为解析器
中其他到 Visitor 的重构铺平了道路,不过我可得先好好地休息一会儿了。

338

第 11 章

实用重构 *11*

本章中的重构是一些低级别的转换，它们会被重构目录中高级别的重构使用。这些重构也可以和《重构》[F]一书中的重构很好地协作。

链构造函数（11.1 节）重构通过使构造函数彼此调用去除构造函数中的重复代码。这个重构会在用 Creation Method 替换构造函数（6.1 节）重构中用到。

当需要一个超类和/或接口来共享子类的相同接口时，统一接口（11.2 节）重构就可以派上用场。应用这一重构的通常动机是能够多态地使用对象。重构将装饰功能搬移到 Decorator（7.3 节）和将聚集操作搬移到 Visitor（10.2 节）都会使用到这一重构。

当一个字段被赋值为局部实例化的值，而你更希望把这个值作为参数传递进来的时候，就可以使用提取参数（11.3 节）重构。这在很多情况下都是很有帮助的，尤其是将装饰功能搬移到 Decorator（7.3 节）重构，它会在应用了以委托取代继承[F]重构后，马上使用这一重构。

11.1 链构造函数

有很多包含重复代码的构造函数。

把构造函数链接起来，从而获得最少的代码重复。

```java
public class Loan {
    ...
    public Loan(float notional, float outstanding, int rating, Date expiry) {
        this.strategy = new TermROC();
        this.notional = notional;
        this.outstanding = outstanding;
        this.rating =rating;
        this.expiry = expiry;
    }
    public Loan(float notional, float outstanding, int rating, Date expiry, Date maturity) {
        this.strategy = new RevolvingTermROC();
        this.notional = notional;
        this.outstanding = outstanding;
        this.rating = rating;
        this.expiry = expiry;
        this.maturity = maturity;
    }
    public Loan(CapitalStrategy strategy, float notional, float outstanding,
                int rating, Date expiry, Date maturity) {
        this.strategy = strategy;
        this.notional = notional;
        this.outstanding = outstanding;
        this.rating = rating;
        this.expiry = expiry;
        this.maturity = maturity;
    }
}
```

⬇

```java
public class Loan {
    ...
    public Loan(float notional, float outstanding, int rating, Date expiry) {
        this(new TermROC(), notional, outstanding, rating, expiry, null);
    }
    public Loan(float notional, float outstanding, int rating, Date expiry, Date maturity) {
        this(new RevolvingTermROC(), notional, outstanding, rating, expiry, maturity);
    }
    public Loan(CapitalStrategy strategy, float notional, float outstanding,
                int rating, Date expiry, Date maturity) {
        this.strategy = strategy;
        this.notional = notional;
        this.outstanding = outstanding;
        this.rating = rating;
        this.expiry = expiry;
        this.maturity = maturity;
    }
}
```

340

11.1.1 动机

在类的两个或多个构造函数中存在重复代码会导致麻烦。如果有人为类添加了新的变量并更新了一个构造函数来初始化这个变量，但是忘记了更新其他的构造函数——砰！错误就会马上出现。类中的构造函数越多，重复代码的伤害就越大。因此，应该减少或去除构造函数中的重复代码。

11

我们通常通过构造函数链接（constructor chaining）来完成这一重构：特殊的构造函数会调用更通用的构造函数，直到到达最后一个构造函数。如果在每个链接的末端都有一个构造函数，那么它就是个全包含构造函数（catch-all constructor），因为它会处理所有的构造函数调用。全包含构造函数往往要接受比其他构造函数多的参数。

如果发现类中那么多的构造函数降低了它的可用性，请考虑应用用 Creation Method 替换构造函数（6.1 节）重构。

11.1.2　做法

(1) 找出含有重复代码的两个构造函数。确定其中一个构造函数是否可以调用另一个，以便从一个构造函数中安全地（并且最好是容易地）删除重复代码。然后就让那个构造函数调用另一个构造函数，从而减少或去除重复代码。

✓ 编译并通过测试。

(2) 对类中的所有构造函数重复步骤(1)，包括已经处理过的那些构造函数，以便在所有构造函数中获得最少的代码重复。

(3) 改变那些不需要公共的构造函数的可见性。

✓ 编译并通过测试。

11.1.3　示例

在本例中，我将使用本节开始处代码简图中展示的场景。一个 Loan 类含有三个构造函数，用来代表不同类型的贷款，其中就含有大量丑陋的重复代码：

```
public Loan(float notional, float outstanding, int rating, Date expiry) {
    this.strategy = new TermROC();
    this.notional = notional;
    this.outstanding = outstanding;
    this.rating = rating;
    this.expiry = expiry;
}

public Loan(float notional, float outstanding, int rating, Date expiry, Date maturity) {
    this.strategy = new RevolvingTermROC();
    this.notional = notional;
    this.outstanding = outstanding;
    this.rating = rating;
    this.expiry = expiry;
    this.maturity = maturity;
}

public Loan(CapitalStrategy strategy, float notional, float outstanding, int rating,
            Date expiry, Date maturity) {
    this.strategy = strategy;
```

```
    this.notional = notional;
    this.outstanding = outstanding;
    this.rating = rating;
    this.expiry = expiry;
    this.maturity = maturity;
}
```

让我们看看当我重构这些代码时会发生什么。

(1) 我先研究前两个构造函数。它们确实含有重复代码，但是第三个构造函数中也一样。考虑哪个构造函数更易于被第一个构造函数调用。我发现通过最少的改动，它就可以调用第三个构造函数。因此我把第一个构造函数修改为：

```
public Loan(float notional, float outstanding, int rating, Date expiry) {
    this(new TermROC(), notional, outstanding, rating, expiry, null);
}
```

✓ 编译并通过测试，这些改动都能正常工作。

(2) 重复步骤(1)，尽可能多地去除重复代码。这把我引到了第二个构造函数上。似乎它也可以调用第三个构造函数，如下所示：

```
public Loan(float notional, float outstanding, int rating, Date expiry, Date maturity) {
    this(new RevolvingTermROC(), notional, outstanding, rating, expiry, maturity);
}
```

现在，我知道第三个构造函数就是这个类的全包含构造函数了，因为它处理了所有的构造细节。

(3) 我检查了三个构造函数的所有调用代码，以确定是否能够修改它们的公共可见性。在本例中，我不能。（相信我的话——我不能展示调用这些构造函数的代码。）

✓ 编译并通过测试，本次重构就完成了。

342

11

11.2   统一接口

需要一个与其子类具有相同接口的超类和/或接口。

找到所有子类含有而超类/接口没有的公共方法。把这些方法复制到超类中，并修改每个方法，使其执行空行为。

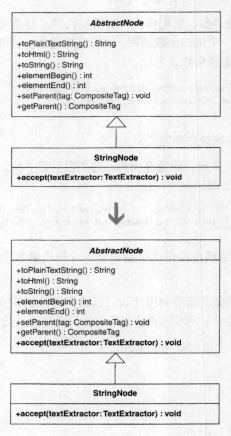

343

11.2.1   动机

为了多态地使用对象，对象的类需要共享一个通用的接口，无论是超类还是真正的接口。本重构就是为了解决一个超类或接口需要含有与其子类相同的接口的情况。

我曾经在两个场合下需要使用这一重构。一次是当我应用将装饰功能搬移到 Decorator（7.3 节）重构时，一个形成中的 Decorator[DP]需要与其子类相同的接口。为了达到这一点，最简单的方法就是应用统一接口重构。类似地，在一次应用将聚集操作搬移到 Visitor（10.2 节）重构的过程中，如果某些对象可以共享同一接口，就可以去除重复代码，而这正是统一接口重构能够做到的。

对超类和子类应用这一重构后，有时我会在超类上应用提炼接口[F]重构，产生一个单独的接口。当抽象基类含有状态字段，而我不希望这个通用基类的实现类，如一个 Decorator，继承这些字段时，我才会这么做。具体示例参见将装饰功能搬移到 Decorator（7.3 节）重构。

统一接口重构通常只是为达到其他目的的途中的一个临时步骤。例如，执行了这一重构之后，你可能还会执行一系列的重构来去除你在统一接口时添加的方法。其他时候，在应用了提炼接口[F]重构之后，抽象基类中的某个方法的默认实现可能就不再需要了。

11.2.2　做法

找出一种遗漏方法（missing method），即子类含有的而未在超类和/或接口中声明的公开方法。

把这个遗漏方法添加到超类/接口中。如果是把遗漏方法添加到超类，把它的方法体改为执行空行为。

✓ 编译。

重复这一步骤，直到超类/接口和子类共享同一接口为止。

✓ 测试所有超类相关的代码是否能够正常工作。

344

11.2.3　示例

我需要统一名为 StringNode 的子类和它的超类 AbstractNode 的接口。StringNode 的绝大多数公共方法都继承自 AbstractNode，除了这个方法：

```
public class StringNode extends AbstractNode...
   public void accept(textExtractor: TextExtractor) {
      // 实现细节……
   }
}
```

我把这个 accept(...)方法赋值到 AbstractNode 中，修改它的方法体，使其提供空行为：

```
public abstract class AbstractNode...
   public void accept(textExtractor: TextExtractor) {
   }
```

现在，AbstractNode 和 StringNode 的接口就统一起来了。编译并通过测试，确保一切正常运行。重构结束。

345

11

11.3 提取参数

一个方法或构造函数将一个字段赋值为一个局部实例化的值。

把赋值声明的右侧提取到一个参数中，并通过客户代码提供的参数对字段进行赋值。

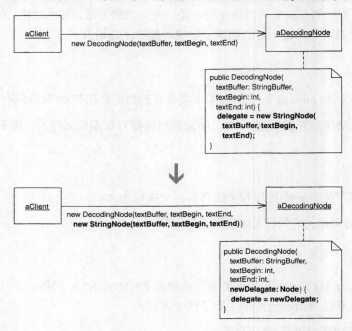

11.3.1 动机

有时候，希望把一个对象内部的字段赋值为其他对象提供的值。如果这个字段已经被赋值为了一个局部变量，可以把赋值声明的右侧提取成一个参数，这样客户代码而不是字段的主对象就可以提供这个字段的值了。

当执行过以委托取代继承[F]重构之后，我就需要应用这一重构。在那个重构的最后，委托类会含有一个针对其委托到的对象（被委托者）的字段。委托类把这个委托字段赋值为了委托的一个新的实例。而我需要一个客户代码对象来提供委托的值。提取参数重构使我可以简单地把委托的实例化代码提取到客户代码提供的参数值中。

11.3.2 做法

(1) 只有当字段的赋值声明存在于构造函数或方法中的时候，才能使用这一重构。如果它不在构造函数或方法中的话，就把它搬移到构造函数或方法中。

(2) 应用添加参数[F]重构，传入字段的值，使用字段的类型作为参数的类型。把参数的值修改为字段在主对象中被赋值的值。修改赋值声明，使字段被赋值为新的参数。

　✓ 编译并通过测试。

　　完成这一重构后，可以应用移除参数[F]重构把多余的参数去除。

11.3.3　示例

　　本例来自执行将装饰功能搬移到 Decorator（7.3 节）重构的过程中的一个步骤。HTML Parser 项目中的 DecodingNode 类含有一个称为 delegate 的字段，它在 DecodingNode 的构造函数中被赋值为 StringNode 的一个新的实例：

```
public class DecodingNode implements Node...
    private Node delegate;

    public DecodingNode(StringBuffer textBuffer, int textBegin, int textEnd) {
        delegate = new StringNode(textBuffer, textBegin, textEnd);
    }
```

　　给出以上代码，应用本重构如下：

　　(1) 因为 delegate 已经在 DecodingNode 的构造函数中被赋值了，所以转到下一步骤。

〔347〕

　　(2) 应用添加参数[F]重构，并使用 new StringNode(textBuffer, textBegin, textEnd)作为默认值。然后修改赋值声明，使其将 delegate 赋值为新参数的值，newDelegate：

```
public class DecodingNode implements Node...
    private Node delegate;

    public DecodingNode(StringBuffer textBuffer, int textBegin, int textEnd,
                        Node newDelegate) {
        delegate = newDelegate;
    }
```

　　这一改动涉及更新客户代码，StringNode，使其为 newDelegate 传值：

```
public class StringNode...
    ...
    return new DecodingNode(
        new StringNode(textBuffer, textBegin, textEnd)
    );
```

编译并通过测试，确保一切正常运行。

　　完成这一重构之后，将应用移除参数[F]重构，从而使 Decoding 的构造函数变为：

```
public class DecodingNode implements Node...
    private Node delegate;

    public DecodingNode(~~StringBuffer textBuffer, int textBegin, int textEnd,~~
                        Node newDelegate) {
        delegate = newDelegate;
    }
```

〔348〕

　　现在，这个短小可爱的重构就完成了。

11

跋

让我们回到高中时代。在代数课上，老师一开始总是教我们很多不同的数学变换，如"在等式两边添加相同的值"或"加法的可交换性使我们可以交换它的操作数"。这会持续好几个星期，然后老师换了档，于是真正的代数开始了："一列离开纽约去往西部的火车……"在经历了最初的慌乱之后（这些慌乱甚至让你感觉好像真的登上了那列火车一样），你终于平静下来，并开始用代数等式表示你所遇到的问题。然后开始对这些等式应用代数规则，并得到答案。

设计模式就是程序设计世界中的问题；重构就是代数。在读过《设计模式》[DP]之后，你就达到了这样一个层次，你会对自己说："早知道有这些模式，我的系统就会比现在干净很多了。"而你手中的这本书则介绍了几个示例问题，以及用重构操作表达的解决方案。

很多人都会阅读这本书，并试着记住实现这些模式的步骤。另外一些人会阅读这本书，并大声要求把这些比普通重构更大的重构添加到现有的编程工具中。这两种态度都不正确。本书的真正价值并不在于达到某一特定模式的具体步骤，而在于理解产生这些步骤的思考过程。通过学习用重构的代数考虑软件系统，你就学会了能够解决设计问题而又能保持行为不变的方法，而且你也不会被束缚在这本书中展示的实际问题的很小的子集中。

那么，认真阅读 Joshua 展示给你的这些范例吧，好好研究，找到重构之下的模式，探索引导这些特定步骤的深层思想。不要把本书当作参考书来读，要把它当做登堂入室的指南。

John Brant 和 Don Roberts
重构先驱，世界上第一个重构浏览器的作者

参 考 文 献

[Alexander, PL]

Alexander, Christopher. *A Pattern Language*. New York: Oxford University Press, 1977.

[Alexander, TWB]

Alexander, Christopher. *A Timeless Way of Building*. New York: Oxford University Press, 1979.

[Anderson]

Anderson, Bruce. "Null Object." UIUC Patterns Discussion Mailing List (*patterns@cs.uiuc.edu*), January 1995.

[Astels]

Astels, David. *Test-Driven Development, a Practical Guide*. Upper Saddle River, NJ: Prentice Hall, 2003.

[Barzun]

Barzun, Jacques. *Simple and Direct*, 4th ed. New York: HarperCollins, 2001.

[Beck, SBPP]

Beck, Kent. *Smalltalk Best Practice Patterns*. Upper Saddle River, NJ: Prentice Hall, 1997.

[Beck, TDD]

Beck, Kent. *Test-Driven Development*. Boston, MA: Addison-Wesley, 2002.

[Beck, XP]

Beck, Kent. *Extreme Programming Explained*. Reading, MA: Addison-Wesley, 1999.

[Beck and Gamma]

Beck, Kent, and Erich Gamma. JUnit Testing Framework. See also Erich Gamma and Kent Beck, "JUnit: A Cook's Tour," *Java Report*, May 1999.

[Bloch]

Bloch, Joshua. *Effective Java*. Boston, MA: Addison-Wesley, 2001.

[Cunningham]

Cunningham, Ward. "Checks: A Pattern Language of Information Integrity." In *Pattern Languages of Program Design*, eds. James O. Coplien and Douglas C. Schmidt. Reading, MA: Addison-Wesley, 1995.

[DP]

Gamma, Erich, Richard Helm, Ralph Johnson, and John Vlissides. *Design Patterns: Elements of Reusable Object-Oriented Software*. Reading, MA: Addison-Wesley, 1995.

[Evans]

Evans, Eric. *Domain-Driven Design*. Boston, MA: Addison-Wesley, 2003.

[Foote and Yoder]

Foote, Brian, and Joseph Yoder. "Big Ball of Mud." In *Pattern Languages of Program Design IV*, eds. Neil Harrison, Brian Foote, and Hans Rohnert. Boston, MA: Addison-Wesley, 2000.

[F]

Fowler, Martin. *Refactoring: Improving the Design of Existing Code*. Boston, MA: Addison-Wesley, 2000.

[Fowler, PEAA]

Fowler, Martin. *Patterns of Enterprise Application Architecture*. Boston, MA: Addison-Wesley, 2003.

[Fowler, UD]

Fowler, Martin. *UML Distilled*, 3rd ed. Boston, MA: Addison-Wesley, 2003.

[Gamma and Beck]

Gamma, Erich, and Kent Beck. *Contributing to Eclipse*. Boston, MA: Addison-Wesley, 2003.

[Kerievsky, PI]

Kerievsky, Joshua. "Pools of Insight: A Pattern Language for Study Groups."

[Kerievsky, PXP]

Kerievsky, Joshua. "Patterns & XP." In *Extreme Programming Examined*, eds. Giancarlo Succi and Michele Marchesi. Boston, MA: Addison-Wesley, 2001.

[Parnas]

Parnas, David. "On the Criteria to Be Used in Decomposing Systems into Modules." *Communications of the ACM*, 15(2), 1972.

[Roberts, Brant, and Johnson]

Roberts, Don, John Brant, and Ralph Johnson. "A Refactoring Tool for Smalltalk."

[Solomon]

Solomon, Maynard. *Mozart*. New York: HarperCollins, 1995.

[Vlissides]

Vlissides, John. "C++ Report." April 1998.

[Woolf]

Woolf, Bobby. "The Null Object Pattern." In *Pattern Languages of Program Design III*, eds. Robert C. Martin, Dirk Riehle, and Frank Buschmann. Reading, MA: Addison-Wesley, 1997.

索　引

索引中的页码为英文原书的页码，与书中边栏的页码一致。

A

Absorbing class（吸收类），117

Abstract Factory（抽象工厂），70-71

Accept methods（接受方法），327

Accumulation methods（聚集方法），315, 325-330

Accumulation refactorings（聚集重构）

Collecting Parameter pattern, 30, 313-319

Move Accumulation to Collecting Parameter（将聚集操作搬移到 Collecting Parameter），313-319

Move Accumulation to Visitor（将聚集操作搬移到 Visitor），320-338

Parameter pattern, 313-319

Visitor pattern, 31, 320-338

Active nothing（Active nothing 模式），302

Adapter classes（Adapter 类），249

Adapter pattern（Adapter 模式）

参见 Alternative Classes with Different Interfaces smell

参见 Duplicated Code smell

参见 Oddball Solution smell

Adapting with Anonymous Inner Classes（用匿名内部类进行适配），258-268

description（描述），247-257

extracting（提炼），258-268

patterns-based refactoring（基于模式的重构），30

vs. Facade pattern（Facade 模式），259-260

Adapting with Anonymous Inner Classes（用匿名内部类进行适配），258-268

Alexander, Christopher, 23-24, 26

Alternative Classes with Different Interfaces smell（异曲同工的类），43

参见 Unify Interfaces with Adapter

Anderson, Bruce, 302

APIs, supporting multiple versions（支持多个版本），258-268

Arnoldi, Massimo, 116

B

Barzun, Jacques, 12, 37

BDUF (big design up-front)（大规模的预先设计），34-35

Beck, Kent

on Composed Method（关于组合方法），123

continuous refactoring（持续重构），5

hard-coded notifications（硬编码的通知），237

identifying smells（识别坏味），37

information accumulation（信息聚集），314

JUnit, 33

pattern-directed refactoring（模式导向的重构），29

"red, green, refactor,"（"红，绿，重构，"），5

on Singletons（关于 Singleton），116

Smalltalk Best Practices Patterns, 313

TDD (test-driven development)（测试驱动开发），5

Big design up-front (BDUF)（大规模的预先设计），34-35

Bloch, Joshua, 59, 86, 288

Books and publications（书籍及出版物）

Checks: A pattern Language…, 24

Contributing to Eclipse, 24

Design Patterns, 24

Domain-Driven Design, 24

Extreme Programming Explained, 24

A Pattern Language, 23

Patterns of Enterprise Application Architectures, 24

Simple and Direct, 12

Smalltalk Best Practices Patterns, 313

Test-Driven Development, 6

Test-Driven Development: A Practical Guide, 6

A Timeless Way of Building, 23

Builder pattern（Builder 模式）. 参见 Primitive Obsession smell.

    description（描述）, 96-113

    encapsulating Composites（封装 Composite）, 96-113

    patterns-based refactoring（基于模式的重构）, 30

    performance improvement（性能改进）, 109-111

    Schema-Based Builder（基于模式的 Builder）, 111-113

C

Cascading notifications（串联通知）, 237

Catalogs of patterns（模式的分类）. 参见 *specific patterns*; *specific refactorings*.

    Design Patterns（设计模式）, 24

    Example section（示例一节）, 49

    HTML Parser, 50-51

    loan risk calculator（贷款风险计算程序）, 51

    Mechanics section（做法一节）, 48-49

    Motivation section（动机一节）, 48

    Name section（名称一节）, 47

    refactoring formats（重构的格式）, 47-49

    sketches（简图）, 47

    Summary section（小结一节）, 47-48

    Variations section（变体一节）, 49

    XML builders, 50

Catch-all constructors（全包含构造函数）, 341

Chain Constructors（链构造函数）, 340-342. 参见 Duplicated Code smell.

Chaining constructors（构造函数链接）, 340-342

Checks: A pattern Language…, 24

Child containers（含有子结点的类）, 216

Clarifying unclear code（澄清不清楚的代码）. 参见 Simplification refactorings.

Class pattern（类模式）, 286-295. 参见 Primitive Obsession smell.

Classes（类）. 参见 Subclasses.

    absorbing（吸收）, 117

    adapter（适配器）, 249

    child containers（含有子结点的类）, 216

    composite（组合）, 215

    context（上下文）, 168

core responsibility embellishments（核心职责装饰）, 144-165

delegating（委托）, 347

direct instantiation（直接实例化）, 80-87

double-dispatch（双分派）, 321

embellished（装饰的）, refactoring（重构）, 145-165

encapsulating, 80-87

excessive instances（过多的实例）, refactoring（重构）, 43

heterogeneous（不同的）, 320-338

information accumulation（信息聚集）, 320-338

interfaces（接口）, refactoring（重构）, 43

interpreting simple languages（解释简单的语言）, 269-284

multiple instance（多个实例）, 298

new adapter（新适配器）, 261

nonterminal expressions（非终结表达式）, 270

notifiers（通知者）, 238

one/many distinctions（一/多之分）, 224-235

overburdened adapters（负担过重的适配器）, 261

polymorphic creation（多态创建）, 88-95

receivers（接收者）, 238

Singletons, refactoring（重构）, 43-44

state superclass（状态超类）, 168

subject superclasses（主题超类）, 238

terminal expressions（终结表达式）, 270

unifying interfaces（统一接口）, 247-257, 343-345

visibility（可见性）, refactoring（重构）, 42-43

visitee（被访问者）, 327

Code（代码）

    accumulated clutter（累积的混乱）, 15-16

    clarifying（澄清）. 参见 Refactoring; Simplification refactorings; *specific refactorings*.

    continuous refactoring（持续重构）, 5, 13-14

    design debt（设计欠账）, 15-16

    duplicate（重复）. 参见 Duplicated Code smell.

    generalizing（泛化）. 参见 Generalization refactorings.

    human-readable（可读性好的代码）, 12-13

    implicit languages（隐式语言）, 271

    interpreting simple languages（解释简单的语言）, 269-284

    nonterminal expressions（非终结表达式）, 270

    patterns and complexity（模式和复杂度）, 31-32

    premature optimization（不成熟的优化）, 296-297

    problem indicators（问题指示标记）. 参见 smells.

    protecting（保护）. 参见 Protection refactorings.

    simplifying（简化）. 参见 Refactoring; Simplification

refactorings; *specific refactorings*.

   sprawl（蔓延），refactoring（重构），43, 68-79

   terminal expressions（终结表达式），270

   type safety（类型安全性），286-295

   uncalled（未被调用的），refactoring（重构），58

Code smells（代码坏味）. 参见 smells.

Collecting Parameter pattern（Collecting Parameter 模式），
   30, 313-319. 参见 Long Method smell.

Combinatorial Explosion smell（组合爆炸坏味），45

   参见 Replace Implicit Language with Interpreter.

Command map（命令映射），194

Command pattern（Command 模式），30, 191-201

   参见 Large Class smell

   参见 Long Method smell

   参见 Switch Statements smell

Communicating intention（表达意图），58

Components（组件），supporting multiple versions（支持多
   个版本），258-268

Compose Method（组合方法），30, 40, 123-128.
   参见 Long Method smell.

Composed Method pattern（Composed Method 模式），30,
   40, 121, 123-125. 参见 Long Method smell.

Composite classes（组合类），215

Composite pattern（Composite 模式）

   参见 Duplicated Code smell

   参见 Primitive Obsession smell description,
     generalization, 224-235

   description（描述），simplification（简化），178-190

   encapsulating（封装），96-113

   extracting（提取），214-223

   patterns-based refactoring（基于模式的重构），30,
     224-235

   replacing one/many distinctions（替换一/多之分），
     224-235

Composite refactoring（组合重构），17-20

Conditional Complexity smell（条件逻辑太复杂），41

   参见 Introduce Null Object

   参见 Move Embellishment to Decorator

   参见 Replace Conditional Logic with Strategy

   参见 Replace State-Altering Conditionals with State

Conditional dispatcher（条件调度程序），191-201

Conditional logic（条件逻辑）

   dispatching requests（调度请求），191-201

   executing actions（执行动作），191-201

   refactoring（重构），41, 44, 166-177

Constants（常量），type-unsafe（类型不安全），288

Constructors（构造函数）

   assigning values to fields（把值赋给字段），346-348

   catch-all（全包含），341

   chaining（链接），340-342

   communicating intention（表达意图），58

   dead（已经死掉的），58

   extracting parameters（提取参数），346-348

   naming（命名），57, 58

   refactoring（重构），57-67

   uncalled code（未被调用的代码），58

Context classes（上下文类），168

Continuous refactoring（持续重构），5

Creation Method pattern description（Creation Method 模式
   描述），57-67

   Extract Factory（提取 Factory），66-67

   Parameterized Creation Methods pattern（参数化 Creation
     Method 模式），65-66

   patterns-based refactoring（基于模式的重构），30

   vs. Factory Method，59

Creation refactorings（创建型重构）

   Builder pattern（Builder 模式）

     description（描述），96-113

     encapsulating Composites（封装 Compostie），96-113

     patterns-based refactoring（基于模式的重构），30

     performance improvement（性能改进），109-111

     Schema-Based Builder（基于模式的 Builder），111-113

   Creation Method pattern（Creation Method 模式）

     description（描述），57-67

     Extract Factory（提取 Factory），66-67

     Parameterized Creation Methods pattern（参数化
       Creation Method 模式），65-66

     patterns-based refactoring（基于模式的重构），30

     vs. Factory Method，59

   Encapsulate Classes with Factory（用 Factory 封装类），
     80-87

   Encapsulate Composite with Builder（用 Builder 封装
     Composite），18, 96-113

   Factory Method pattern（Factory Method 模式）

     description（描述），88-95

     patterns-based refactoring（基于模式的重构），31

     vs. Creation Method，59

   Factory pattern（Factory 模式）

     description（描述），Encapsulate Classes with Factory
      （用 Factory 封装类），80-87

description（描述），Move Creation Knowledge to Factory（将创建知识搬移到 Factory），68-79

　　patterns-based refactoring（基于模式的重构），31

Inline Singleton（内联 Singleton），114-120

Introduce Polymorphic Creation with Factory Method（用 Factory Method 引入多态创建），88-95

Move Creation Knowledge to Factory（将创建知识搬移到 Factory），68-79

Replace Constructors with Creation Method（用 Creation Method 替换构造函数），57-67

Creation sprawl（创建蔓延），69

Cunningham, Ward

　　acknowledgments（致谢），

　　continuous refactoring（持续重构），5

　　design debt（设计欠账），16

　　human-readable code（可读性好的代码），12-13

　　on Singletons（关于 Singleton），115

　　TTD (test-driven development)（测试驱动开发），5

D

Data sprawl（数据蔓延），refactoring（重构），43, 68-79

Dead constructors（已经死掉的构造函数），58

Declaration of Independence（独立宣言），rewording（重述），11-12

Decorator pattern. 参见　Conditional Complexity smell; Primitive Obsession smell.

　　description（描述），144-165

　　patterns-based refactoring（基于模式的重构），30

　　vs. Strategy，147-148

Delegating classes（委托类），347

Delegating methods（委托方法），133-143

Design（设计）

　　BDUF (big design up-front)（大规模的预先设计），34-35

　　evolutionary（渐进式），8, 16-17

Design debt（设计欠账），15-16

Design patterns（设计模式）. 参见　patterns.

Design Patterns, 24

Design problems（设计问题），identifying（识别）. 参见　smells.

Domain-Driven Design, 24

Double-dispatch classes（双分派类），321

Duplicated Code smell（重复代码坏味），39-40

　　参见　Chain Constructors

　　参见　Extract Composite

　　参见　Form Template Method

　　参见　Introduce Null Object

　　参见　Introduce Polymorphic Creatioh with Factory Method

　　参见　Replace One/Many Distinctions, with Composite

　　参见　Unify Interfaces with Adapter

E

Encapsulate Classes with Factory（用 Factory 封装类），80-87. 参见　Indecent Exposure smell.

Encapsulate Composite with Builder（用 Builder 封装 Composite），18, 96-113. 参见　Primitive Obsession smell.

Encapsulating（封装）

　　classes（类），80-87

　　Composites, 96-113

Evans, Eric, 24, 210, 228, 271

Evolutionary design（演进式设计），8, 16-17

Example section（示例一节），49

Execution methods（执行方法），193

External accumulation methods（外部聚集方法），323, 325, 326-327

Extract Adapter（提取 Adapter），258-268

Extract Composite（提取 Composite），214-223. 参见　Duplicated Code smell.

Extract Factory, 66-67

Extract Parameter（提取参数），346-348

Extract Superclass（提炼超类），215

Extreme Programming Explained, 24

F

Facade pattern *vs.* Adapter pattern, 259-260

Factory, 70-71

Factory Method pattern. 参见　Duplicated Code smell.

　　Creation Method, 59

　　description（描述），88-95

　　patterns-based refactoring（基于模式的重构），31

Factory pattern. 参见　Indecent Exposure smell; Solution Sprawl smell.

　　definition（定义），70-71

　　description（描述），Encapsulate Classes with Factory（用 Factory 封装类），80-87

　　description（描述），Move Creation Knowledge to Factory（将创建知识搬移到 Factory），68-79

　　overuse（过度使用），71-72

　　patterns-based refactoring（基于模式的重构），31

Fields（字段）

null, refactoring（重构），301-309
singleton（单件），298
type safety（类型安全），286-295
type-unsafe（类型不安全），288
Form Template Method（形成 Template Method），205-213
参见 Duplicated Code smell.
Fowler Martin
continuous refactoring（持续重构），5
Extract Superclass（提炼超类），215
human-readable code（可读性好的代码），13
identifying smells（识别坏味），37
Introduce Null Object（引入 Null Object），303
maturity of refactorings（重构的成熟度），51-52
patterns（模式） vs. refactorings（重构），7
refactoring（重构），definition（定义），9
refactoring tools（重构工具），20
on Singletons（关于 Singleton），116-117
TDD (test-driven development)（测试驱动开发），5
Franklin, Benjamin, 11-12

G

Gamma, Erich
hard-coded notifications（硬编码的通知），237
information accumulation（信息聚集），314
JUnit, 33
Generalization refactorings（泛化型重构）
Adapter pattern（Adapter 模式）
Adapting with Anonymous Inner Classes（用匿名内部类进行适配），258-268
description（描述），247-257
extracting（提前），258-268
patterns-based refactoring（基于模式的重构），30
vs. Facade pattern, 259-260
Composite pattern（Composite 模式），30, 224-235
Extract Adapter（提取 Adapter），258-268
Extract Composite（提取 Composite），214-223
Form Template Method（形成 Template Method），205-213
Interpreter pattern（Interpreter 模式），31, 269-284
Observer pattern（Observer 模式），31, 236-246
Replace Hard-Coded Notifications with Observer（用 Observer 替换硬编码的通知），236-246
Replace Implicit Language with Interpreter（用 Interpreter 替换隐式语言），269-284
Replace One/Many Distinctions with Composite（用 Composite 替换一/多之分），224-235

Template Method pattern（Template Method 模式），31, 205-213
Unify Interfaces with Adapter（通过 Adapter 统一接口），247-257

H

Hat-making anecdote（制帽业），11-12
Hello World example（Hello World 示例），24-25
Heterogeneous classes（不同的类），320-338
HTML Parser（HTML 解析器），50-51
Human-readable code（可读性好的代码），12-13

I

Identical methods（同一方法），207
Implementing patterns（实现模式），26-29
Implicit tree structures（隐含树结构），178-190
Indecent Exposure smell（不恰当的暴露），42-43. 参见 Encapsulate Classes with Factory.
Information accumulation（信息聚集）. 参见 Accumulation refactorings.
classes（类），320-338
methods（方法），from heterogeneous classes（来自不同的类），320-338
methods（方法），to local variable（到本地变量），313-319
Information hiding（信息隐藏），42-43
Inline Singleton（内联 Singleton），114-120. 参见 Lazy Class smell.
Instantiation（实例化），limiting（限制），296-300
Intent section（意图一节），6-7
Intention（意图），communicating（表达），58
Interfaces（接口），unifying（统一），343-345
Internal accumulation methods（内部聚集方法），322, 325, 327-328
Interpreter pattern（Interpreter 模式）
参见 Combinatorial Explosion smell
参见 Large Class smell
参见 Primitive Obsession smell description, 269-284
patterns-based refactoring（基于模式的重构），31
Interpreting simple languages（解释简单的语言），269-284
Introduce Null Object（引入 Null Object），301-309.
参见 Conditional Complexity smell; Duplicated Code smell.
Introduce Polymorphic Creation with Factory Method（用 Factory Method 引入多态创建），88-95
参见 Duplicated Code smell.
Iterator pattern（Iterator 模式），31

J

Jefferson, Thomas, 11-12

Johnson, Ralph

　refactoring tools（重构工具），20

　on Visitor pattern（关于 Visitor 模式），321

JUnit, 33

Justifying refactoring to management（向管理层证明重构是正当的），15-16

L

Large Class smell（类过大坏味），44

　参见 Replace Conditional Dispatcher with Command

　参见 Replace Implicit Language with Interpreter

　参见 Replace State-Altering Conditionals with State

Lazy Class smell（冗赘类坏味），43-44. 参见 Inline Singleton.

Libraries（类库），supporting multiple versions（支持多个版本），258-268

Limit Instantiation with Singleton（用 Singleton 限制实例化），31, 296-300

Loan risk calculator（贷款风险计算程序），51

Long Method smell（过长函数坏味），40-41

　参见 Compose Method

　参见 Composed Method pattern

　参见 Move Accumulation to Collecting Parameter

　参见 Move Accumulation to Visitor

　参见 Replace Conditional Dispatcher with Command

　参见 Replace Conditional Logic with Strategy

M

Many-object methods（多对象方法），227-228

Mechanics section（做法一节），48-49

Memory leaks（内存泄漏），237

Methods（方法）. 参见 Generalization refactorings.

　accept（接收），327

　accumulation（聚集），315, 325-330

　assigning values to fields（为字段赋值），346-348

　delegating to a Strategy object（委托到 Strategy 对象），133-143

　execution（执行），193

　external accumulation（外部聚集），323, 325, 326-327

　extracting parameters（提取参数），346-348

　generalizing（泛化），203-213

　identical（同一），207

　information accumulation（信息聚集）. 参见

Accumulation refactorings.

　internal accumulation（内部聚集），322, 325, 327-328

　many-object（多对象），227-228

　mixing variant and invariant behaviors（混合不变和可变行为），205-213

　one-object（单一对象），227-228

　partially duplicated（部分重复），216

　purely duplicated（完全重复），216

　refactoring（重构），40-41, 123-128

　replacing conditional logic（替换条件逻辑），129-143

　similar（相似），207

　strategizing（策略），133-143

　unique（唯一），207

　visibility（可见性），refactoring（重构），42-43

Motivation section（动机一节），48

Motivations for refactoring（重构的动机），10-11

Move Accumulation to Collecting Parameter（将聚集操作搬移到 Collecting Parameter），313-319. 参见 Long Method smell.

Move Accumulation to Visitor（将聚集操作搬移到 Visitor），320-338. 参见 Switch Statements smell.

Move Creation Knowledge to Factory（将创建知识搬移到 Factory），68-79. 参见 Solution Sprawl smell.

Move Embellishment to Decorator（将装饰功能搬移到 Decorator）. 参见 Conditional Complexity smell; Primitive Obsession smell.

　description（描述），144-165

　test-driven refactoring（测试驱动重构），19

　vs. Replace Conditional Logic with strategy（用 Strategy 替换条件逻辑），147-148

Multiple instance classes（多实例类），298

N

Name section（名称一节），47

Naming constructors（命名构造函数），57, 58

New adapter classes（新适配器类），261

Nonterminal expressions（非终结表达式），270

Notifications（通知），236-246

Notifier classes（通知者类），238

Null checks（Null 检查），304

Null fields（Null 字段），refactoring（重构），301-309

Null Object pattern. 参见 Conditional Complexity smell; Duplicated Code smell.

　description, 301-309

　patterns-based refactoring（基于模式的重构），31

Null objects（Null 对象）
　creating（创建），304
　Introduce Null Object（引入 Null Object），301-309.
　　参见 Conditional Complexity smell; Duplicated Code
　　smell.
Null variables（Null 变量），refactoring（重构），301-309

O

Objects（对象）
　creating（创建）. 参见 Creation refactorings.
　information accumulation（信息聚集）. 参见
　　Accumulation refactorings.
　state transitions（状态转换），refactoring（重构），166-177
Observer pattern, 31, 236-246
Oddball Solution smell（怪异解决方案），45. 参见 Unify
　Interfaces with Adapter.
One/many distinctions（一/多之分），224-235
One-object methods（单一对象方法），227-228
Opdyke, William, 20
Original state field（原始状态字段），168
Overburdened adapters（负担过重的适配器），261
Over-engineering（过度设计），1-2. 参见 nder-engineering.
Overusing patterns（过度使用模式），24-25

P

Papers（论文）. 参见 Books and publications.
Parameter pattern, 313-319
Parameterized Creation Methods pattern, 65-66
Parnas, David, 42-43
Partially duplicated methods（部分重复的方法），216
Pattern happy（模式痴迷），24
A Pattern Language, 23
Pattern languages（模式语言），23
Patterns（模式）. 参见 *specific patterns*.
　author's comments on（作者评论），2-3
　catalogs of（分类）. 参见 Catalogs of patterns.
　and code complexity（代码复杂度），31-32
　definition（定义），23-24
　descriptions of（描述）. 参见 Intent section.
　implementing（实现），26-29
　individual descriptions（单独的描述）. 参见 Intent
　　section.
　overuse of（过度使用），24-25
　purpose（目的）. 参见 Intent section.
　refactoring to, towards, and away from（重构实现、趋向

　　和去除），29-31
　requisite knowledge（必备的知识），32-33
　Structure diagrams（结构图），26-28
　study sequence（学习顺序），52-53
　up-front design（预先设计），33-35
　vs. refactorings（重构），7
Patterns of Enterprise Application Architectures, 24
Polymorphic creation（多态创建），88-95
Primitive Obsession smell（基本类型代码偏执），41-42
　参见 Encapsulate Composite with Builder
　参见 Move Embellishment to Decorator
　参见 Replace Conditional Logic with Strategy
　参见 Replace Implicit Language with Interpreter
　参见 Replace Implicit Tree with Composite
　参见 Replace State-Altering Conditionals with State
　参见 Replace Type Code with Class
Primitives（基本类型代码），refactoring（重构）. 参见
　Primitive Obsession smell.
Problems（问题），identifying（识别）. 参见 Smells.
Programs（程序）. 参见 Classes; Code; Methods.
Protecting code（保护代码）. 参见 Protection refactorings.
Protection refactorings（保护型重构）
　Class pattern（类模式），286-295
　Introduce Null Object（引入 Null Object），301-309
　Limit Instantiation with Singleton（用 Singleton 限制实例
　　化），31, 296-300
　Null Object pattern, 31, 301-309
　Replace Type Code with Class（用类替换类型代码），
　　286-295
　Singleton pattern, 31, 296-300
Publications（出版物）. 参见 Books and publications.
Purely duplicated methods（完全重复的方法），216

R

Reasons to refactor（重构的理由）. 参见 Motivation
　refactorings.
Receiver classes（接收者类），238
"Red, green, refactor,"（"红，绿，重构，"），5
Refactoring（重构）. 参见 *specific refactorings*.
　automatic（自动的），20-21
　composite（组合），17-20
　as continuous process（一个持续的过程），4-6, 13-14
　definition（定义），9
　evolutionary design（演进式设计），8, 16-17
　formats（格式），47-49

justifying to management（向管理层证明），15-16

maturity（成熟度），51-52

motivations for（动机），10-11

overview（高层描述），9

reasons for（理由）. 参见 Motivation refactorings.

in small steps（循序渐进），14-15

study sequence（学习顺序），52-53

test-driven（测试驱动），17-19

to, towards, and away from patterns（实现、趋向和去除模式），29-31

tools（工具），history of（历史），20-21

tools（工具），JUnit, 33

vs. patterns（模式），7

Replace Conditional Dispatcher with Command（用 Command 替换条件调度程序），191-201

　参见 Large Class smell

　参见 Long Method smell

　参见 Switch Statements smell

Replace Conditional Logic with Strategy（用 Strategy 替换条件逻辑），129-143, 147-148

　参见 Conditional Complexity smell

　参见 Long Method smell

　参见 Primitive Obsession smell

Replace Constructors with Creation Method（用 Creation Method 替换构造函数），57-67

Replace Hard-Coded Notifications with Observer（用 Observer 替换硬编码的通知），236-246

Replace Implicit Language with Interpreter（用 Interpreter 替换隐式语言），269-284

　参见 Combinatorial Explosion smell

　参见 Large Class smell

　参见 Primitive Obsession smell

Replace Implicit Tree with Composite（用 Composite 替换隐含树），18-19, 178-190

　参见 Primitive Obsession smell

Replace One/Many Distinctions with Composite（用 Composite 替换一/多之分），224-235.

　参见 Duplicated Code smell.

Replace State-Altering Conditionals with State（用 State 替换状态改变条件语句），166-177

　参见 Conditional Complexity smell

　参见 Large Class smell

　参见 Primitive Obsession smell

Replace Type Code with Class（用类替换类型代码），286-295. 参见 Primitive Obsession smell.

Request handling（请求处理），191-201

Roberts, Don, 20

S

Schema-Based Builder（基于模式的 Builder），111-113

Shotgun Surgery smell（霰弹式修改坏味），43

Similar methods（相似方法），207

Simple and Direct, 12

Simplification refactorings（简化型重构）

　Command pattern, 30, 191-201

　Composed Method, 30, 123-128

　Composite pattern, 30, 178-190

　Decorator pattern, 30, 144-165

　Move Embellishment to Decorator（将装饰功能搬移到 Decorator），19. 144-165

　Replace Conditional Dispatcher with Command（用 Command 替换条件调度程序），191-201

　Replace Conditional Logic with Strategy（用 Strategy 替换条件逻辑），129-143, 147-148

　Replace Implicit Tree with Composite（用 Composite 替换隐含树），18-19, 178-190

　Replace State-Altering Conditionals with State（用 State 替换状态改变条件语句），166-177

　State pattern, 31, 166-177

　Strategy pattern, 31, 129-143, 147-148

Singleton fields（Singleton 字段），298

Singleton pattern

　description（描述），296-300

　Inline Singleton（内联 Singleton），114-120

　limiting instantiation（限制实例化），296-300

　patterns-based refactoring（基于模式的重构），31

Singletonitis, 296-297

Singletons

　global access point（全局访问点）. 参见 Inline Singleton.

　refactoring（重构），43-44

Sketches（简图），47

Smalltalk Best Practices Patterns, 313

Smells（坏味）

　Alternative Classes with Different Interfaces（异曲同工的类），43. 参见 Unify Interfaces with Adpater.

　Combinatorial Explosion（组合爆炸），45. 参见 Replace Implicit Language with Interpreter.

　Conditional Complexity（条件逻辑太复杂），41

　　参见 Introduce Null Object

　　参见 Move Embellishment to Decorator

参见 Replace Conditional Logic with Strategy

参见 Replace State-Altering Conditionals with State

Duplicated Code（重构代码），39-40

  参见 Chain Constructors

  参见 Combinatorial Explosion smell

  参见 Extract Composite

  参见 Form Template Method

  参见 Introduce Null Object

  参见 Introduce Polymorphic Creation with Factory Method

  参见 Oddball Solution smell

  参见 Replace One/Many Distinctions with Composite

  参见 Unify Interfaces with Adapter

Indecent Exposure（不恰当的暴露），42-43. 参见 Encapsulate Classes with Factory.

Large Class（类过大），44

  参见 Replace Conditional Dispatcher with Command

  参见 Replace Implicit Language with Interpreter

  参见 Replace State-Altering Conditionals with State

Lazy Class（冗赘类），43-44. 参见 Inline Singleton.

Long Method（过长函数），40-41

  参见 Compose Method

  参见 Composed Method pattern

  参见 Move Accumulation to Collecting Parameter

  参见 Replace Conditional Dispatcher with Command

  参见 Replace Conditional Logic with Strategy

most common problems（最常见的问题），37

Oddball Solution（怪异解决方案），45. 参见 Unify Interfaces with Adapter.

Primitive Obsession（基本类型代码迷恋），41-42

  参见 Encapsulate Composite with Builder

  参见 Move Embellishment to Decorator

  参见 Replace Conditional Logic with Strategy

  参见 Replace Implicit Language with Interpreter

  参见 Replace Implicit Tree with Composite

  参见 Replace State-Altering Conditionals with State

  参见 Replace Type Code with Class

recommended refactorings（推荐的重构），438-439

Shotgun Surgery（霰弹式修改），43

Solution Sprawl（解决方案蔓延），43. 参见 Move Creation Knowledge to Factory.

Switch Statements（分支语句），44. 参见 Move Accumulation to Visitor; Replace Conditional Dispatcher with Command.

Solution Sprawl smell（解决方案蔓延坏味），43. 参见 Move Creation Knowledge to Factory.

Source code（源代码）. 参见 code.

Sprawl（蔓延），refactoring（重构），43, 68-79

State pattern, 31, 166-177

  参见 Conditional Complexity smell

  参见 Large Class smell

  参见 Primitive Obsession smell

State superclass（状态超类），168

State transitions（状态转换），refactoring（重构），166-177

State-altering logic（状态改变逻辑），refactoring（重构），166-177

Strategizing methods（策略方法），133-143

Strategy pattern

  参见 Conditional Complexity smell

  参见 Long Method smell

  参见 Primitive Obsession smell

  description（描述），129-143

  patterns-based refactoring（基于模式的重构），31

    vs. Decorator, 147-148

Structure diagrams（结构图），26-28

Subclasses（子类）. 参见 Classes.

  extracting common features（提取共同的特性），214-223

  hard-coded notifications（硬编码的通知），236-246

  implementing the same Composite（实现相同的 Composite），214-223

  mixing variant and invariant behaviors（混合不变和可变行为），205-213

Subject superclasses（主题超类），238

Substitute Algorithm（替换算法），18

Summary section（小结一节），47-48

Superclass pattern（超类模式），215

Switch Statements smell（分支语句坏味），44. 参见 Move Accumulation to Visitor; Replace Conditional Dispatcher with Command.

T

TDD (test-driven development)（测试驱动开发），4-6

Template Method pattern, 31, 205-213. 参见 Duplicated Code smell.

Terminal expressions（终结表达式），270

Test-Driven Development（测试驱动开发），6

Test-Driven Development: A Practical Guide, 6

Test-driven development (TDD)（测试驱动开发），4-6

Test-driven refactoring（测试驱动的重构），17-19

A Timeless Way of Building, 23

Tiscioni, Jason, 24-25

Tools for refactoring（重构工具）

　　history of（历史），20-21

　　JUnit, 33

Tree structures（树型结构），implicit（隐式），178-190

Type safety（类型安全），286-295

Type-unsafe constants and fields（类型不安全的常量和变量），288

U

Under-engineering（设计不足），3-4. 参见 Over-engineering.

Unify Interfaces（统一接口），343-345

Unify Interfaces with Adapter（通过 Adapter 统一接口）

　　参见 Alternative Classes with Different Interfaces smell

　　参见 Duplicated Code smell

　　参见 Oddball Solution smell

　　description, 247-257

Unifying interfaces（统一接口），247-257, 343-345

　　参见 Alternative Classes with Different Interfaces smell

　　参见 Duplicated Code smell

　　参见 Oddball Solution smell

Unique methods（唯一方法），207

Up-front design（预先设计），33-35

Utilities for refactoring（实用重构）

Chain Constructors（链构造函数），340-342

Extract Parameter（提取参数），346-348

Unify Interfaces（统一接口），343-345

　　参见 Alternative Classes with Different Interfaces smell

　　参见 Duplicated Code smell

　　参见 Oddball Solution smell

　　参见 Unify Interfaces with Adapter

V

Variables（变量），null, 301-309

Variations section（变体一节），49

Versions（版本），supporting multiple（支持多个），258-268

Visibility（可见性），refactoring（重构），42-43

Visitee classes（被访问的类），327

Visitor pattern, 31, 320-338. 参见 Switch Statements smell.

Vlissides, John, 28

W

Weinberg, Jerry, 33

Woolf, Bobby, 31-32, 34, 285, 302, 353

X

XML builders, 50

重 构 列 表

Chain Constructors	链构造函数	11.1 节
Compose Method	组合方法	7.1 节
Encapsulate Classes with Factory	用 Factory 封装类	6.3 节
Encapsulate Composite with Builder	用 Builder 封装 Composite	6.5 节
Extract Adapter	提取 Adapter	8.6 节
Extract Composite	提取 Composite	8.2 节
Extract Parameter	提取参数	11.3 节
Form Template Method	形成 Template Method	8.1 节
Inline Singleton	内联 Singleton	6.6 节
Introduce Null Object	引入 Null Object	9.3 节
Introduce Polymorphic Creation with Factory Method	用 Factory Method 引入多态创建	6.4 节
Limit Instantiation with Singleton	用 Singleton 限制实例化	9.2 节
Move Accumulation to Collecting Parameter	将聚集操作搬移到 Collecting Parameter	10.1 节
Move Accumulation to Visitor	将聚集操作搬移到 Visitor	10.2 节
Move Creation Knowledge to Factory	将创建知识搬移到 Factory	6.2 节
Move Embellishment to Decorator	将装饰功能搬移到 Decorator	7.3 节
Replace Conditional Dispatcher with Command	用 Command 替换条件调度程序	7.6 节
Replace Conditional Logic with Strategy	用 Strategy 替换条件逻辑	7.2 节
Replace Constructors with Creation Methods	用 Creation Method 替换构造函数	6.1 节
Replace Hard-Coded Notifications with Observer	用 Observer 替换硬编码的通知	8.4 节
Replace Implicit Language with Interpreter	用 Interpreter 替换隐式语言	8.7 节
Replace Implicit Tree with Composite	用 Composite 替换隐含树	7.5 节
Replace One/Many Distinctions with Composite	用 Composite 替换一/多之分	8.3 节
Replace State-Altering Conditionals with State	用 State 替换状态改变条件语句	7.4 节
Replace Type Code with Class	用类替换类型代码	9.1 节
Unify Interfaces	统一接口	11.2 节
Unify Interfaces with Adapter	通过 Adapter 统一接口	8.5 节

重 构 指 南

模　式	重构实现	重构趋向	重构去除
Adapter	提取 Adapter（8.6 节），通过 Adapter 统一接口（8.5 节）	通过 Adapter 统一接口（8.5 节）	
Builder	用 Builder 封装 Composite（6.5 节）		
Collecting Parameter	将聚集操作搬移到 Collecting Parameter（10.1 节）		
Command	用Command替换条件调度程序（7.6 节）	用Command替换条件调度程序（7.6 节）	
Composed Method	组合方法（7.1 节）		
Composite	用 Composite 替换一/多之分（8.3 节），提取 Composite（8.2 节），用 Composite 替换隐含树（7.5 节）		用 Builder 封装 Composite（6.5 节）
Creation Method	用Creation Method替换构造函数（6.1 节）		
Decorator	将装饰功能搬移到 Decorator（7.3 节）	将装饰功能搬移到 Decorator（7.3 节）	
Factory	将创建知识搬移到 Factory（6.2 节）用 Factory 封装类（6.3 节）		
Factory Method	用 Factory Method 引入多态创建（6.4 节）		
Interpreter	用 Interpreter 替换隐式语言（8.7 节）		
Iterator			将聚集操作搬移到 Visitor（10.2 节）
Null Object	引入 Null Object（9.3 节）		
Observer	用 Observer 替换硬编码的通知（8.4节）	用Observer替换硬编码的通知（8.4节）	
Singleton	用 Singleton 限制实例化（9.2 节）		内联 Singleton（6.6 节）
State	用 State 替换状态改变条件语句（7.4 节）	用State替换状态改变条件语句（7.4节）	
Strategy	用 Strategy 替换条件逻辑（7.2 节）	用 Strategy 替换条件逻辑（7.2 节）	
Template Method	形成 Template Method（8.1 节）		
Visitor	将聚集操作搬移到 Visitor（10.2 节）	将聚集操作搬移到 Visitor（10.2 节）	

学习顺序

序　号	重　构
1	用 Creation Method 替换构造函数（6.1 节） 链构造函数（11.1 节）
2	用 Factory 封装类（6.3 节）
3	用 Factory Method 引入多态创建（6.4 节）
4	用 Strategy 替换条件逻辑（7.2 节）
5	形成 Template Method（8.1 节）
6	组合方法（7.1 节）
7	用 Composite 替换隐含树（7.5 节）
8	用 Builder 封装 Composite（6.5 节）
9	将聚集操作搬移到 Collecting Parameter（10.1 节）
10	提取 Composite（8.2 节） 用 Composite 替换一/多之分（8.3 节）
11	用 Command 替换条件调度程序（7.6 节）
12	提取 Adapter（8.6 节） 通过 Adapter 统一接口（8.5 节）
13	用类替换类型代码（9.1 节）
14	用 State 替换状态改变条件语句（7.4 节）
15	引入 Null Object（9.3 节）
16	内联 Singleton（6.6 节） 用 Singleton 限制实例化（9.2 节）
17	用 Observer 替换硬编码的通知（8.4 节）
18	将装饰功能搬移到 Decorator（7.3 节） 统一接口（11.2 节） 提取参数（11.3 节）
19	将创建知识搬移到 Factory（6.2 节）
20	将聚集操作搬移到 Visitor（10.2 节）
21	用 Interpreter 替换隐式语言（8.7 节）

代 码 坏 味

坏　味	重　构
重复代码（4.1 节）[F]	形成 Template Method（8.1 节） 用 Factory Method 引入多态创建（6.4 节） 链构造函数（11.1 节） 用 Composite 替换一/多之分（8.3 节） 提取 Composite（8.2 节） 通过 Adapter 统一接口（8.5 节） 引入 Null Object（9.3 节）
过长函数（4.2 节）[F]	组合方法（7.1 节） 将聚集操作搬移到 Collecting Parameter（10.1 节） 用 Command 替换条件调度程序（7.6 节） 将聚集操作搬移到 Visitor（10.2 节） 用 Strategy 替换条件逻辑（7.2 节）
条件逻辑太复杂（4.3 节）	用 Strategy 替换条件逻辑（7.2 节） 将装饰功能搬移到 Decorator（7.3 节） 用 State 替换状态改变条件语句（7.4 节） 引入 Null Object（9.3 节）
基本类型偏执（4.4 节）[F]	用类替换类型代码（9.1 节） 用 State 替换状态改变条件语句（7.4 节） 用 Strategy 替换条件逻辑（7.2 节） 用 Composite 替换隐含树（7.5 节） 用 Interpreter 替换隐式语言（8.7 节） 将装饰功能搬移到 Decorator（7.3 节） 用 Builder 封装 Composite（6.5 节）
不恰当的暴露（4.5 节）	用 Factory 封装类（6.3 节）
解决方案蔓延（4.6 节）	将创建知识搬移到 Factory（6.2 节）
异曲同工的类（4.7 节）[F]	通过 Adapter 统一接口（8.5 节）
冗赘类（4.8 节）[F]	内联 Singleton（6.6 节）
过大的类（4.9 节）[F]	用 Command 替换条件调度程序（7.6 节） 用 State 替换状态改变条件语句（7.4 节） 用 Interpreter 替换隐式语言（8.7 节）
分支语句（4.10 节）[F]	用 Command 替换条件调度程序（7.6 节） 将聚集操作搬移到 Visitor（10.2 节）
组合爆炸（4.11 节）	用 Interpreter 替换隐式语言（8.7 节）
怪异解决方案（4.12 节）	通过 Adapter 统一接口（8.5 节）